U0276433
我为科学狂 水
万物奥秘探索
EXPLORE WATER
〔美〕安妮塔·安田 编著
〔美〕布赖恩·斯通 绘图
王鹏 翻译
云南出版集团 晨光出版社

这是一套内容和形式都很不错，很适合当下中国少年儿童多元视角、多种模式接触科学的少儿读物，我非常乐意将它推荐给学校和家长。

关于这套书的精彩和独特之处，我想提三点：

首先，每册书不是以某个专有的学科概念为线索逻辑组织的，而是采用了与我们的生活和环境密切相关的时空或要素作为主题线索，如池塘、冬天、春天、夜晚等，这样的组织方式可以使读者感到亲切和熟悉。在这种熟悉的组织框架下，作者巧妙地将科学概念、科学知识融入其中，轻松化解了概念的抽象与生硬。

其次，这套书十分重视科技史的内容，其中不少册将科技史作为一个重要的逻辑组织线索，如交通运输、飞行等册。这种融入科技史的做法，不仅让读者对当下的科技发展有所了解，还能让他们明白科技是如何影响人类文明进程的，有利于科学与其他学科的融会贯通。

再次，这套书将科学知识的学习与思考求证的科学实验、体验感受等动手活动交织在一起，每册都安排了一定数量的科学活动，操作简单易行，真正做到了动手动脑学科学。另外，这套书在普及科学知识的基础上，还对科学研究方法、科学思考方式等科学意识进行了提炼，告诉了读者什么是预测，什么是实验，以及如何在分析数据的基础上得出结论等，对于提升科学素养大有裨益。

至于这套书呈现形式的多彩，无需我多说，读者们打开书就能领略到了！

郝京华
科学（3～6年级）课程标准研制组组长、南京师范大学教科院教授

水的奇妙探索

哗啦啦！水在生活中太普通太常见了，从喝下的纯净水到江河湖海中的滚滚波涛，从用来洗漱到驱动水力发电站中的发电机发电，我们简直一刻也离不了它！各种形式的水就在我们身边，而我们却从未真正深刻地了解过它。

这本书对水进行了一次深入的探索。将实践与历史和科学相结合，你能获得关于水循环，水资源，饮用水和卫生，水污染和节约用水，水的应用，有关水的风俗节日，以及最新的水科技等知识，同时还能从探索中收获快乐。

这本书中包含的 25 个动手项目涉及小制作、活动和实验，能够捕捉到你的想象力，让你带着好奇去发现这个水世界。你将动手做水位计、用塑料容器制作雨水收集器、做蒸腾实验、制作小型水轮车等。动手操作简单有趣，材料都是生活中常见又价格低廉的，你一定可以在实践中发现更多秘密。

有趣的插图和精彩的小栏目诠释了这本书的主题，将知识活灵活现地展示在你眼前，特别是“词语园地”小栏目突出并强化了书中提及的概念。书后的词汇表、索引既能帮你巩固所学，又方便查阅。

目录
CONTENTS

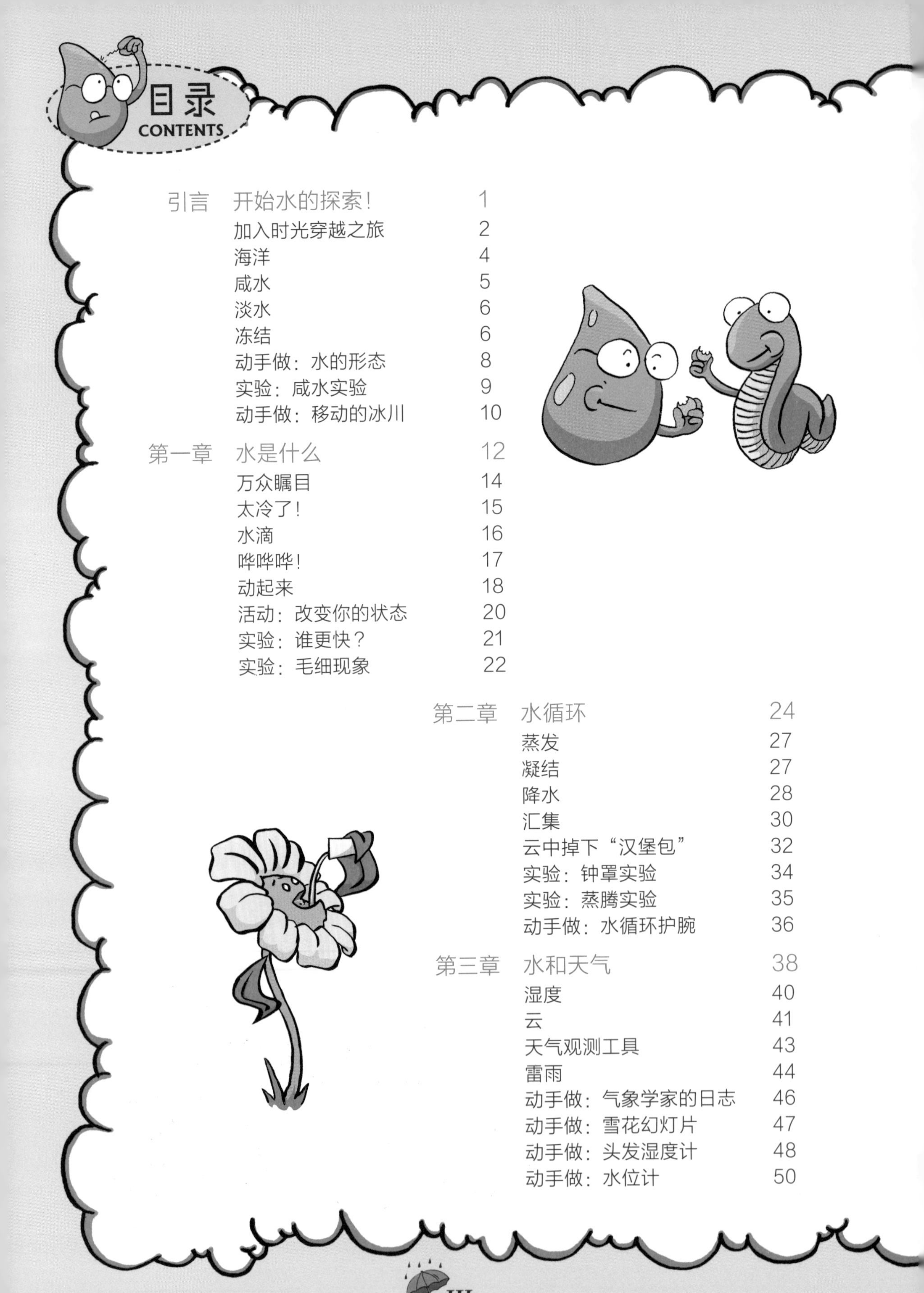

我为科学狂 水

万物奥秘探索

EXPLORE WATER

引言 开始水的探索！

你能猜到我是谁吗？地球诞生时，我就已经在这了。我时而飞溅，时而溢出，时而滴落，时而倾泻而下。你会用到我，会和我玩，还会饮用我。我可以从你的指缝间流过，也可以像岩石一样坚硬，还可以消失不见。我在你的体内流淌，在历史的长河中奔流。我曾引导过探险者，帮助过第一批定居者住下来。你猜出我是谁了吗？我就是水。

水很神奇。世界上超过一半的动物和植物生活在水中。无论过去，现在，还是将来，人类都不能没有水。没有水，你将不会存在，当然也不可能读这本书。我们至今还认为水的存在是理所当然的，但这是错误的认识。要知道，我们能够拥有水其实很幸运，因为地球是太阳系中唯一有液态水的星球。

词语园地 WORDS TO KNOW

水文学家：一类研究水的科学家。

戴上水文学家的智慧帽子，开始水的奇妙探索之旅吧。**水文学家**就是研究水的科学家。在这本书中，你将读到有关水循环、雨水收集、水能、水工艺学的内容，以及如何正确使用水。你还能了解到地球上有多少水，以及水为什么可以从天而降。

你能动手参与很多有趣的活动、游戏和实验，还能读到一些幽默的笑话。但是请注意，在你利用水开展这些活动时，你将可能成为“落汤鸡”。准备好了吗？开始探索水吧！

加入时光穿越之旅

想象一下，随着时光倒流，我们回到地球诞生之初。快上车，我们开往远古时代的旅行巴士就要出发了。请看看四周，这是46亿年前的地球。当然，和现在的地球非常不同，这时的地球只是一大团由气体、岩石和尘埃组成的，旋转着的高温物体。

我们的蓝色星球

如果你是宇宙飞船中的宇航员，你会看到什么？从太空中观察，地球看起来就像是一个天蓝色的口香糖球！

靠近些，你会看到北美洲的五大湖，形成一条暗线的亚马孙河，还有蔚蓝色的海洋。不管从哪里看过去，你都能看到水。这一点儿都不奇怪，因为地球表面大约70%的部分都被水覆盖。街道上的水坑，你家附近的河流，甚至空气中，都有水。

词语园地 WORDS TO KNOW

彗星：围绕太阳运转的，由冰和尘埃组成的星体。

流星：绕太阳运行的微型石质星体，进入地球大气后燃烧发光的现象。

水蒸气：水的气体状态。

侵蚀：地球表层损耗的过程。

气象学家：研究天气模式的科学家。

随后，这些物质聚合在一起，形成了一个巨大灼热的球体，就像那些从天而降的**彗星**和**流星**！

在地球内部也存在着水。随着地球的中心越来越热，**水蒸气**上升到地球表面。快去拿雨伞！当地球开始降温时，水蒸气就变成了液体，也就是雨。地球上的雨下了有数百万年了。

同时，巨大的陆块像碰碰车一样砰砰砰地相撞，然后破碎、分裂。雨落在低洼的地面空隙间，聚集起来，就形成了海洋。

地球上的水量是保持不变的。随着地球温度的变化，水会结冰、融化并塑造地球的表面。这就是**侵蚀**作用。最终，地球上的陆地和水，就变得和你现在看到的一样了。

你认为现在的地球和你出生时的地球是一样的吗？当然不是，因为陆地和水总是变化着的！例如，海洋总是改变着形状。大西洋每年都要加宽十几厘米。我们是如何确定这一点的？科学家会测量海底地标之间的距离。

开心一刻 Just For Fun!

问：什么能让气象学家感到头疼？

答：头疼病。

词语园地 WORDS TO KNOW

水库：一种存水的地方。

洋流：海水向一个方向不断运动形成的巨大水流。

赤道：在南北极的中间，环绕地球一圈的，一条虚拟的线。

海洋

我们已经利用了所有的海洋。地球上的海洋一共有 5 个，分别是北冰洋、大西洋、太平洋、印度洋和南大洋（南极洲周围的海域）。海洋是食物、能源和像沙子这样的原材料的供应源地。海洋还是船舶航行的水路要道，以及人们休闲娱乐的场所。

海洋是地球上最大的**水库**。地球表面四分之三的部分被海洋覆盖，海洋的面积约为 3.6 亿平方千米。这听起来可能太大了，但是的确如此。地球上的全部陆地——七大洲（欧洲、非洲、亚洲、大洋洲、北美洲、南美洲和南极洲），都能放到太平洋中。

风、波浪和**洋流**，使海洋处于持续不断的运动之中。海洋之间没有阻隔，因此洋流可以使海洋中的水在全世界流动，就像一个在全球范围内运转的传送带。海洋深处的冷水沿着海底向南流动，而表层的暖水则从**赤道**向北流动，这样循环一圈需要 1000 年左右的时间。洋流就是这样使我们的星球产生了冷暖变化。

咸水

你是否在电影中看过这样的情节：有人在救生艇中漂流，当他们喝下海水后，马上就会吐出来。这是为什么呢？因为海洋中的水对人类来说太咸了。地球上大部分的水都是不能饮用的咸水，准确地说，有97%的水是人类不能饮用的。但对于很多生物来说，咸水正合适。一些鸟类、腹足类动物以及世界上最大的动物——蓝鲸，都是喝咸水的。

为什么海水这么咸呢？没有人拿着大盐瓶，把盐倒入海洋中呀！每当下雨时，水从地面流过，将陆地上的矿物一并带走，盐就是这些矿物之一。雨水最终流入海洋，于是随着时间流逝，海水就变得越来越咸。如果你能将海盐平铺在地球上，那么它足有152米厚，相当于40层的办公楼那么高！

非洲的阿萨勒湖是世界上最咸的湖泊，比海水咸10倍。湖中大部分的水已经干涸。因为这里太热了，温度高达52摄氏度，因此湖中只剩下了盐。

WOW!

有关海洋的神奇事实

- 海洋的最深处是太平洋的马里亚纳海沟，有11千米深，深度超过了珠穆朗玛峰的高度！
- 海洋表面3米深度内的水域，保存的热量相当于地球空气中的全部热量。
- 不到10%的海洋水域，被人类勘探过。
- 地球上99%的生物生存的空间是海洋。
- 太平洋是最大的海洋水体，它的水量相当于大西洋的2倍。

淡水

我们的生存需要淡水。在外面玩耍回到家之后，你拿起一杯水就喝，一秒钟都不想等。淡水可不是你想象的这样稀松平常。

词语园地 WORDS TO KNOW

冰盖：一层大面积的永久厚冰层。

冰川：相当巨大的冰雪块。

生态系统：生活在一定区域的生物群体以及周边的环境，它们彼此互相依赖着生存。

世界上只有 3% 的水是淡水。大部分的淡水我们都无法利用。大多数淡水被储存在**冰盖**、**冰川**中，以及地下。只有 1% 的淡水能够用作我们的饮用水。

在哪还能找到淡水?

* 空气中的水蒸气。
* 雨、雪、雨夹雪以及冰雹。
* 汇集到河流、湖泊以及其他湿地中的地表水。
* 地下缝隙和地下空间中的地下水。

江河、溪流、池塘和湖泊都属于淡水**生态系统**。你有没有听说过草原壶穴？应该没有听说过，除非你住在加拿大、美国的明尼苏达州或是达科他州。在春天，草原壶穴中充满了融雪和雨水。对于迁徙的鸟类来说，这些壶穴是非常重要的休息站。

冻结

地球上的淡水中，有三分之二以上是冻结状态的。冰盖和冰川中的水占淡水总量的大部分。冰盖是两极附近的永久冰层。南极冰盖已经有 4000 万年的历史了，它们覆盖在陆地上。北极冰盖则漂浮在水中，并绕着北极点旋转漂流，每绕一圈需要 4 年的时间。

气象学： 研究天气和气候的科学。

气候： 某一地区在较长时间内的普遍天气状况。

它们都生活在哪里？

你知道哪些动物生活在咸水中，哪些生活在淡水中吗？我们来做个小测试。写出下列动物是生活在咸水中还是淡水中，然后与框下的答案核对一下。

A. 帝企鹅
B. 尼罗鳄
C. 河马
D. 灰鲸

答案：A. 咸水，B. 淡水，C. 淡水，D. 咸水

冰川的形成始于一片雪花。与普通雪花不同，你可以用舌头接住并含化普通雪花，而冰川中的雪花不会融化。一层又一层的雪花堆积起来，慢慢地就变成了冰。几百年后，这些冰连同着沉积物和岩石，被挤压在一起。

除了澳大利亚，每块大陆上都有冰川，且大多数分布在格陵兰岛和南极洲。美国的阿拉斯加州也有成千上万条的冰川，有些和足球场差不多大，有些有几千米那么长。世界上最长的冰川是南极洲的兰伯特冰川，超过 400 千米长。

Meet a Scientist 认识科学家

乔安妮·辛普森（1923—2010）是美国首位女性**气象学**博士。同时，她还是首位完成云层计算机建模的科学家。

动手做 Make Your Own

水的形态

材料和准备工作

- CD盒
- 各种颜色的橡皮泥
- 细绳
- 剪刀
- 胶带

土地和各种形态的水覆盖在地球表面。它们塑造了地球的整体面貌。现在，你可以用橡皮泥做出各种形态的水。

下面是一些最常见的水的形态：

河流： 一种流动的小水体。

海湾： 一片三面被陆地环绕的水体。

湖泊： 一片面积较大的水体，通常为淡水。

海峡： 两块陆地之间的一种狭长水体，连接着两片较大的水体。

海洋： 覆盖大部分地球表面的咸水水体。

1 任选一种水体，从书中或是网上找到相应的图片，作为参考。

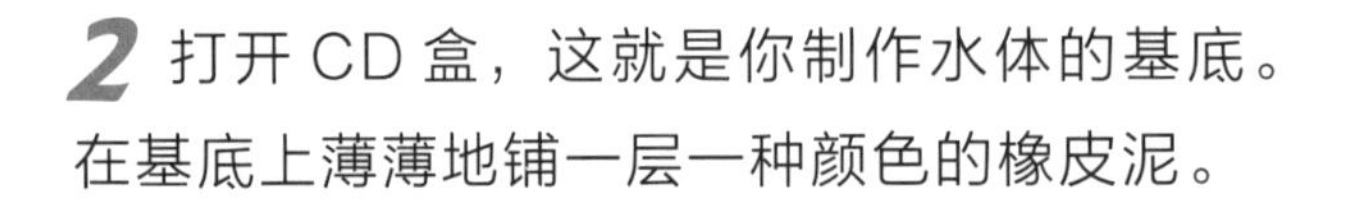

2 打开CD盒，这就是你制作水体的基底。在基底上薄薄地铺一层一种颜色的橡皮泥。

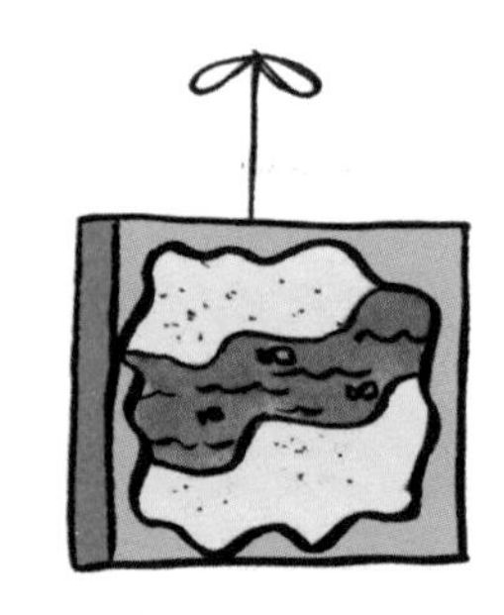

3 选择这种颜色的对比色来制作水体。在橡皮泥上加上鱼和植物。然后，盖上CD盒。

4 在CD盒的背面用胶带固定上一根细绳，然后将CD盒挂起来。

需留意

- 什么植物可以生长在你的水体附近或者生长在你的水体中？
- 哪种野生动物可以在你的水体中生活？
- 哪种污染物能够进入你的水体中？

实验 Experiment

咸水实验

如果你被困在大海中没有水喝，怎么办？完全没问题啊！有一个好办法，能将咸水变成饮用水。

材料和准备工作

- 搅拌碗
- 水
- 食盐
- 大勺子
- 重一些的杯子，要比搅拌碗小
- 保鲜膜
- 橡皮筋
- 小石头

1 在搅拌碗内倒入几厘米深的水，并加入两大勺食盐，搅匀。

2 在搅拌碗内放入一个重一些的杯子，用保鲜膜封住整个搅拌碗的碗口，并用橡皮筋固定住。然后在保鲜膜的中央放一块石头。

3 将搅拌碗放在阳光下。第二天检查一下杯内有多少水，并尝一下。

需留意

- 盐有什么变化？
- 为什么保鲜膜很重要？
- 在这个实验中，你还注意到了什么？

动手做 Make Your Own

移动的冰川

材料和准备工作

- 洗碗巾
- 烤盘
- 切碎的甜椰肉
- 小棉花糖
- 巧克力脆片
- 香草冰激凌
- 笔记本和铅笔
- 相机（可选）

100 万年前，美国加利福尼亚州的约塞米蒂国家公园中充满了冰川。它们移动时切断山脉，形成了深谷，就像你如今看到的那样。现在，你可以在你家的厨房里制作一片冰川。

1 将洗碗巾叠起来，放在烤盘一端的下方，让烤盘形成一个斜坡。

2 在烤盘上轻轻铺上一层椰肉。

3 在烤盘上随意地撒上一些小棉花糖和巧克力脆片。

4 在烤盘斜坡顶部放上一大勺冰激凌。

5 15 分钟后，将你观察到的记录下来。你也可以拍下照片。

需留意

- 为什么斜坡有助于冰川的移动？
- 自然界中的冰川在移动时都能带走什么？
- 在冰川移动的路线上会发生什么？

知识加油站

像科学家那样思考

科学家提出关于这个世界的问题，然后根据各种事实寻找答案，解决问题。你也可以像科学家一样去思考，解决各种问题。下面是科学家在解决问题时所采用的一些方法和技巧。

1. 提出问题

科学问题就是能通过收集各种信息而解决的问题。科学问题包括你进行研究的目的是什么？你想要发现什么？你要解决什么问题？比如，降水都汇集在什么地方？

2. 提出预测

预测或假设是一个试图用来解释某些事实或观察结果的观点，或未经证实的想法。它可能是正确的，也可能是错误的。在开始科学研究之前，你要根据已有的知识和信息对结果作出预测，然后才能进行实验，去验证你的预测是否正确。

3. 设计实验

实验是你在科学研究中都要做什么。在开始研究前，你一定要确定你要做什么，怎么做，怎样的步骤，想得到哪些信息，需要哪些材料。

4. 结果和结论

实验结果包括观察结果和数据。得出这些结果，就要对它们进行分析，看看它们有什么变化趋势，反映了什么规律。

对结果进行分析，发现的规律或者趋势就是结论。完成结果分析，得到结论后，你要做的就是用你的结论去验证你之前提出的假设。如果你的结论能支持你的假设，那么你的假设就是正确的；反之，你的假设就是错误的，就需要对你的假设进行修正。到这里，你就能像科学家那样解决一个科学问题了！

第一章

水是什么

W is for Water

水是什么

词语园地 WORDS TO KNOW

物质： 那些占有空间且有质量的物体。

原子： 元素的最小组成单位。

元素： 同种原子的集合。

让我们将属于物质的东西列一张清单。 一块橡皮、一张桌子、一只跑鞋……我们最好停下来，因为所有的东西都要列入清单，原因就是所有的东西都属于物质。

物质内部有很多像积木一般但又极其微小的部件，它们被称作**原子**。即使使用高倍显微镜，你也看不到这些原子。1905年，原子才被证实存在。原子非常小，小到无法被分割。

接一杯自来水。你觉得这一杯水中有多少个原子？你很难得到一个确切的数字。想象一下，数一数夜空中的星星。那将是一个巨大的数字！这杯水中的原子数量，比夜空中的星星还要多。多么神奇啊！

万众瞩目

欢迎来到物质马戏团！在舞台中央的是纯水。没有什么物质像水一样。水无色无味（包括气味和味道）。水还是世界上最重要的物质。所有生物都不能离开水而生存。

水有3种形态：固态、液态和气态。水可以像变魔术一样，从一种形态变成另一种形态，还能再变回来！

在物质马戏团里，你等着水变形。你等啊等啊，越等越不耐烦。为什么什么都没有发生呢？原来水并不是像变魔术那样变形的。水变换形态需要温度变化来帮忙。

很幸运，马戏团的表演指导就是温度。当温度登上舞台时，表演就能开始了。首先，温度让整个房间变得和冰窖一样冷，于是水变成了固态，成了冰。变！温度又让房间变得暖和起来，冰就开始融化，变成了液态水。变变变！温度让房间变得特别热，现在水变成了气态——水蒸气。

词语园地 WORDS TO KNOW

分子：一组结合在一起可以形成物质的原子。

密度：反映物质疏密程度的量。

太冷了！

大约 2% 的水存在于冰盖、冰川以及其他形式的冰雪中。当水冻结时，水**分子**就被固定住了。

也许你已经注意到，水被冻结成冰块时体积膨胀了。和液态水比起来，固态的冰占据了更大的空间。冰的**密度**更小，质量更轻。这就是冰块浮在水上而不是沉到水下的原因。

水是唯一一种分子遇冷膨胀的物质。其他物质遇冷时，构成这种物质的分子会挤在一起，就像运动员比赛前会彼此拥抱一样。

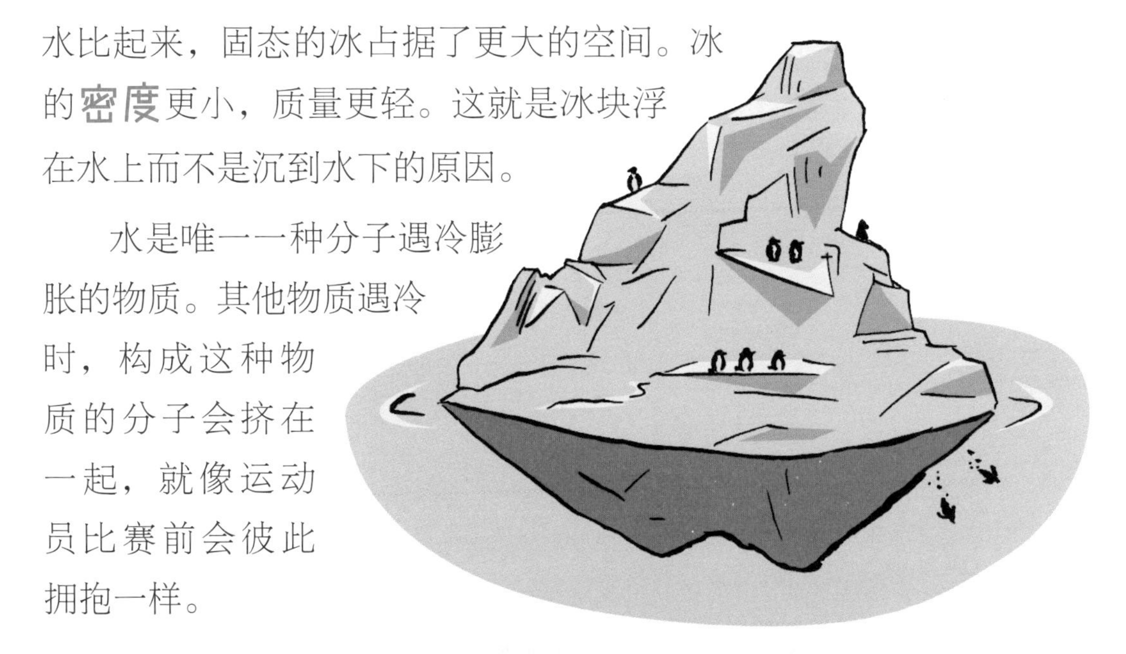

水分子的欢呼

当原子与原子结合在一起时，就形成了分子。一个水分子由三个原子组成。那么，这三个原子各是什么呢？

给我一个字母 H，一个数字 2，还有一个字母 O！

拼起来是什么呢？H_2O！

字母 H 表示氢原子，数字 2 表示有两个氢原子，字母 O 表示氧原子。氢和氧是两种元素。

小实验

古希腊有一位叫阿基米德的科学家，发现了物体可以在水上漂浮的原因。他在洗澡时发现，当他进入浴缸中时，水面上升了。“明白了！”他惊呼。他意识到，上升的或被取代的水的体积，等于浸入水中物体的体积。体积是指物体占有空间的大小。如果物体的重量小于被物体取代的水的重量，那么物体就可以在水中漂浮。

现在可以放松一下了。用橡皮泥做成各式各样、大小不一的小船，让它们漂在浴缸中。在船内放入小卵石让它们下沉。如果小船比排开的水轻，那么小船就能浮起来；如果比排开的水重，它就会沉下去。

水滴

水要是冻结了，就不能流动。当水是液态时，它可以到处流动。要是水分子会说话，当它经过一个水分子身边正要溜到另一个水分子那边时，它可能会说：“一会儿见！”

当你将水倒入不同形状的容器中时，会发生什么？水马上会呈现容器的形状。液态水可以来回地扭曲变形，直到它将所有的空间填满！

哗哗哗！

当一壶水在炉子上被煮沸时，你能看到大量小气泡往外冒。它们是怎么进入水里的呢？其实，它们一直都在水中。这些气泡实际上是气态的水。当水被加热时，水分子开始进行非常非常快的运动。它们迅速运动，发出巨大的声响，然后等到力量更足以后，就扩散到空气中，变成了水蒸气。

词语园地 WORDS TO KNOW

温室气体：大气层中那些可以存住热量的气体。我们需要温室气体，但是这些气体太多了就会使大气留存的热量过量。

大气层：地球上的所有空气组成了大气层。

对于地球来说，水蒸气是一种非常重要的**温室气体**。温室气体可以存住热量。没有水蒸气，地球会变得很冷。地球的平均温度是15摄氏度。如果没有水蒸气，平均温度将会降到 -18 摄氏度。

古往今来 THEN + NOW

过去：以前，古人利用占卜术寻找地下水。占卜师拿着带叉子的棍子走来走去。当这根棍子颤动或是下沉倾斜时，就说明附近有水源。

现在：如今，人们利用岩石、矿物和土壤信息寻找地下水。地面景观可以给出找到水源的线索。

毛细现象：水侵入到另一种物质中的一种方式。

表面张力：当水分子在表面相互紧拉在一起时，产生的一种张力。

动起来

哎呀，你刚弄洒了一杯水。别担心！拿起一张纸巾把水吸干。这就是**毛细现象**在起作用。水分子可以移动到其他物质的空隙中，因为它们“很黏”。

水黏黏的？是的，你说得没错。水分子喜欢一起闲逛，喜欢彼此跟随，甚至对抗重力。“来，大家一起动起来！”当它们沿着植物根部向上流动，或是在布满纸巾的空隙里穿梭流动时，它们似乎对彼此这样喊着。如果水分子不喜欢黏在一起，就不会有雨滴。相反，它们会扩散开来。

水的皮肤

你能在池塘的水面上走过去吗？不能。但是一种叫水黾的小小水生昆虫就可以。**表面张力**使它们能够做到这一点。水分子在池塘表面相互牵拉在一起，这使它们不易被分开。它们紧紧地拉拽着，形成了一层薄薄的“皮肤”。水黾就是利用这层“皮肤”或者说是表面张力，快速地在池塘表面爬过的。

观察大发现

在不同的温度下，水可以在固态、气态和液态之间来回转化。在一定大气压下，当温度降低到 0 摄氏度以下时，水会凝固成冰；当温度升高到 0 摄氏度以上时，冰又会融化成液态的水。

蒸发就是水由液态变为气态的过程。蒸发在任何温度下都能发生。在一定大气压下，当温度升到 100 摄氏度时，水会沸腾，形成大量的水蒸气；水蒸气遇冷时，又会凝结成液态水，甚至凝华成固态的冰。

液态的水并没有固定的形状。它能占据所在容器的空间，呈现容器的形状。当用其他不同形状的容器盛水时，水又会变成其他的形状。

用纸巾去擦桌上的水，水能被纸巾吸走，这是毛细现象；植物的根系从土壤中吸收水分，并通过导管把水分输送到茎和叶，这也是毛细现象；下雨后，水渗透到土壤中，这还是毛细现象。

活动 Activity

改变你的状态

材料和准备工作

- 一群朋友（个头越高越好）
- 一块大空地

在这个游戏中，你和你的朋友们就是水分子。你们其中一个人要扮演科学家，其余的人要在出局之前尽量靠近科学家并触碰到他。

1 开始时，所有的小朋友站成一排，距离科学家至少 5 米远。

2 科学家背对小朋友，说“液态”。这时，所有小朋友都必须相互挽着胳膊，然后朝科学家走近。

水分子

科学家

3 当科学家说“固态”，然后数到 5 并转身时，每个小朋友必须至少和其他 4 个人的胳膊挽在一起，同时大家要一起颤抖。如果科学家看见有挽在一起的小朋友少于 5 个人，那么这些小朋友就都出局了。

4 当科学家转过身去，说“液态”或“气态”时，游戏继续。气态表示温度快速上升，小朋友们必须各自四处散开。

5 如果没有人能够触碰到科学家，而且所有的小朋友都出局了，那么科学家就赢了。否则，第一个触碰到科学家的小朋友就是获胜者，他将成为下一轮游戏中的科学家。

实验 Experiment

谁更快?

材料和准备工作

- 大头针
- 2个纸杯
- 2个玻璃杯（杯口直径必须小于纸杯）
- 冷水和热水
- 冰块

在这个实验中你将发现，当水被加热时，水分子是否能够更快地运动。

1 用大头针分别在两个纸杯的底部扎一个孔，然后将纸杯端正地放置在玻璃杯上。

2 往其中一个纸杯中加入冰水（混合了冰块的冷水），往另一个纸杯中加入热水。

3 观察哪个纸杯里的水漏得更快。

需留意

在实验开始前，你觉得实验中会发生什么?

你的实验是否证明了，热量可以加快水分子的运动?

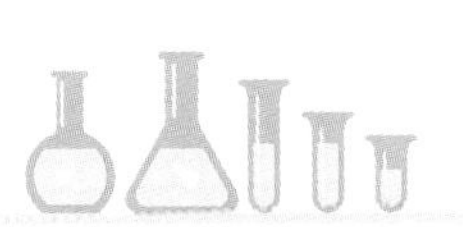

Meet a Scientist 认识科学家

阿格尼丝·波克尔（1862—1935）非常热爱科学。她在厨房做实验。在研究水的表面张力时，阿格尼丝制作了第一台测量表面张力的仪器。

实验 Experiment

毛细现象

这是一个非常有趣的实验，在这个实验中你可以看到水向上流和向下流。这并不是魔术，这是毛细现象！

材料和准备工作

- 2 个玻璃杯
- 水
- 纸巾
- 笔记本
- 铅笔

1 在桌上放两个玻璃杯，在其中一杯中倒入四分之三的水，另一杯空着。

2 将纸巾紧紧地拧成一根纸巾条，一端放在有水的玻璃杯中，另一端放在空玻璃杯中。

3 观察在 2 小时里会发生什么。记录下你的观察结果。

需留意

- 在实验开始前，你觉得在实验中会发生什么？
- 纸巾会发生什么变化？
- 空杯子会发生什么变化？

取用净水的新尝试

游戏泵（PlayPump）是一种游戏设施，有点像旋转木马。其实，它不止是一种游戏设施，它还利用了小朋友们玩耍时产生的能量，将地下水抽到地上的储水罐中。这个设施对那些清洁水资源不足的非洲农村地区尤为重要。

知识加油站

对比和比较

在科学研究中，你经常想找出事物的相同点和不同点，这时你就要用到对比和比较。对比找出的是事物的不同点，而比较则能发现事物的相同点。此外，通过对比和比较还能发现规律和趋势，从而得出科学结论。

在“谁更快？”这个实验中，我们在采用过同样处理的纸杯中分别倒入冰水和热水，观察哪个纸杯中的水漏得更快。这样我们可以直观地对比不同温度的水对应结果的差异，进而发现热量是否可以加快水分子的运动。

第二章

水循环

Water Cycle

水循环

水循环无处不在！在你脚下，在空中，在沙滩上，甚至在厕所里！冻结与融化、显现与消失、滴落与倾泻……水以固态、液态和气态的形式不断地参与着循环。水从何处来？又往何处去？地下！空中！陆地上！其实这些答案都是正确的。

地球上和大气中水的总量是不变的。从恐龙遍及地球之前一直到现在，水量都没有变过。虽然水量保持不变，但是水的形态却发生了变化，而且是巨大的变化！

开心一刻 Just for Fun!

问：你怎么能制造出水？

答：只需要两个字母 H 和一个字母 O。

地球上的水通过**水循环**运动。这是地球循环利用水的方式。水循环有 4 个主要环节，分别是**蒸发**、**凝结**、**降水**和汇集。

水以它们固有的形式不断地运动，参与到这 4 个环节中。水循环没有开始也没有结束。这就是水被称为**可再生资源**的原因。水总是会去一些地方。我们使用水，但无法用光水，我们也不能创造出比现在所拥有的更多的水。

词语园地 WORDS TO KNOW

水循环：水的自然循环过程，包括蒸发、凝结、降水和汇集 4 个主要环节。

蒸发：液体升温后变成气体的过程。

凝结：气体变为液体的过程。

降水：以雨、雨夹雪、雪、冰雹等形式降下水分的过程。

可再生资源：一类像水一样可以一次次完成循环并再用的物质，不会被用光。

含水层：一种含有贮水空间的地下岩石层。

水在水循环每个环节中的参与效率是不同的。例如，当水变成雨或雪时，它们在空气中停留很短的时间。但湖泊中的水可能需要几十年才能循环一次。海洋、冰川和一些**含水层**中的水则需要千百年才能循环一次！在几乎没有降水的地区，如沙漠，完成一次水循环可能需要 100 万年的时间！在沙漠这样的地方，水几乎是不可再生的。因为沙漠基本不下雨，一旦水被用尽了就不会轻易再生。

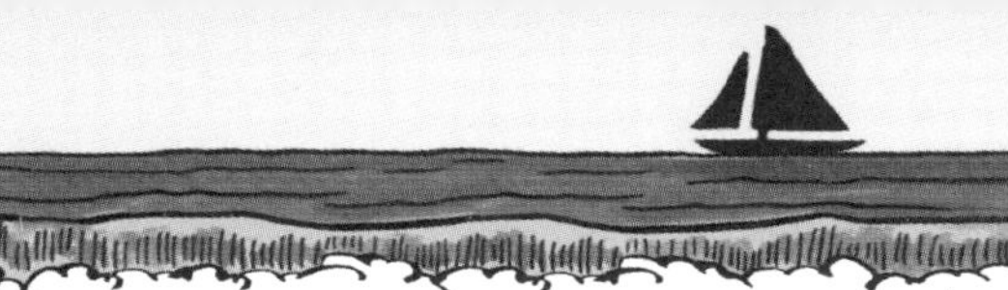

蒸发

词语园地 WORDS TO KNOW

蒸腾作用：水分从植物的叶子释放到空气中的过程。

“下雨了，哗啦啦！老爷爷打鼾啦！”在这样的天气下，操场上往往到处都是水坑。一会儿，太阳出来了，水坑开始消失。水进入了空气中。

来自太阳的热量导致了这一现象。水从液态变为气态的过程就是蒸发。水在任何温度下都能蒸发。但是热的确会加快这一过程。就拿茶壶来说，当壶里的水被加热时，没过多久，茶壶就吹起了“口哨”，告诉你水正在蒸发。

江河湖海中的水为大气提供了90%的水蒸气。还有些水是从植物的叶子蒸发到空气中的，这个过程被称为**蒸腾作用**。水蒸气一旦进入空气中，就会被风吹散到四处。

凝结

想象一下，炎热夏天里的一杯冰水！你很快就会发现，在玻璃杯的外面出现了很多水珠。是杯子漏了吗？没有。当热空气中的水蒸气遇到冰凉的玻璃杯时就会被冷却。水蒸气遇冷后，变成了液态水。这被称为凝结。它与蒸发是相反的。

Meet a Scientist 认识科学家

阿尔弗雷德·魏格纳（1880—1930）是德国一位著名的气象学家。他是第一位利用气球探测天气的科学家。

凝结现象在你家的后院里就能看到。在凉爽的清晨，草叶上会有凝结物出现。这就是露水。会出现露水，是因为夜里空气温度下降，空气中的水蒸气这时会发生凝结。这时的温度就是**露点**。上午温度回升，露水又蒸发回空气中了。

降水

蒸发到空气中的水，不会在空气中停留太长时间。在成为降水之前，最多只能停留 12 天。降水是从天而降的所有的水分，比如雨、雪、雨夹雪、冰雹等。地球上每天大概有 914 万亿升的降水，同一时间只有不到 1% 的水停留在空气中。四分之三的降水会降落到海洋中，其余的降落到陆地上。

夏威夷的怀厄莱阿莱峰是地球上最湿润的地方，每年的平均降水量为 1145 厘米。印度的乞拉朋齐则保持着单年降水量最多的纪录。1861 年，乞拉朋齐的降水量为 2297 厘米！

WOW!

进入空气中的水蒸气并不会马上变成降水。它们首先变成云。天空中越高的地方温度越低，所以水蒸气上升会凝结成小水滴或直接变成小冰晶。它们相互碰撞，黏合变大，直到形成可以看到的云。

词语园地 WORDS TO KNOW

露点：水蒸气凝结成露水时的温度。

云团越来越大，越来越重，直到重力把云中的水滴或冰晶向下拉下来，形成降水。如果地面附近的温度足够低，就会降下雪花。有时飘落的雪花在落到地表之前，会完全融化，之后又再次冻结成冰。这就是冻雨。冻雨能让地表变得像溜冰场一样滑。

与雪或冻雨不同，冰雹可以在全年的任何时间出现。冰雹在雷雨云中产生。当降落的水滴或冰晶遇到强烈上升的暖气流时，它们又被送回云团中，同时并合冻结成了冰粒。在上上下下的气流中，冰粒还会附着上更多的冰，成为大个的冰雹。这样循环往复，直到冰雹重到足以穿过上升的暖气流才落下。

冰雹可以像棒球那么大。冰雹能将树干劈成两半，还能打破窗户，甚至砸穿屋顶！

极端环境下的植物

植物的生命力是惊人的。它们可以生活在地球上最为极端的地方。高大的山峰和极寒的深海中都有植物生长。甚至在秘鲁和智利一带 2000 千米长的沙漠中也有植物生长，那片沙漠已经有几千年没下雨了！为了生存，美洲豆角树拦截了来自太平洋的雾气。树叶吸收了其中的水分，并将这些水分输送到根部。它们的树根可以长到至少 60 米长！因为根部很长，所以可以延伸到地下深处有水的地方。

汇集

再次蒸发之前，水在何处汇集？大部分的水进入了海洋。这并不奇怪，因为海洋约占地球表面积的 70%。水还会流经陆地汇入河流、湖泊和溪流中，这些被称为**径流**。一些降水渗入地下，成为**地下水**。这是饮用水的来源之一。在地下储存着相当多的水，如果将这些地下水汇集到地表，能达到 55 米深！

美国早期的拓荒者们必须从小溪、河流，或是水井中取水，然后用桶抬回家。而今天，我们只需要打开水龙头！

WOW!

词语园地 WORDS TO KNOW

径流： 在地表流动的水。

地下水： 含水层中的水。

非饱水带： 含有土壤和空气的地下区域。

饱水带： 充满水的地下区域。

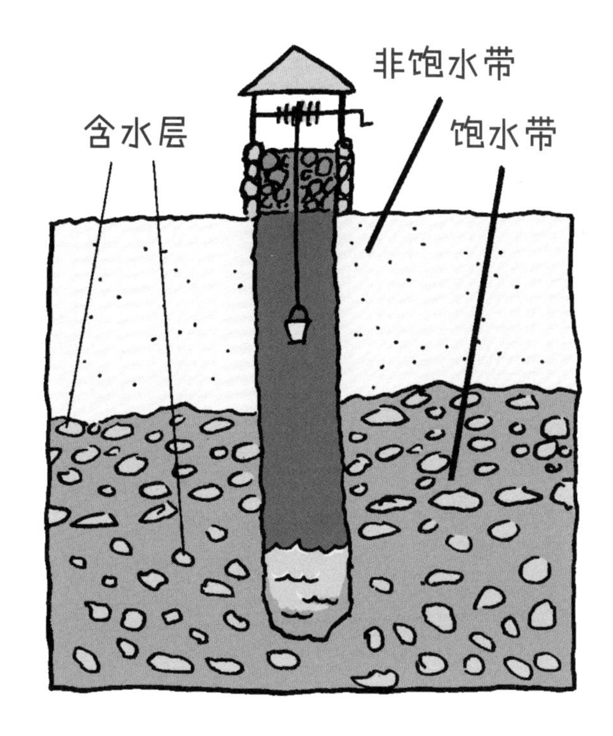

水进入土壤时，先进入**非饱水带**。这个部分充满了泥土和空气。一部分水汇集在这里，被植物利用。其余的水流到深处的**饱水带**，这里充满了水。在饱水带，水汇集在岩石的裂缝间，此处被称作含水层。之后，水就开始了一段通往海洋的缓慢旅程。最终，所有汇集起来的水都会蒸发，并开始下一轮的水循环。

Meet a Scientist 认识科学家

威廉·莫里斯·戴维（1850—1934）是美国的一位气象学家。他指出了河流如何通过侵蚀作用造就地貌。

云中掉下“汉堡包”

雨滴看起来像什么？它们有尖尖的顶部和圆圆的底部吗？不。实际上，它们看上去就像是汉堡包和豆子。最小的雨滴是直径还不到 1 毫米的球体。中等大小的雨滴直径大概有 3 毫米，看起来像豆子。而直径大于 4.5 毫米的雨滴就像是汉堡包。真是太有意思了！

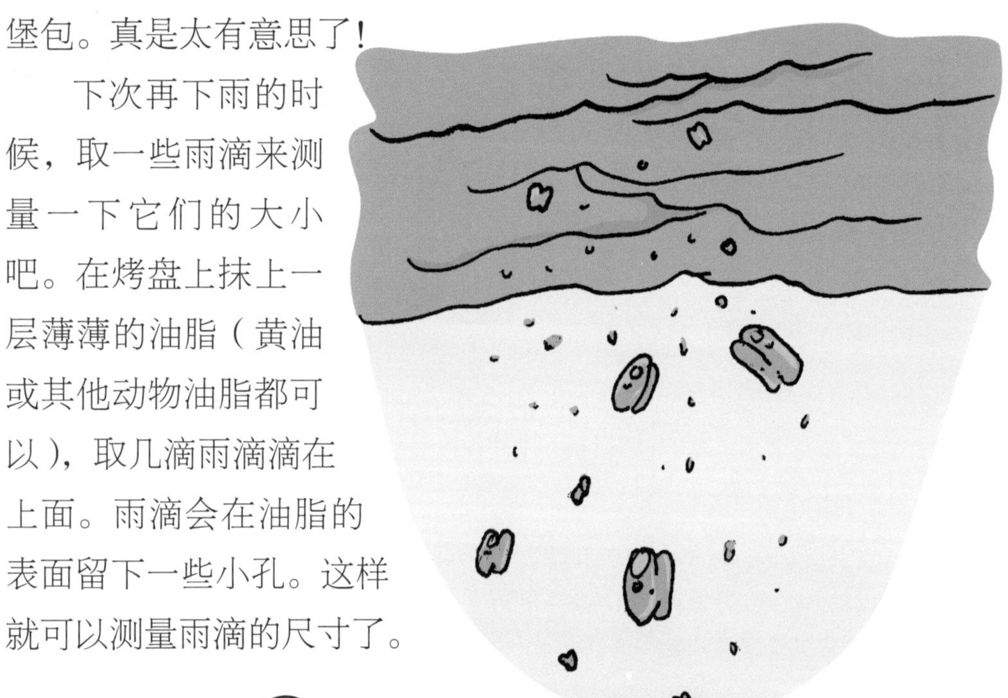

下次再下雨的时候，取一些雨滴来测量一下它们的大小吧。在烤盘上抹上一层薄薄的油脂（黄油或其他动物油脂都可以），取几滴雨滴滴在上面。雨滴会在油脂的表面留下一些小孔。这样就可以测量雨滴的尺寸了。

古往今来 THEN + NOW

过去： 在古埃及，埃及人从尼罗河取水后存在大罐子里。等泥沙沉淀之后，他们只饮用最上层的水。

现在： 如今，乡镇和城市都有了水处理厂，在这里饮用水中的有害细菌会被杀死。

词语园地 WORDS TO KNOW

水处理厂：净化水的场所。

观察大发现

如果水循环从地表水开始的话，那么蒸发应该是水循环的开始。地表的各种水体在阳光的作用下，由液态水变为水蒸气。水蒸气升到高空，遇冷变成小水滴，这就是水循环中的凝结。这些小水滴聚集在一起就形成云。当小水滴越聚越多时，云越来越厚重。在重力的作用下，小水滴降落到地球表面，这就是水循环中的降水。

凝结常常发生在你身边。在一个凉爽的早晨，你常常能在树叶、草叶上见到一些小水珠。这是露水。露水就是水蒸气遇到较冷的树叶、草叶凝结而成的。

降水落到地球表面就进入水循环中的汇集环节。一部分水在地表流动形成地表径流，它们汇集到溪流、河流、湖泊中，绝大部分最后汇入海洋。

一些水渗透到地下，储存在地下含水层中，形成地下水。地下水是饮用水的主要来源之一。储存在地下的地下水，也要参与到水循环中，只不过它们完成一次循环需要成千上万年的时间。

实验 Experiment

钟罩实验

材料和准备工作

- 大号带盖的玻璃食品罐
- 泥土
- 若干小块岩石
- 苔藓
- 小种子或小棵植物
- 小树枝

你可以在容器罐中观察水循环的过程。这个容器罐就像一个微型花园，能将植物释放的水蒸气集中起来。水蒸气凝结成水后，会沿着容器壁回流到土壤中。这可以保持土壤湿润，保证对植物的水分供给。

1 清洗玻璃罐和盖子，并擦干。把泥土、小岩石和潮湿的苔藓铺在盖子上。然后放上小棵植物或小种子以及小树枝。

2 把玻璃罐拧在盖子上。倒置。

3 把你的小型生态系统放在阳光充足的地方，开始慢慢观察吧！

净水技术

生命吸管是一种便携式的水过滤装置。当人们使用这个装置饮水时，它会杀死水中的细菌。

实验 Experiment

蒸腾实验

水有助于植物的生长。它们从植物的根部进入植物体内，沿着枝干，被输送到植物的叶子中。植物叶子中的一部分水分会蒸发到空气中。这就是蒸腾作用。

材料和准备工作

- 1 棵有叶植物
- 1 棵仙人掌
- 透明的小塑料袋
- 两根捆绳

1 用塑料袋将植物都套起来，并用捆绳将底部开口封住并系紧。

2 将植物放在阳光充足的地方。

3 第二天，观察植物。

需留意

- 水分汇集到塑料袋中需要多长时间？
- 每个塑料袋中的水量相同吗？你认为这是为什么？
- 如果将植物放在阴暗处，结果会不会相同呢？

开心一刻！ Just For Fun

问：4 月给她的朋友 3 月带来了什么礼物？

答：鲜花。

动手做 Make Your Own

水循环护腕

材料和准备工作

- 袜子
- 剪刀
- 胶水
- 白色、黄色、浅蓝色、深蓝色的扣子或穿珠
- 线（可选）
- 针（可选）

水循环其实就在你身边。现在，你甚至可以把它带在你的手腕上！

1 将袜口和袜子底部剪下。将剩余部分的顶部和底部边缘向内折1厘米。用胶水粘牢。

2 将这个袜子做成的护腕从上到下分成4个部分，每个部分代表水循环的一个过程。

3 按照下面的顺序，在每个部分缝上或者用胶水粘上扣子或穿珠：

- 白色代表蒸发
- 黄色代表凝结
- 浅蓝色代表降水
- 深蓝色代表汇集

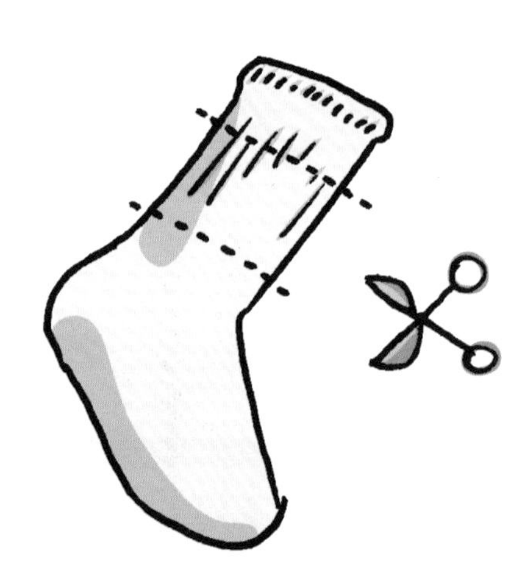

4 如果你用胶水把扣子或穿珠粘在护腕上，在戴之前要先晾干胶水。

5 给你的朋友再做一个。

地球上水的组成

我们的地球被称为“蓝色的星球”。这是因为地球上大约 70% 的表面都被水覆盖。在这些水中，有淡水，有咸水，你了解它们的组成吗？

地球上大部分的水位于海洋中，包括太平洋、大西洋、印度洋、北冰洋和南大洋，只有大约 3% 的水是淡水。但是，不是所有的淡水都能被我们轻易地利用。很多淡水储存在地下深处或冰川和冰盖里。

地球上各种水体的比例

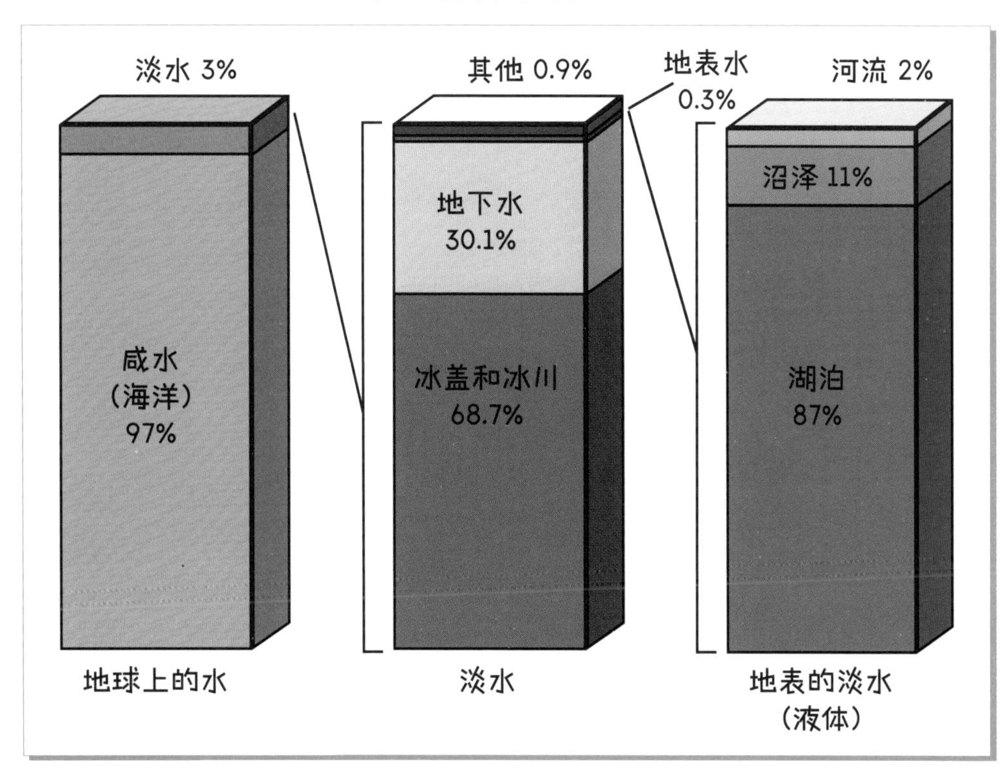

第三章

水和天气

Water and Weather

水和天气

很多人在早上起床后都会查询天气。用鼠标轻轻一点，当地的气象云图就会出现在电脑屏幕上。知道了天气，就更便于制订出行计划，也便于我们选择着装。

天气似乎就是在你家门外形成的，实际上并不是这样。天气发生在大气中。大气是覆盖在地球周围的一层气体，它的能量来自太阳。正是这种能量促成了各种天气现象。天气是你每天遇到的风、暴雨、阵雪、多云或者晴天。

什么是气候？气候是用来描述一定时期内的天气情况的。一些人生活在多雨的气候区，一些人生活在干旱炎热的气候区。气候取决于下列因素：

* 地球的自转
* 地球绕太阳的公转
* 地球大气
* 海洋与洋流

湿度：空气中水分的含量。

湿度

天气温暖时，晾衣绳上挂满了洗好的衣服。它们会被晾干吗？这取决于这里的空气湿度。湿度会一直变化。湿度高时，空气中的水分就多，皮肤就会黏黏的；湿度低时，空气中的水分就少，皮肤碰上去就会感觉很清爽。晾衣绳上洗好的衣服在湿度低时，干得快一些。

云

躺在草坪上看云彩，你会看到云的形状在变化。这一朵像毛茸茸的兔子，那一朵像城堡。但是无论它们看起来像什么，它们都有相同的组成。

云来源于水。因为地球表面不断升温，所以最终所有的水都会蒸发，变成气体，也就是水蒸气。温度越高，水蒸气上升得越高，也就会升到空中更高的地方。

世界上最大的冰块是冰山。2010 年，一块 2500 平方千米的冰山从南极大陆断裂出来。这座冰山相当于美国的罗得岛州那么大。

水蒸气上升得越高，就会变得越冷。寒冷会让水蒸气变成小水滴或小冰晶。它们非常非常小，也异常轻，轻到可以飘浮在空中。但是它们不会长时间单独悬浮在空中，而会聚集在一起，形成可以看见的云。

云很重要，会带来降水，例如雨和雪。它们还有助于为地球保暖。那是因为云在白天时会吸收来自太阳的热量，然后将这些热量散发到地球各处。如果想暖暖地在户外烧烤，一定要选择一个多云的夜晚，而不是晴朗的夜晚。

Meet a Scientist 认识科学家

皮埃尔·伯罗（1608—1680）是法国的一位科学家。他指出，雨水给养了泉水和河流。

为那朵云起个名字

人们观察云已经有数千年的历史了。画家为它们作画，诗人以它们吟诗。但是那时并没有科学的方法去描述云。

直到 1802 年，英国人卢克·霍华德改变了这一切。卢克热爱科学，他的爱好就是观察天气。他还写过一篇关于他的天气观察记录的学术论文。起初，他把云分成三大类，之后又分成了四大类。每类云都有它们独特的特性。卢克还用拉丁文为它们命名。我们至今都在沿用卢克的分类系统。

卷云

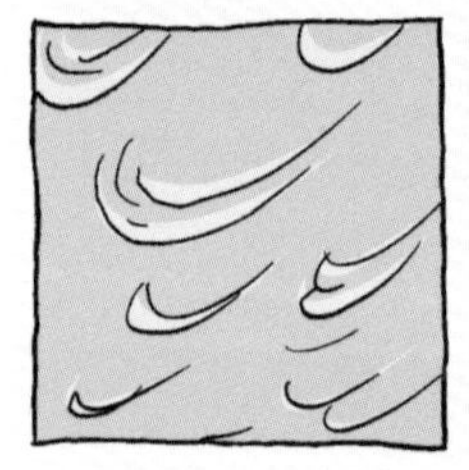

雨云

积云

层云

- 卷云是一丝丝的薄云，是好天气的征兆。
- 雨云是深灰色的。注意哦，它们意味着暴风雨要来了。
- 积云是毛茸茸的，像棉花糖一样的云。它们通常代表好天气，但是当积云增厚时，也会产生强阵雨，甚至是龙卷风！
- 层云就像是灰色床单覆盖着天空一样，是天气变化的征兆。

词语园地 WORDS TO KNOW

迁徙：动物定期从一个地方迁移到另一个地方的行为。

天气预报：对天气情况作出的预测。

天气观测工具

在历史上的很长一段时间里，人们都是依靠双眼预测天气的。印第安人依据的是观察动物的**迁徙**。在春秋两季，动物为寻找食物、水源和遮蔽处而迁徙。开花的植物也可以标志四季。定居美洲的欧洲人从他们的观察中，总结出了关于天气的经验。这些经验都以谚语的形式传承下来，例如“月儿明，霜现形”。谚语虽然很容易记忆，但是不一定准确。所以，这些谚语也不是很可靠。

天气观测工具的发明，使观测天气成为可能。气压计能够测量大气压力，风速计能够测量风的速度。19 世纪 40 年代，电报机的发明使远距离通信成为可能，气象站遍布美国各地。那时就已经可以监测天气系统了，由此也导致了气象图和**天气预报**的出现。

气象学家是做什么的？关于天气的科学研究叫作气象学。研究天气的科学家就是气象学家。**气象学家：**

* **收集卫星数据和其他天气数据。**
* **观察大气并关注天气情况是否发生了变化。**
* **在计算机上处理数据。他们用这些数据来预测暴风雨，还能更好地了解全球变暖和气候变化。**

雷雨

虽然你无法监测雷雨，但有一个简单的方法可以告诉你，雷雨离你有多远。当你看到闪电时，开始数秒数，直到你听到雷声时。把秒数除以 3，得到的数字就表明雷雨距离你有几千米。因为光传播的速度比声音快得多，所以你看见闪电要比听见雷声早一点儿。

天气符号

气象学家不一定必须用文字去描述天气，他们会使用天气符号，比如下面的示例。你也可以试着为下面的天气现象设计你自己的天气符号。

毛毛雨　雪　雾

雨　雷雨　冻雨

观察大发现

气象站中的测温箱，也叫百叶箱。

现在，人们利用气象卫星观测气象。气象卫星可以探测地球大气层中的水热等情况，拍摄各种气象图，并将这些数据传送回地球。地球上的气象学家利用这些数据，对天气作出预测。

夏天，雷雨之前特别闷热。这是因为，在雷雨来临之前，气压变低，地面的温度非常高，空气的湿度也特别大。这时，人被潮热的空气裹着，汗水也不容易蒸发，所以会感觉特别闷热。

动手做 Make Your Own

气象学家的日志

材料和准备工作

- 10~15 页用过的废纸
- 直尺
- 铅笔
- 剪刀
- 蜡笔
- 打孔器
- 2 个金属 D 形环

在你的日志上记录你的天气观察结果。制作日志要尽量做到环保，使用可循环利用的纸，比如旧画图纸、用过的信封和其他废纸。

1 把废纸叠成一摞，确定好你的日志大小。

2 用直尺、铅笔、剪刀把这些纸裁剪成同样的大小。

3 选一页作为封面，然后做一些你喜欢的装饰。

4 在靠近书脊的上部和下部分别打孔，然后把 D 形环穿到孔中。

5 将你每天看到的天气情况记录下来。例如，每天早上你起床时有多温暖？是下雪还是刮风？云看起来像什么？你能发现天气的模式吗？

开心一刻! Just For Fun

问：为什么雷不走在前面？

答：因为雷经常跟着闪电走。

动手做 Make Your Own

雪花幻灯片

材料和准备工作

- 黑色的纸
- 银色荧光笔
- 2张塑料显微镜载玻片或醋酯纤维片
- 塑料果汁容器环
- 锡纸带
- 剪刀
- 细绳或细线

威尔逊·本特利(1885—1931)曾说过，“在显微镜下，我发现了雪花奇迹般的美丽”。本特利是美国佛蒙特州的一位农夫，他拍摄过5000多张雪晶的照片。下面我们将学习一个自制雪花的方法。

1 用银色荧光笔在黑色的纸上画一朵雪花。雪花必须画得足够小，能够放在两张载玻片之间。

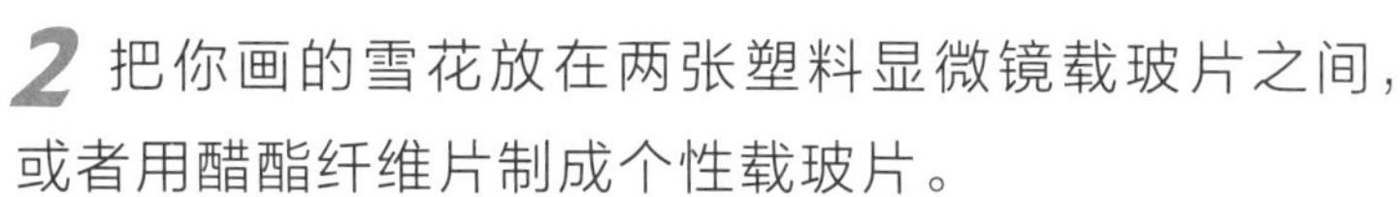

2 把你画的雪花放在两张塑料显微镜载玻片之间，或者用醋酯纤维片制成个性载玻片。

3 将果汁容器环粘到载玻片或醋酯纤维片的一边。

4 用锡纸带将载玻片或醋酯纤维片的边缘缠裹好。

5 将细线穿过容器环，这样你就可以挂起你的雪花了。或者将细线留长一些，把你的雪花像项链一样戴在身上。

过去： 古代文明，例如古希腊人，认为天气是由众神掌控的。

现在： 今天，我们知道天气形成于大气层内，受太阳和水循环的影响。

动手做 Make Your Own

头发湿度计

1783 年，科学家发明了一种叫作头发湿度计的工具。它可以利用一绺头发来测量湿度的变化。科学家发现，头发会随着湿度的变化而变化。

材料和准备工作

- 塑料文件夹
- 剪刀
- 直尺
- 一绺头发
- 胶带
- 卡纸板
- 大头钉
- 马克笔
- 吹风机

1 从塑料文件夹上剪下一个箭头形状的塑料条，4 厘米宽，18 厘米长。

2 把头发的一端粘在箭头平头的一端，距离平头边缘 2 厘米，另一端粘在卡纸板上，这样箭头就被挂起来了。

3 用大头钉将箭头固定在卡纸板上，大头钉距离平头边缘 1 厘米。大头钉不要钉得太紧，这样箭头才可以以大头钉为轴自由转动。

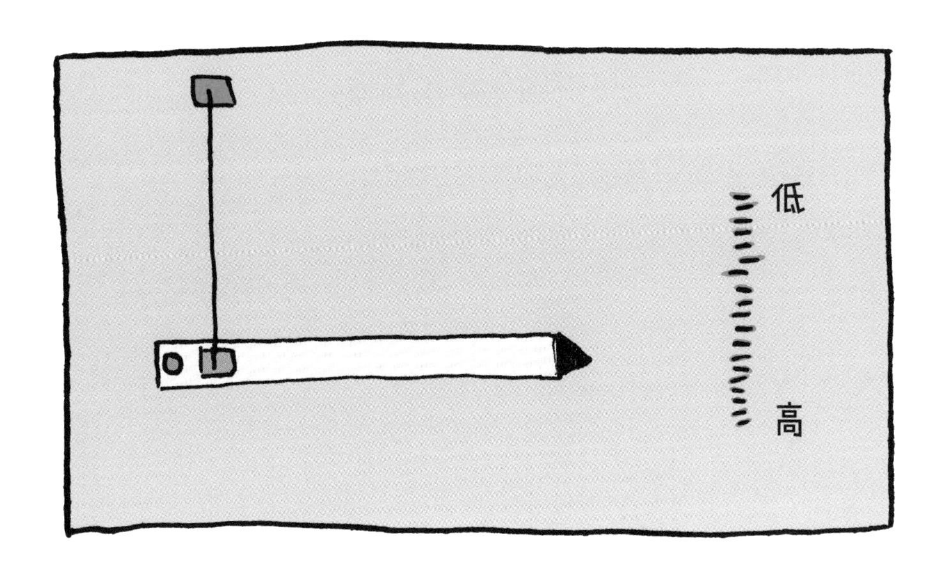

4 画出一段 10 厘米长的刻度线，让箭头的尖头端与 2 厘米的刻度对齐。

5 将吹风机的档位调到低档，吹头发几秒钟，观察发生了什么。

6 把这个湿度计拿到充满水蒸气的浴室里。箭头会动吗？头发由一种叫作角蛋白的蛋白质组成。有水的时候，负责联结蛋白质的键就会断开，头发就会伸展。湿度高时，头发会变长，箭头向下移动；湿度低时，头发变短，箭头则向上移动。

需留意

- 当湿度变化时，你会感觉到空气有什么不同吗？
- 用家里不同成员的头发制作头发湿度计。你觉得结果会不同吗？

动手做 Make Your Own

水位计

在古埃及，尼罗河是重要的水源。每年，尼罗河的河水都会泛滥。埃及人需要知道洪水是大是小，还是正常水平。所以，他们建造了水位计。水位计实际上就是一个通往河中的楼梯，楼梯上标有刻度。埃及人观察河水上涨到第几节阶梯，以此来确定水位。在下面的动手活动中，你将制作一个好玩的水位计来测量降雨量。

材料和准备工作

- 6 个塑料瓶盖，每个 4 厘米高
- 水溶性胶水
- 永久性马克笔
- 直尺
- 塑料容器
- 防水的马克笔
- 剪刀
- 鱼线

1 把瓶盖粘在一起，如图所示，做成一个楼梯。

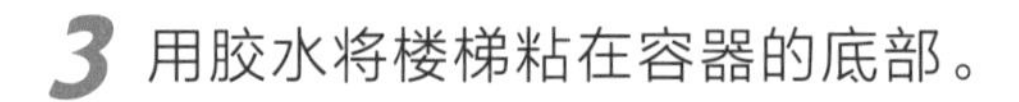

2 胶水干了以后，在瓶盖侧面每间隔 0.5 厘米处做一个标记。

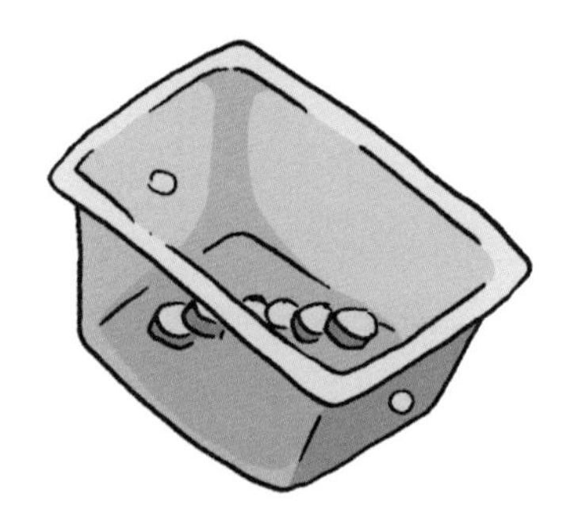

3 用胶水将楼梯粘在容器的底部。

4 用剪刀在容器两侧各戳一个孔。

5 将鱼线穿过容器上的孔，并将容器固定在篱笆上。

6 每次下雨后，检查一下水位。在你的气象学家日志中，记录下你的测量值。然后再将水位计中的水倒出来，准备用于下次暴雨时的测量。

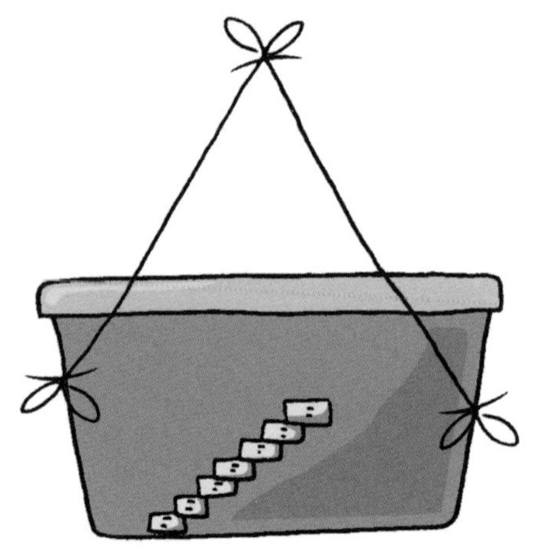

知识加油站

气象仪

虽然现在有了气象卫星、气象雷达这样先进的气象探测设备，但是在很多地方的气象站或气象台仍使用气象仪测定气象。气象仪是气象学家和天气预报工作人员用来观测天气情况的工具，如温度计、风速计。下面我们来认识一下它们。

气温是天气的重要指数。温度计是一种重要的气象仪。传统的温度计是装有酒精的玻璃管，利用酒精的热胀冷缩现象反映气温的高低。现代的温度计大都为数显的。

风向袋是测定风向的气象仪。风向袋指示的相反方向就是风的来向，也就是风向。

气压计是测定气压的气象仪。

风速计是测定风刮得有多快的气象仪。

雨量计是用来测定降雨量的气象仪。它实际上就是一个带有刻度的大罐子。

第四章

水的功用

Water Works

提到伟大的发明，你可能就会想到喷气式飞机和机器人。但是你想到的为什么不是坐便器？你每天都要上厕所，然后冲水。不久之前，这些简单的操作还是不可能的。

自古以来，人们一直想控制水。一个健康的淡水水源可以孕育一个伟大的文明，如古埃及、古罗马和古希腊。太多不可控制的水则可能造成破坏，而水太少又可能使土地变成沙漠。因此，人们发明和建设了可以存水、移水、提水的工具和工程。

从这到那

水一直都在运动，但是不是你想让它去哪它就会去哪。为了控制水流，古人建了一些精心设计的水利系统。居住在西亚和北非的人们修建了一种叫作**坎儿井**的**灌溉**渠。这样就可以将水从远方的山泉输送到村落了。在伊朗，一座坎儿井连绵了 40 千米。

词语园地 WORDS TO KNOW

坎儿井： 一种地下水渠。

灌溉： 水通过运河河道或水渠完成输送，来浇灌**农作物**。

农作物： 能够食用或者提供其他用途的植物。

高架渠： 用于远距离运水的一种管道系统。

蓄水池： 一种用于储水的设施。

古罗马人在地上和地下建造水利工程，来控制水流。**高架渠**是一种用巨石建成的工程，搭建在山谷和河流中，将水输送到罗马。一些高架渠可以将远在 92 千米之外的水输送到罗马，有些古罗马时代的高架渠甚至沿用至今。

输送过来的水不能马上使用，需要先储存在一种叫作**蓄水池**的巨大地下井中。有些蓄水池，例如位于土耳其的地下蓄水宫殿，非常壮观，它修建于公元 532 年。这个蓄水池非常巨大，小船甚至可以在它那 336 根大理岩石柱之间划来划去。

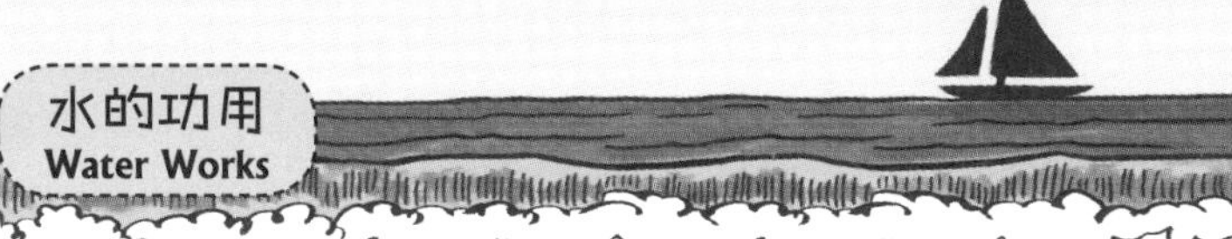

桔槔

词语园地 WORDS TO KNOW

桔槔：一种古老的取水装置，在古埃及很常见。

古埃及人把尼罗河作为水源。每年尼罗河泛滥之后，都会留下肥沃的土壤，这有利于农作物生长。但当河水退去，农田便会干涸。所以，古埃及人发明了**桔槔**，来灌溉农作物。

桔槔利用一根搭在架子上的长梁从河中取水，这就像一个巨大的跷跷板。当一端抬起时，另一端就被放下。桔槔的一端挂着一个大水桶，另一端则是一块巨石。

首先农夫将水桶放进河里，然后去桔槔的另一端，把石头拉下来。这样就可以将装满水的水桶从河里提起。接下来，农夫倾转水桶，把水倒入水渠。水会顺着水渠流到农田。这项发明真是太棒了，全世界的农民至今还有在使用桔槔灌溉农作物的！

可持续利用的水力

那些用之不竭的能源被认为是可再生的能源。风能是可再生的，太阳能也是，你根本用不完。可再生能源有时也被叫作绿色能源和清洁能源，因为它们不会产生**污染**。

词语园地 WORDS TO KNOW

污染：破坏环境的行为或物质。

地热：一种来自地球内部的热能。

地热是另一种可再生能源。地热来自被地球内部的热量加热的地下水。地球内部会一直产生热量。英语里“地热”这个词geothermal，来自两个希腊语词汇：“geo”指地球，“therme”指热量。

冰岛几乎90%的房屋都通过地热供暖。冰岛是利用地热的理想之地，因为那里拥有世界上最多的活火山。

流动的水也会产生大量的能量。暴风雨和洪水能冲走土壤。经过几千年的时间，流水甚至可以切断巨大的悬崖。这种侵蚀作用造就了宏伟的自然奇观，例如美国的科罗拉多大峡谷！

过去：在2000年前的古罗马，火灾很难被控制住。数百名罗马人手递手地传递水桶，来扑灭大火。

现在：如今，各城镇都有消防站及训练有素的消防队员。他们的消防车可以储存几吨的水，还配备有水泵，可以抽水来扑灭大火。

水车

词语园地 WORDS TO KNOW

水车：一种带桨叶的轮子，水流过时能够转动。水车产生的能量能够用于驱动机器或是取水。

水车能够从流水中获取可再生的能量。一个巨大的框架支撑着一个轴和轴上的转轮。大坝将水导向水车，当水流过水车时，水车就会自由地旋转起来。

有些水车就直接建在水流湍急的溪流或河流上。当水流冲击转轮上的桨叶时，这种类型的水车就会转动。另外还有一种水车需要水流冲击它们的顶部，水的重量驱动转轮转动。水车能够驱动机器。在过去，水车可以驱动磨坊中的巨石碾子，来研磨谷物。

没人知道是谁发明了水车。世界上有许多种水车，有些水车是水平放置的，也有垂直放置的。古希腊人和古罗马人把他们的设计记录了下来，但中国人有可能早于他们几个世纪就开始使用水车了。

词语园地 WORDS TO KNOW

水电：由下落的水流生产出来的电。

涡轮机：一种带有可转动桨叶的机器，它能够将一种能量转化成另一种能量。

在中国历史上的某一时期，兰州城的黄河岸边曾一度有200多台水车。毫无疑问，兰州可以被称为“水车之都”！其中一些最大的水车有15~18米高。

水力发电

水力发电是由下落的水流生产能量的一种方式。我们用的电有些就来自水力发电。事实上，美国是世界上水电生产量最大的国家之一。一个最壮观的水力发电站就位于美国纽约州的尼亚加拉大瀑布。每一秒，尼亚加拉大瀑布的流水量为56.8升。1895年，一位名叫尼古拉·特斯拉的发明家在尼亚加拉大瀑布上修建了一座水电站，这座水电站可以远距离输电。尼亚加拉大瀑布的水电站至今仍是美国纽约州最大的发电系统。

下落的水流是怎样产生电的？

* 下落的水流驱动涡轮机转动。
* 转动的涡轮机驱动发电机。发电机可以产生电。
* 电通过输电线，输送到你家。

开心一刻！ Just For Fun

问：什么人不需要电？

答：缅甸（免电）人。

三峡大坝

水电不只来自瀑布，也可能来自在河流上修建的水坝。水坝是能够阻止河水流动的巨型建筑。在水坝的后面会形成一个巨大的水库。当水库中的水被释放，流经水坝时，就会带动涡轮机转动，于是就产生了电。

世界上最大的水坝是中国的三峡大坝。它有近183米高，拥有一座近644千米长的水库！三峡大坝的26组发电机，能够为千百万的中国人提供18000兆瓦的电力。

Meet a Scientist 认识科学家

美国前总统本杰明·富兰克林（1706—1790）也是一位杰出的科学家，他记录过天气模式，试图找出产生不同天气的原因。富兰克林第一个意识到暴风雨是可以逆风推进的。

波浪和潮汐能

能量还可以来自海洋。当风吹过海面时，就产生了波浪。波浪是一种能量来源，但这种能源不容易被控制。机器设备必须能经得起海中风浪的冲击。

想象一下，像有轨电车那么大的红色巨型浮筒漂浮在海面上。这不是海怪，而是一座现代化的波浪发电站。波浪带动连接着浮筒的连接物，驱动发电机。世界上第一座波浪发电站在英国建成。

潮汐也是一种能量的来源。世界上最大的潮汐发电站坐落在加拿大的芬迪湾。这座发电站每天能够从1000亿吨流入和流出这个海湾的海水中获取能量来发电。这比世界上所有淡水河的水流量还要多！目前，这座发电站可以为6000个家庭供电。最终，它将能为10万户家庭提供充足的电力。

净水技术

未来，纳米海绵可以为贫穷国家提供清洁的水源。将海绵安在水龙头上，当水流经海绵时，水中的杂质就会被吸附在海绵的小孔中。

观察大发现

坎儿井的提水口

桔槔

地热能来自地下的热水。地热能可以用来发电、供暖，地下的热水可供人们日常生活使用，地热温泉还能被用于休闲娱乐。

水力发电站

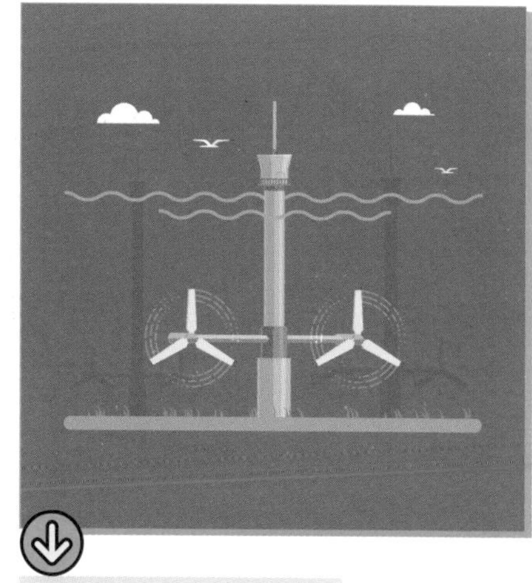
潮汐发电站示意图

阿基米德螺旋水泵

材料和准备工作

- 吸管
- 2根烟斗通条
- 醋酯纤维或透明的塑料文件夹
- 胶带
- 2个碗
- 糖

阿基米德螺旋水泵是一项有着约2000年历史的发明，是由古希腊科学家阿基米德发明的。阿基米德还发现了物体可以在水中漂浮的原因。阿基米德螺旋水泵可以将水位较低的水抽上来，输送到灌溉渠中。

1 将一根烟斗通条戳进吸管中，使吸管变硬实。

2 用另一根烟斗通条缠绕吸管，形成一个螺旋，要确保螺纹之间的间隔均匀。

3 将这个螺旋用醋酯纤维紧紧包住，形成一个圆柱，并用胶带固定住。要牢牢固定，同时还要确保螺旋可以转动。

4 把糖倒入碗中，把螺旋以一定角度插入碗中。转动螺旋，但不要转动外面的圆柱。当糖向上移动时，注意观察。用你的阿基米德螺旋水泵将糖从一个碗运到另一个碗中。

需留意

- 当吸管转动时，螺旋的最高点和最低点发生了什么？
- 糖是怎么被运上去的？

动手做 Make Your Own

桔槔

古埃及人用桔槔提水。做一个属于你自己的桔槔也很有趣哦！

材料和准备工作

- 2根长棍，其中一根的顶部要有一个V形叉
- 剪刀
- 细线或纱线
- 塑料杯子
- 石块

1 将一根长棍的中部固定在另一根的V形叉上，这时它们看起来就像跷跷板一样。用纱线将它们绑好，然后放在一边。

2 在塑料杯的杯口边缘戳出两个相对的孔。将纱线穿过小孔，多留出一截作为绳圈挂在长棍上。在每个孔的位置将纱线打结。

3 将杯子挂到长棍的一端。为了使杯子能够碰到水源，应该留出足够长的纱线，用来调整长度。

4 把另一根纱线捆在石头上，纱线的另一端系到长棍的另一端。纱线要留出足够的长度，以便你移动石头时，长棍可以上下移动，从而和另一端的水保持平衡。

5 将带有V形叉的长棍牢牢固定在水源附近的地面上，然后试着提水。如果有必要，你可以调整纱线的长度，或是调整它在长棍上的位置。

需留意

- 杯子的重量会改变结果吗？
- 长棍的长度对桔槔会产生什么影响？
- 制造桔槔的过程中最难的是什么？

动手做 Make Your Own

小型水车

材料和准备工作

- 塑料瓶盖
- 剪刀
- 防水的马克笔
- 直尺
- 热熔胶喷枪
- 线轴
- 醋酯纤维或可回收的塑料文件夹
- 吸管

水车在北美洲的殖民时代是非常重要的。在使用电之前，在北美洲殖民地定居的人们需要在磨坊将谷物，如小麦、玉米和燕麦，磨成粉。

1 从塑料瓶盖上剪下一个直径为 8 厘米的圆片。用防水的马克笔装饰一下这个圆片的一面。

2 将这个圆片的另一面平均分成 6 等分。在这个圆片的中心戳一个孔。

3 在大人的帮助下，将线轴粘在圆片未做装饰的一面。注意不要把孔粘上。

4 从醋酯纤维或可回收的塑料文件夹上，剪下 6 片桨叶。每片 1 厘米宽，4 厘米长。

5 将桨叶的长边轻轻折一下。然后把桨叶粘在圆片未做装饰的一面，让它环绕着线轴。桨叶之间的间隔要均匀。

6 将吸管穿过线轴和圆片，确保吸管可以自由转动。吸管就是轴，圆片、线轴和桨叶就是你的水车，将水车移到吸管的中部位置。现在把它放在自来水下，看看会发生什么。

需留意

- 靠近水源还是远离水源的时候，水车转动的速度更快一些?
- 让水车转动起来需要多少水?

知识加油站

水力设备中的简单机械

在前面的动手环节中，我们制作了阿基米德螺旋水泵、桔槔和小型水车。这些都是利用水工作的机械，这里面蕴含着简单机械的原理。例如，阿基米德螺旋水泵中用到了螺旋，桔槔用到了杠杆原理，而水车则是一个轮轴。

螺旋

螺旋是绕在一根轴上的斜面。这让螺旋以旋转的方式移动，并且可以将一个物体与另一个物体彼此连在一起。阿基米德螺旋水泵是一个装在空心管内的大螺旋。把空心管的一端放入水中，然后转动曲柄，曲柄驱动螺旋开始转动，下面的水沿着转动的螺纹槽在管道里上升。

杠杆

杠杆就是一根棍状物，靠在一个支撑点上，可以抬升或移动物体。桔槔就是一个大杠杆。把桶放到水里，当桶装满水时，在棍子另一端重物的帮助下，水桶就被很轻松地提上来了。然后，水桶被倒空。古埃及人用桔槔把尼罗河水移送到灌渠里，灌溉庄稼。

轮轴

轮轴是一起转动的一个轮子和一根杆状物。当其中一个转动时，另一个也跟着转动。水车是一个巨大的轮轴，带有木头或者金属的桨叶或水桶。当水车被放置在快速流动的水中时，轮子就会被推着一圈一圈转动。它产生的动力可以驱动机器，比如磨坊里的磨盘。水车还经常被置于奔流的水里，这样可以把水车上的水桶灌满，用来提水。

第五章 解读污染

Pollution Decoder

解读污染

词语园地 WORDS TO KNOW

集水区：可以向**水道**输水的一片区域。

水道：水流动的通道，例如溪流和河流。

雨从天上落下，流入地势低洼的地方。这些地方就会向池塘、湖泊、水库或者海洋输水。河流、湖泊和土地，这些水可以在上面流过的地方叫作**集水区**。

无论你生活在哪里，你都生活在一个集水区中。你的行为可以有助于保持你所在的集水区内水的清洁，也能让它们受到污染。

污染无法回避，总是存在于你周围。洗完自行车的肥皂水，掉在地上的冰棍包装纸，以及汽车排放的尾气，都能进入水循环中，让水变脏。

水污染甚至可以致命。根据联合国的数据，每天有 200 万吨人类制造的废物最终进入了地球的水道中。未经处理的工厂废物最终也进入了水源中。你可能会认为这些是发生在另一个城市或另一个国家的事情，并不会影响到你。然而事实就是，这些的确会对你产生影响，因为我们都处在同一个水循环当中。

污染难题

雨滴从天空中落下后，就会接触到地面上的污染。水污染的发生有很多原因。无论我们在家，在乡下，在工作中，或是在农场，都会把水弄脏。**我们如何解决这个问题呢?**

* **随手扔掉的垃圾会污染海滩、公园以及露营地。**
  游玩后，要把自己的垃圾收拾干净。
* **除草剂会危害生活在水里的鱼类和植物。**
  不要使用除草剂，可以选择拔掉野草。
* **宠物粪便能传播病菌。**
  把它们收拾好，放入垃圾桶里。
* **进入河流的泥土会使河流浑浊。**
  把泥土扫入花园中。

词语园地 WORDS TO KNOW

可生物降解： 可以在自然中被生物分解的性质。

不可生物降解： 不能在自然中被生物分解的性质。

磷： 一种化学元素。磷是构成生命体的重要元素之一。

污水

任何流进下水道的水都是污水，污水属于一种废物。但不是所有的废物都是一样的。一些废物可以自然降解，这被称为**可生物降解**。它们曾经是生命的一部分。另一些废物在自然中不能降解，这被称为**不可生物降解**。这些废物从来都不是生命的一部分。

一些肥皂、洗发水、清洁用品中都含有**磷**。这些含磷的化学物质进入水中，会使一些生物，比如藻类，疯狂地生长。藻类是生活在水中，黏糊糊的绿色生物，有点像植物。藻类死亡并腐烂时，会消耗水中的氧气。过多的藻类腐烂，就会耗尽水中的氧气，并使水发臭，导致鱼类和其他生物难以在水中生活。

是可生物降解的吗？

你知道下面这些物品，哪些是可生物降解的，哪些是不可生物降解的吗？

A. 头发　C. 卫生纸
B. 牙线　D. 牙刷

答案：A和C可生物降解，B和D不可生物降解。

在被你当作垃圾丢弃的废物中，有一些其实是可循环再利用的。你可以从商品包装上发现这个循环再生标识，它的存在就表明你可将它送去回收。减少进入环境的废物量，以及尽量使用可生物降解的物品，也是减轻水污染的有效措施之一。

超水侠的污水历险记

这就是超水侠。看，它潜入了排水管。看，它又流入了连接你家和城中下水道的管道。我们的英雄在这里遇到更多带有污染物的水分子、卫生纸、食物残渣以及粪便。哦不，还遇到了可怕的油脂——脂肪和油。在重力的拉拽下，它们流到了污水处理厂。污水处理厂中的筛子去除了较大的垃圾，比如木棍和玩具。超水侠继续前进，接下来是沉砂池。沙土和碎石在这里沉到了池底。然后机器将油脂从水面上撇出去。加入氯或用紫外线照射，杀死细菌。耶！超水侠自由地流入了水道，开始了又一次的水循环。

试着自己画出水的历险漫画吧。

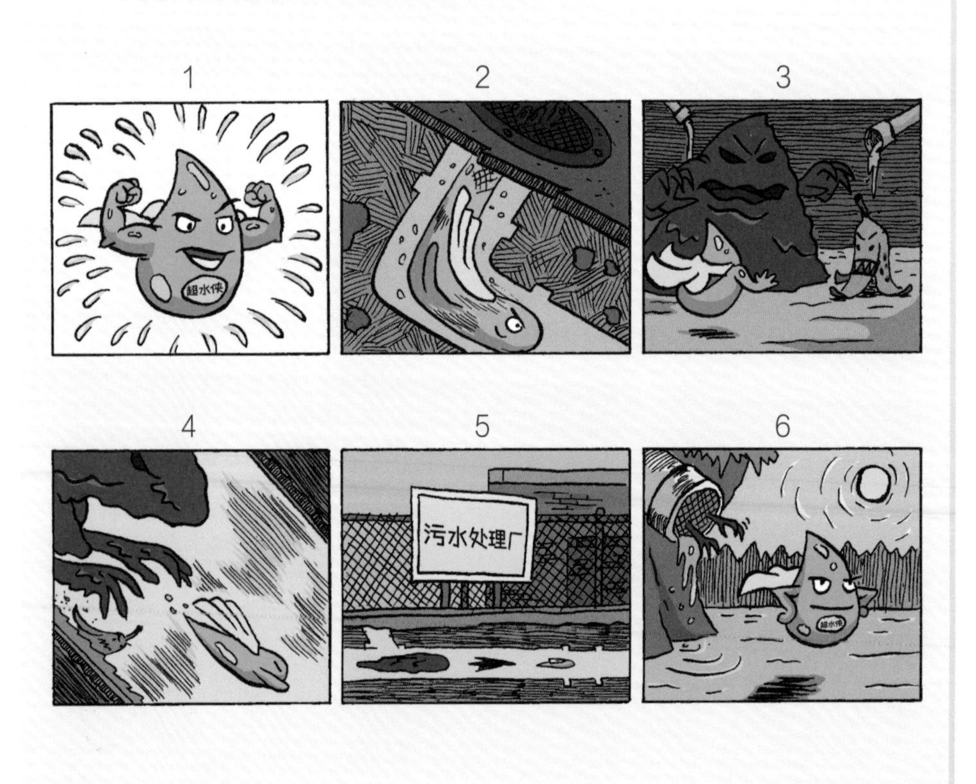

词语园地 WORDS TO KNOW

二氧化硫： 一种无色气体，释放到空气中会污染空气，制造酸雨。

氮氧化物： 由氮和氧两种元素组成的一类物质。它们是一类无色气体或固体，释放到空气中会污染空气，制造酸雨。

pH 值： 衡量酸度的数值。

酸雨

谁把雨变酸了？是我们自己。当我们燃烧化石燃料时，如煤、汽油、石油等能源物质，就产生了**二氧化硫**和**氮氧化物**。这些气体使空气中的水分变得具有很强的酸性。当这些水分转变成雨时，就出现了酸雨。实际上，任何形式的降水，如雪、雨夹雪、冰雹，甚至雾，都能成为酸雨。

你可以用 **pH 值**来衡量酸雨的酸度。0 代表酸性最强，14 代表酸性最弱。pH 值为 5.5 或 5.5 以上，这样的雨就是干净的。低于 5.5 的就是酸雨。

酸雨有多大危害？世界上成千上万的湖泊清澈美丽，但它们都是死水。这些湖中没有任何生物。这就是酸雨的危害。酸雨打破了湖泊周边土壤的化学平衡。当土壤不能再从雨水中吸收酸时，酸就会进入湖泊。

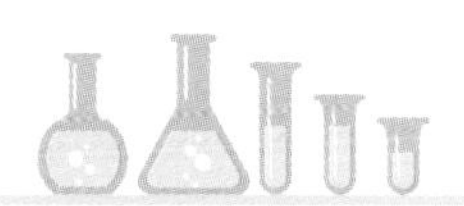

Meet a Scientist 认识科学家

埃德蒙·哈雷（1656—1742），英国天文学家，同时他还研究水文科学。他证明了水蒸发后会变成降水。

古罗马的马克西姆下水道

人类产生的废物不是一个新问题，人们一直在对付它。有时污水进入河流，更多的时候是流到街上。脏死了！现在这种情况在世界上的一些地方还在发生。

2500 年前的罗马人发明了世界上第一个下水道，它就是“马克西姆下水道”。下水道中的一些地方甚至能够让马和马车通过！起初，马克西姆下水道被用来排干罗马城周边的沼泽，那儿是昆虫和疾病的发源地。后来，这条下水道被用来收纳城市污水。因为当时没有污水处理厂，所以污水被直接排入罗马的台伯河。这个下水道一直使用了 2000 年之久。

酸雨影响着所有事物，它能够破坏雕塑、建筑和管道。酸与建筑材料起反应，可以使建筑材料不再那么结实。每次下酸雨的时候，众多古迹，比如意大利的古罗马大竞技场和美国的自由女神像，就会受到威胁。一些古迹和建筑物因酸雨腐蚀受损严重，许多表面棱角缺失，变得平滑。

这些可不是好消息，但并不意味着人们就此放弃。决不！有些解决办法必须由各国政府共同参与才能解决。其他的一些方法就是一些简单的操作，你就可以完成。**你的生活方式也能产生巨大的影响力，你能做出什么小改变呢？**

- **乘坐公共交通工具。**
- **洗碗机装满时再使用。**
- **衣服自然晾干。**
- **出行时步行或者骑自行车。**
- **出门时把灯关上。**

漂浮的垃圾

垃圾能产生严重的问题。海洋上的垃圾，会导致更大的问题。在太平洋中，有一个区域被称为“垃圾带”。在这个区域中有几百万千克的垃圾。一些科学家认为，这一区域足有美国得克萨斯州的 2 倍大！

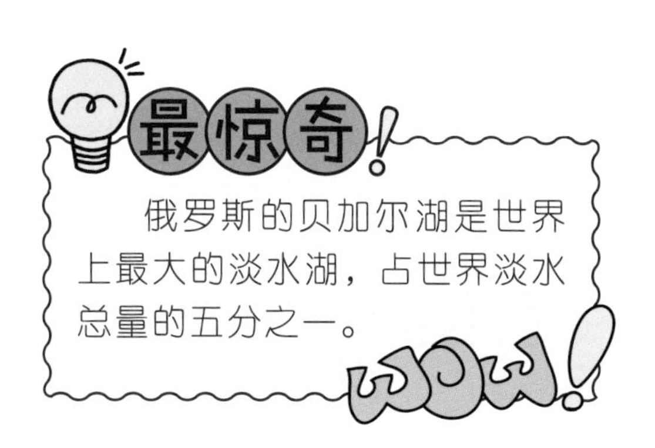

据联合国估计，每 2.5 平方千米的海洋中就有 46000 件塑料漂浮物。一些垃圾沉到海底，会对鱼类和水生植物产生危害，甚至会冲到你家附近的海岸上。

垃圾的寿命

你是否想过，垃圾要经过多长时间才能被分解？这完全取决于垃圾本身！

垃圾类型	分解时间
卡纸板	2 星期
泡棉	50 年
铝制品	200 年
塑料包装	400 年
玻璃	100 万年
泡沫塑料	永远不会被分解

词语园地 WORDS TO KNOW

预回收： 为了减少废弃物而选择购买没有太多包装的东西，或者根本不买有包装的东西。

原油： 浓稠的天然石油。

减少垃圾的一个好办法就是**预回收**。在购买之前想好自己是否真的需要。如果真的需要，就选择包装少的商品。买东西时，带上自己的袋子，因为垃圾分解需要好几个星期，甚至好几年。

石油泄漏

我们经常在新闻中看到黑黑的，稠稠的，闪着光，连绵几千米的东西漂浮在海面上。这就是**原油**泄漏的典型场面。1989 年，成千上万的动物死于“埃克森 · 瓦尔德兹”号油轮在阿拉斯加的漏油事件，多达 35 万只海獭死亡。更近的一个例子：2010 年，英国石油公司的输油管在墨西哥湾发生泄漏，危害了大量的动物，包括蓝鳍金枪鱼、海豚和鲨鱼。我们只是听说这类严重的泄漏事件，但是海洋中的原油污染每天都在发生。在大西洋海岸外，每年有 30 多万只海鸟死于非法的原油倾倒。

开心一刻！Just For Fun

问： 除了水污染之外，最令渔民害怕的是什么？

答： 没人吃鱼。

过去： 以前，水管是由铅、陶土、黏土或竹子做成的。

现在： 如今，水管是由塑料、钢和铸铁做成的。

原油泄漏很难清理干净。石油不溶于水，会在海面上形成一层厚厚的油污。鱼类会被困在海水里面。海鸟的羽毛粘上油污后则无法飞行，如果海鸟想把羽毛上的油污舔干净，只能被毒死。岸边的其他植物和动物，同样会受到危害。

净水法案

想象一下，当你划着独木舟时，河水油油的，黏黏的，罐头和塑料袋都漂在水面上。是不是很恶心？在 1972 年以前，美国的许多河道都被污染了。那时还没有制定出联邦法律来保护河道。后来，美国国会通过了净水法案，以保护河流、湖泊，还有溪流。

观察大发现

水污染是人类面临的最大的环境问题之一。水污染的发生源于人类的生产和生活废物。这些未经处理的废物被排入水体，影响水质，威胁水生生物的生存。水污染最大的危害就是威胁人类的饮用水安全。

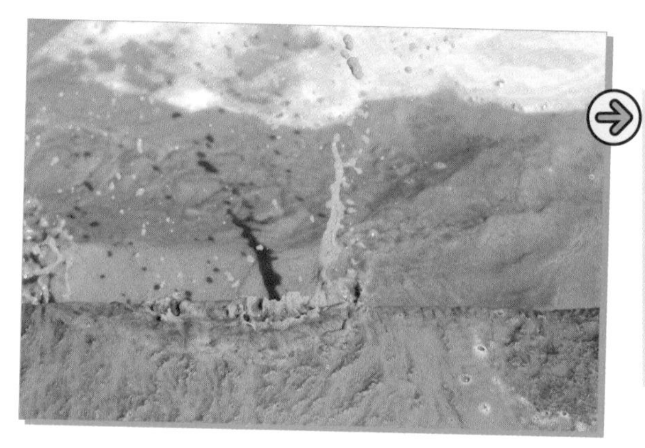

一些污水中，如肥皂水、各种洗涤液，含有磷。这样的污水被排入水体，会导致水中的一些藻类大量生长。过多的藻类堆积腐烂，会消耗大量的氧气，影响水质，从而威胁其他水生生物的生存。

工业生产排出的废气和汽车排放的尾气含有酸性物质，这样的气体被称为酸性气体。酸性气体未经处理直接排放到大气中，会打破地球大气的酸碱平衡，使大气中的水分具有酸性。一旦形成降水，就是酸雨。酸雨能够改变水体、土壤的酸碱度，腐蚀建筑、古迹，威胁生物的生存。

观察大发现

固体垃圾也是水污染的重要来源。水中的垃圾不仅影响水质，还能影响水鸟、水生植物等生物的生存。因此，减少垃圾的产生特别重要。为此，我们要更多地使用可回收利用的物品，在日常生活中对垃圾进行分类投放和处理，不随便丢弃，尽量购买和使用包装不是很多的产品。

海上石油钻井平台和油轮的事故，会导致海上的原油泄漏。石油进入海洋，会污染海水，还会威胁海洋生物的生存。而且清理海上泄漏的石油特别困难，需要很长的时间才能清理干净。

消除水污染，最好的方法就是对污水进行处理后，再排放到水体中。污水处理厂就是对污水进行处理的地方。经污水处理厂处理过的水也叫中水（再生水），达到了可以排放的标准，能够排放到水体中，而不会造成水污染。

活动 Activity

罗马的水

材料和准备工作

- 剪刀
- 纸
- 铅笔
- 海报纸
- 胶水
- 马克笔
- 2~3 位玩家
- 硬币
- 骰子

尤利乌斯·弗朗提努是古罗马时期最著名的工程师之一。在下面这个棋类游戏中，请你帮他修好罗马城的供水系统。

1 剪出 20 张方形的纸。在每张纸上写下右侧这些文字以及相应字母。

2 写好后，将它们放在海报纸上，并按照字母顺序排列好，然后用胶水将它们粘到相应的位置。你的棋盘就做好了，再用马克笔装饰一下。

A 招聘！
B 你是罗马供水处的主管。
C 修理马克西姆下水道。向前走两步。
D 给国王写报告。再掷一次骰子。
E 被抢劫了。回到起点。
F 修建一座公共浴池。向前走一步。
G 修理陶土水管。
H 公共浴池坏了。暂停一轮。
I 工人高兴了。向前走一步。
J 供水系统建成了。走到终点。
K 供水系统中的裂缝修缮完毕。
L 驾车经过高架渠时摔倒。暂停一轮。
M 觐见国王。
N 休息日。
O 水被偷了。倒退三步。
P 检查整个供水系统。向前走一步。
Q 一座高架渠被堵住了。暂停一轮。
R 公共喷泉喷水了。再掷一次骰子。
S 国王高兴了。
T 罗马有水了！

A	B	C	D	E
F	G	H	I	J
K	L	M	N	O
P	Q	R	S	T

开始游戏

1 用硬币当棋子。每位玩家都要把棋子放在第一个方格中，“A 招聘”。玩家依次掷骰子，掷出的点数高者先行。

2 玩家 1 掷骰子，按照掷出的骰子点数走相应的步数。然后，玩家根据纸上的指示操作。如果没有指示，就原地不动，直到下一轮再次掷骰子。

3 想要赢的话，玩家要第一个走到最后一格——“T 罗马有水了”。

石油泄漏实验

材料和准备工作

- 干净的搅拌碗
- 水
- 蓝色的食用色素
- 半杯植物油（120 毫升）
- 饼干烤盘
- 棉球
- 纸巾
- 细绳
- 海绵
- 塑料袋
- 勺子
- 羽毛
- 洗涤剂

清理石油泄漏的工作很难，因为石油是浮在水面上的。现在就试一下吧，在你家的厨房里清理一次石油泄漏现场！

1 将 2 杯水倒入一个干净的搅拌碗里。加入两滴蓝色的食用色素，这样碗中的水看起来就像海洋了。

2 慢慢地倒入半杯植物油(120 毫升)。

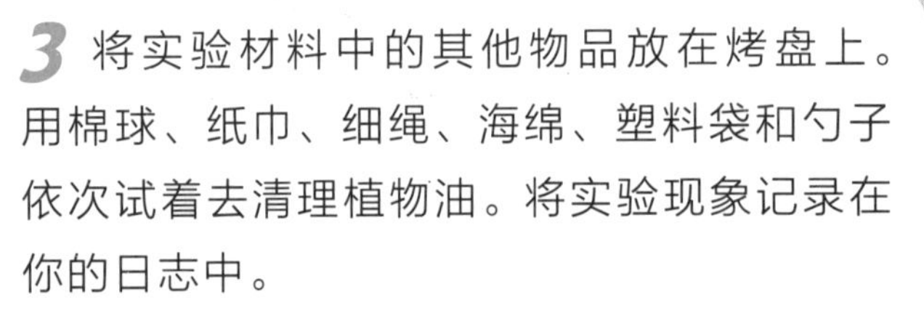

3 将实验材料中的其他物品放在烤盘上。用棉球、纸巾、细绳、海绵、塑料袋和勺子依次试着去清理植物油。将实验现象记录在你的日志中。

4 在羽毛上蘸一些油，试着用洗涤剂清洗。

需留意

- 水中的油发生了什么？沉下去了，浮在水面上，还是溶于水了？
- 每样物品吸收了多少油？
- 羽毛发生了什么？
- 你能想到其他清理油污的方法吗？

动手做 Make Your Own

集水区旅行

在下面这个动手活动中，你将看到一滴水穿越一片集水区时能带走什么。你会用到一些食物，所以在开始之前要将手洗干净，并征得家长的许可。

材料和准备工作

- 杏仁奶油
- 半杯奶粉（20克）
- 1大汤匙蜂蜜（15毫升）
- 搅拌碗
- 半杯燕麦片（20克）
- 椰肉丝、巧克力碎屑、葡萄干各三分之一杯（30克）
- 4个纸盘

1 将材料清单中的前三样材料称量好，并混合在一起放到搅拌碗里。将混合物做成小球，放在一边。这就是你的雨滴。

2 在每个盘子中各放一种会被雨滴带走的东西：燕麦片作为树叶，巧克力碎屑是土壤，椰肉丝则是除草剂，而葡萄干是洗涤剂。然后让你的雨滴依次滚过每个盘子。

3 当你滚动完小球，让它沾满了盘中材料之后，你就可以与小伙伴们分享了。

需留意

- 你家附近的集水区在哪儿？
- 你有什么方法能保持集水区的清洁？
- 集水区中的水最终流向哪里？

知识加油站

认识模型

像水穿越集水区这样的现象，我们根本没有办法或者很难直接观察到。为了研究这样的现象，就需要建立模型。在科学研究中，科学家经常建立模型，模拟非常巨大或非常微小的事物，比如宇宙天体和人体中的细胞。科学家利用已有的关于这些事物的知识，用模型进行模拟、推演，直观地演示出人们不可能或很难直接观察到的现象，由此可以解决更多的科学问题。

在前面的“集水区旅行”动手项目中，我们做了如下图所示的模型，来模拟水穿过集水区的现象。在自然界中，水穿过集水区是一个规模非常巨大的过程，我们是无法全面直观地观察。利用模型，就可以将这种巨大的事物或过程呈现在我们的面前。

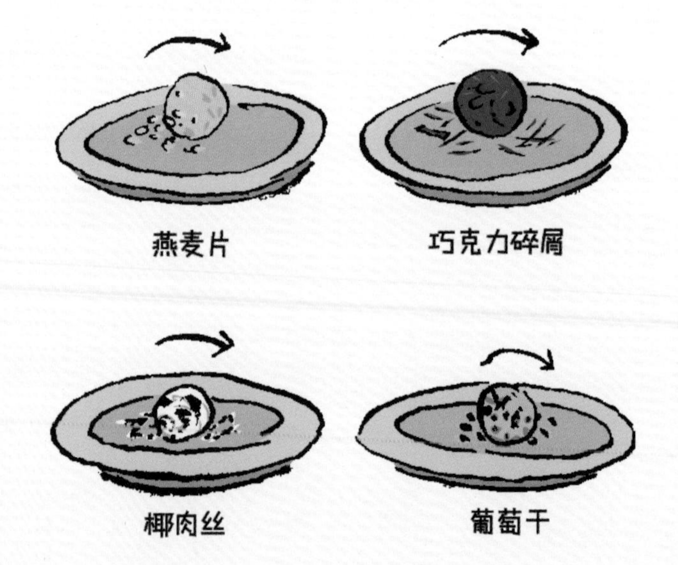

第六章

用水的智慧

Water Wise

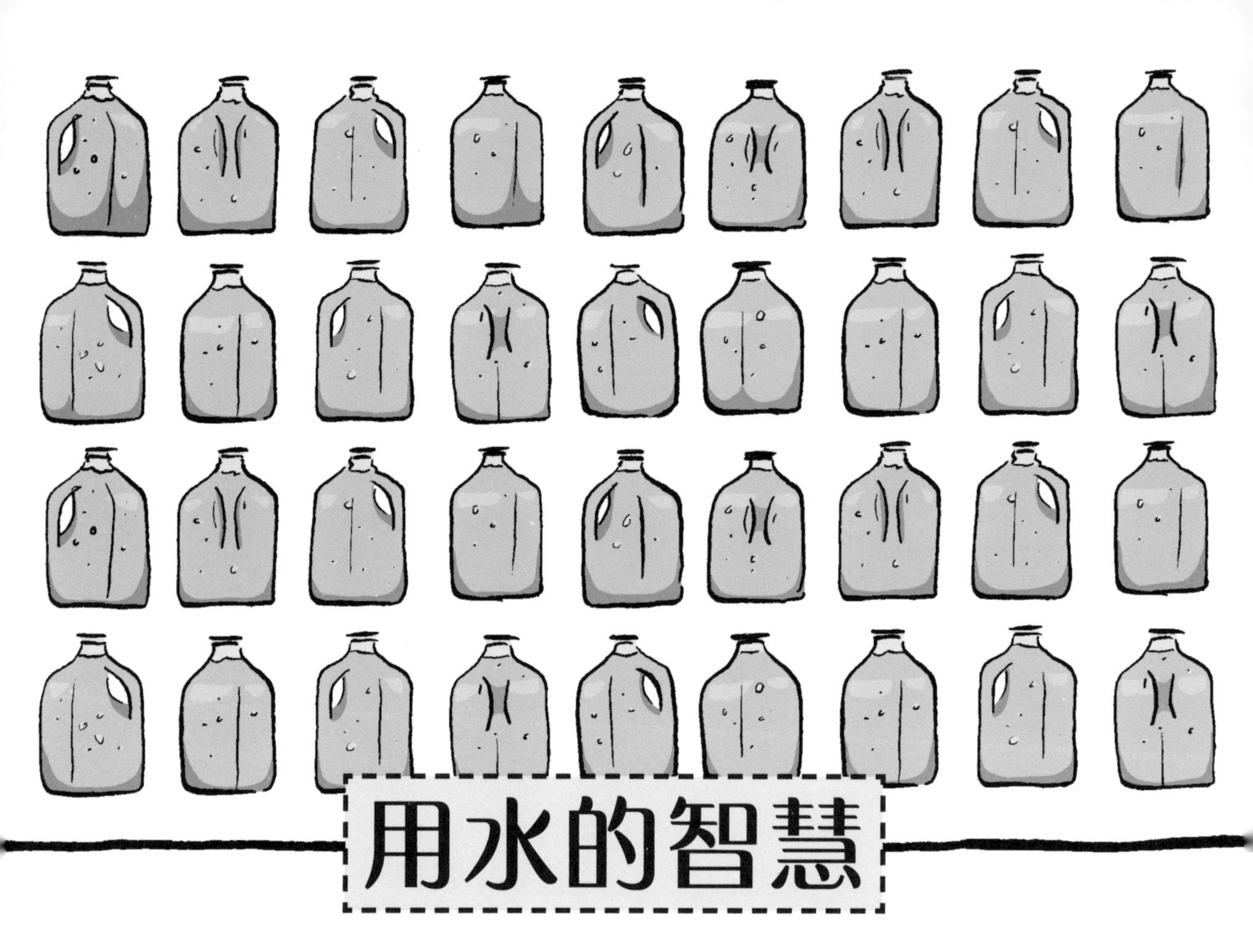

用水的智慧

一个漏水的水龙头一天能浪费掉 90 升的水。很容易就能看出每滴水都很重要。你早上刷牙时，水龙头一直开着吗？如果是这样的话，数百万个水分子就会白白流入下水道。

还记得我们学过的污水处理厂的知识吗？每一滴流到下水道的水都会被处理。这需要花钱，而且还要消耗能源。尽管这看起来仅仅是打开水龙头冲一冲，但是加起来算的话，全世界每天就会积累很多水了。试想一下，一周或一年会有多少！

你用了多少水？

事件	用水量
上厕所（每冲一次）	11 升
正常的洗澡	190 升
刷牙（1 次）	4 升
洗衣服（1 次）	151 升

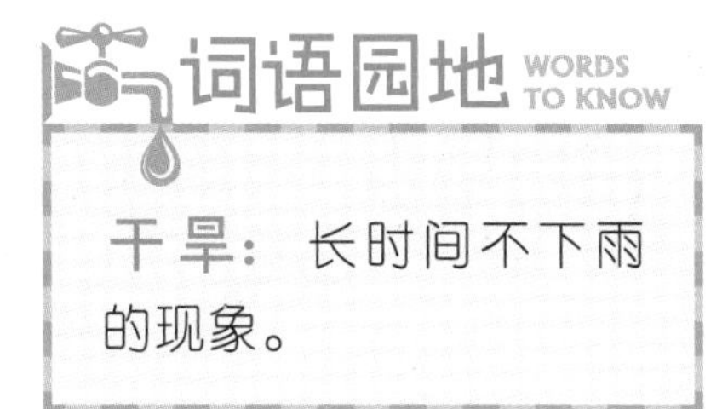

词语园地 WORDS TO KNOW

干旱：长时间不下雨的现象。

让我们节约用水吧！

据估计到 2050 年，全球将有四分之一的人口生活在淡水资源短缺的国家。世界各地的水系统都将面临挑战。世界上的一部分地区水资源充裕，但是另一些地区却经常遭遇干旱。人口增长和气候变化也会影响水资源。

当你需要水时，你只要打开水龙头就可以了。这就和呼吸一样简单。但现在明智地使用水，是确保未来能够有清洁饮用水的一种方法。即使在今天，世界上还有 10 亿人没用上安全的饮用水。在非洲肯尼亚的科普萨拉曼村，只有一个淡水水源，那是一个上着锁的水龙头。而我们的水龙头上是没有锁的，因为我们有很多办法可以做到节约用水。

节约用水，你能做什么？

* 刷牙时关上水龙头，不让水一直流着。
* 在冰箱里放一壶水，避免频繁开水龙头。
* 在水槽中存水洗水果和蔬菜，避免流水洗。
* 清洗自行车时用水桶装水，不要用水管直接冲。

词语园地 WORDS TO KNOW

杂排水： 日常洗衣服、洗脸、洗菜、刷碗、拖地等用过的水，不包括冲厕污水。

旱生园艺： 利用本地植物，用水较少的园艺。

水的再利用

杂排水的再利用是节约用水的另一种方法。这些水是刷碗和洗衣之后的排水。在美国，平均每人一天会产生568升的杂排水。这些水中含有少量的食物残渣、肥皂和其他无法饮用的物质。但是你依然可以再次使用这类污水。净化系统会处理杂排水。然后，它们可以被用来冲厕所和浇灌草坪。

美国的佛罗里达州是污水再利用的领先地区。全州每天再利用24.98亿升水，其中大多数被用于灌溉农作物，有些被用来灌溉公共区域的草坪，如公园、高尔夫球场和运动场。

净水技术

紫外线水处理机（UVW）能在一分钟内用一个 60 瓦的灯泡净化 15 升的水。污水被放置在紫外灯下，这样可以杀死某些细菌和病毒。这种方法简单而廉价，可以为一些贫困国家提供安全的饮用水。

即使你不住在佛罗里达，你仍然可以回收再利用水资源。下雨时，会有上万升的水落到你家附近。下次再下雨时，不要再让雨水白白流到排水沟里了。一定要将它们回收再利用！有一个简单的方法可以用来收集雨水，那就是用水桶接雨水。许多城镇都为每个家庭提供了水桶。这样做，你就可以做到节约用水了，污水处理厂就会处理更少的污水，从而节省了能源。**你如何利用雨水？一定不要喝，它们最好被用于：**

* 浇灌花园、草坪和室内植物
* 冲厕所
* 洗衣服
* 洗车
* 喂鸟

问：什么东西越洗越脏？

答：水。

旱生园艺

旱生园艺是景观设计的一种形式，常被用于干旱地区。采用这种景观设计方式，在花园中种植那些用水量较少的当地植物。还可以利用覆盖物和堆肥，例如碎木、树叶或砾石，覆盖花园的土表。这样就可以避免太阳直接照射土壤，能够减少水分蒸发。

水体

人类的生存和生活离不开水，植物和动物也一样。没有什么可以替代水。在你手臂上和腿上敲一敲。是不是感觉很结实？但水就在你体内，你的身体每天需要大约 2 升的水。

想象一下，你的身体是一个大公司，有很多重要的工作要做。你打算雇谁来使你的公司顺利运转？让我们看看，水是否能胜任这份工作。

姓名： 水
职业目标： 帮助地球上所有的人和生物生存下去。
特殊业绩： 我可以是液体、固体或者气体。
技能： 在人体内，我能消化食物，排出废物，为细胞输送氧气，组成血液，保持眼睛和嘴巴的湿润，还能控制体温。
喜欢的运动： 水上运动
所属俱乐部： 淡水和咸水俱乐部
喜欢的书： 有关水文科学先驱的书籍
爱好： 参与水循环

水绝对能胜任这份工作。恭喜水，你被录用了！

当你需要水时，你的身体会告诉你，比如嘴巴会变干，你会感到口渴。如果你的体内没有足够的水，你会头疼。你可能会觉得累，甚至变得暴躁。这说明你已经脱水了，你需要水！

“吃”水？

你已经知道，经常喝水很重要，但是你知道你可以不用总是喝水吗？你还可以“吃”水！没错。很多食物都含水。下面举一些例子：

食物	含水量
哈密瓜	95%
西红柿	95%
西瓜	92%
菠菜	91%
牛奶	90%
苹果	85%

牛奶

古往今来
THEN+NOW

过去： 以前，人们用水桶打水、运水。

现在： 如今，一些人用一种叫作“河马水上滚筒”的工具来运水。这是一个很大的水桶，能被人推着在地上滚动前进，每人每次用它的运水量是用水桶提水的4倍。

观察大发现

地球表面大约 70% 的地方都被水体覆盖，但是其中只有很少一部分是可以被人类利用的淡水。在世界上的很多地方，水资源还很短缺。每年，很多缺水的地区都会遭遇干旱的威胁。一旦发生干旱，农作物会因为高温和缺水而枯萎死亡，人类也会因为缺乏饮用水和食物而面临生存威胁。

我们已经知道，我们现在所拥有的水就是亿万年前地球上存在的水，总量不会增加也不会减少。所以，我们除了节约用水，还应该做到水的再利用。经过处理后的杂排水可以用来浇灌绿化带，可以用来冲厕所，也可以用来浇花。

观察大发现

旱生园艺是一种节水型的景观设计形式，常被应用于干旱地区。

在许多发展中国家，取水的人（大多是妇女和儿童）不得不在头上顶着或手上提着大大的水桶运水。使用“河马水上滚筒”运水，可以节省体力，还能增加运水量。当水桶在崎岖的地面上滚动时，可以靠一个钢柄控制转动。

现代农业改用的滴灌系统比从前的漫灌节水。

活动 Activity

马上出发！

材料和准备工作

- 几个小朋友
- 障碍物，如椅子、跳绳、路障等
- 2个杯子
- 4个大水桶
- 水

世界上一些地区的孩子要步行几个小时，为家人取水。在下面这个团队接力游戏中，你和你的朋友将体会这些孩子的辛苦劳作。

1 将小朋友平均分成两队。用椅子、跳绳以及其他物品布置出两个相同的带障碍物的场地。

2 在终点处各放一桶水，起点处各放一个空桶。

3 每队的第一个小朋友手里拿着一个杯子，跑过场地，从终点的水桶中舀出一杯水。然后再跑回起点，把水倒入空桶中。

4 第一个小朋友将杯子传下去。下一个小朋友还是跑过整个场地，将水杯灌满水，然后跑回来，倒入空桶中。

5 计时5分钟，桶中盛水最多的队伍获胜。

不吃东西的话，你的身体能挺上几周。但是不喝水，你只能活几天。

WOW!

动手做 Make Your Own

雨水收集器

人们收集、使用雨水的历史已经长达几个世纪了。其中一种方法是利用空心的芦竹。空心的芦竹可以将雨水直接浇灌到附近的农田里。

材料和准备工作

- 4个空塑料瓶
- 剪刀
- 胶带
- 纱线
- 容器
- 8根等长的硬木棍
- 水

1 请大人帮忙，将4个空塑料瓶的顶部和底部剪去，然后将瓶身纵向剪成两半。

2 用胶带将剪开的塑料瓶首尾相接粘起来，做成一根长长的管道。

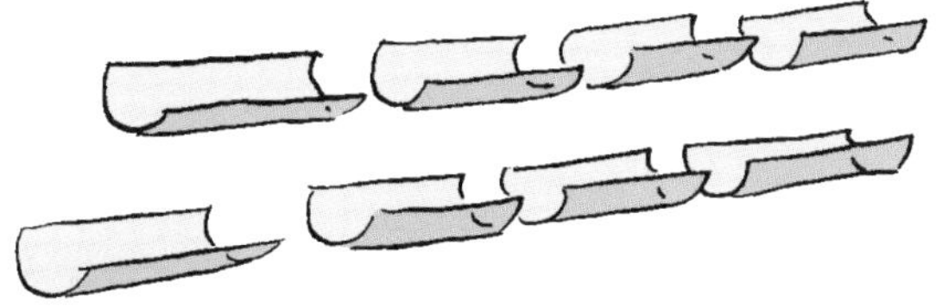

3 用纱线把8根木棍两两绑在一起，做成4个X形。把它们立在花园附近，排成一条直线。其中一端应该稍微高一些。

4 将之前做好的管道架在X形木棍上。在管道低的一端，放一个容器用来收集雨水。或者，你也可以让水直接排到花园里。将水倒入管道，来确定管道是否漏水。

动手做 Make Your Own

迷你旱生园艺

材料和准备工作

- 土壤
- 覆盖物
- 植物
- 铲子或泥铲
- 喷壶

园艺非常有趣。问问你的父母，你是否可以建一座你自己的花园。你如果住在楼房里，可以试着建一个迷你盆式花园。

1 看书、上网查资料，或者去园艺中心，弄清楚在你住的地方生长的植物。

2 选择一些不需要太多水的植物。

3 拔掉杂草，来准备土壤。如果你用花盆建花园，那么要在花盆内填满土壤。

4 将植物栽到土壤中，将根部用土壤覆盖并完全埋进去，这样植物的根部可以向土壤深处生长以寻找水分。

5 用覆盖物，如叶子，将土表盖好，这样可以保持土壤的湿润度。然后就等着欣赏吧！

需留意

- 和在太阳下种植植物相比，在阴凉处种植植物有哪些优势？
- 和其他地区的植物相比，你认为为什么本地植物通常需要更少的照看？
- 你的花园会吸引哪些昆虫以及其他的野生动物？

知识加油站

水到哪儿去了?

也许有人会说，地球上全是水。但是，这些水绝大部分都是咸水，人类不能直接使用。而剩下的淡水，大部分储存在冰川和地下深处，人类想利用也很困难，那么人类可以比较容易利用的淡水资源就很少了。所以我们要节约和保护淡水资源。

要做到节约和保护淡水资源，首先得知道在我们的日常生活中，水都到哪儿去了?

用途	用水量
水龙头	16%
洗碗机	1%
洗衣机	22%
淋浴	17%
厕所	26%
渗漏	14%
盆浴	2%
其他	2%

节约和保护水资源要从小事做起：

1. 当你刷牙时，不要让水龙头一直开着。

2. 当碗、盘装满后，再使用洗碗机。

3. 在花园里收集雨水。

4. 饮用烧开的自来水，尽量不喝瓶装水。

5. 不要将油污倒入下水道和排水沟。

6. 如果去湖边或河边度假，不要乱丢垃圾，离开时要记着带走你的垃圾。

第七章

水的启发

Water Inspired

水的启发

每个人都喜欢水。水在我们的生活中发挥着巨大的作用。你已经知道了水如何让所有的生物充满活力。但是你知不知道,水也是思想的源泉?

水触发了音乐家、画家和科学家的灵感。音乐家创作了关于水的乐曲，甚至有些音乐家将水作为乐器。美术家利用水的形状或水的参与，来进行雕塑和绘画创作。建筑师将水的形式融入到他们的设计中。科学家则将艺术与科学结合到新的水技术创造中。

有一个令人鼓舞的全新的研究领域，叫作仿生学。这种创造性的技术从大自然中获取灵感。

仿生学中利用水的例子有哪些？

* **生物波和仿生潮**——生物波是基于海洋植物的摇摆运动，创造出的一种锥形装置。在海底，它可以将来自波浪和水流的能量转化为电能。仿生潮是海底上一个附着在柱子上的鳍状物，它能从潮汐流中获取能量。鲨鱼、鲔鱼、鲭鱼也许想要仔细看一看仿生潮——因为它灵活的“鳍”就是模仿了这些鱼的尾鳍！

* **自清洁的玻璃**——科学家发现，荷叶上的水珠可以很容易滚落。所以，他们利用同样的原理发明了能够自清洁的玻璃。在欧洲，大约有 30 万座建筑已经使用了这项技术！

* **生态污水净化机**——这一装置被用于处理污水。污水流经像湿地或沼泽一样的一连串的贮水池。蜗牛、小鱼以及植物负责净化污水。

* **玻璃仙人掌**——位于卡塔尔的一栋办公楼，不仅看起来像一棵玻璃仙人掌，而且这座建筑的加热和制冷系统也是根据仙人掌的蒸腾作用原理设计的。打开或关闭这座建筑的遮阳板，可以阻挡热空气进入大楼，或者将冷空气吸入大楼。

水和音乐

水鸣琴：一种利用水发声的乐器。

你看，几大碗水、各种厨房用品都被搬到舞台上来了。这到底是怎么回事？这是由中国现代作曲家谭盾创作的交响乐表演。他经常将水与传统的器具结合起来创作音乐。例如，当水流过过滤器时，就能发出下雨的声音。人们通常会用奇妙、不同寻常和动听来形容谭盾的音乐。

谭盾并不是第一位被水激发出灵感的作曲家。欧洲音乐界的乔治・弗里德里希・亨德尔和克劳德・德彪西也捕捉到了水的各种声音，并将这些声音运用到他们的音乐中，比如流水的哗哗声、水流的撞击声、滴水声以及水震耳欲聋的轰鸣声。短笛的声音像一道闪电，定音鼓响声如雷，拨动小提琴的琴弦就能产生雨滴的声音，而钢琴则能发出波浪的拍击声。

水鸣琴

孩子们围坐在一座铁制的海蛇状喷水池旁。这并不是一般水上乐园中的游乐设施，而是一种乐器，叫作**水鸣琴**。加拿大工程学教授史蒂夫・曼发明了水鸣琴。把手指放在那些小小的喷水口上，就可以演奏音乐了，手指放在几个喷口上就能产生和弦。水鸣琴可以是任何的形状和大小。它因为浮在水面上并拥有巨大的管风琴样式而得名“尼西”（尼斯湖水怪的昵称）。而且，可以一边在水里玩，一边用水鸣琴演奏音乐，是不是太棒了？

水对美术的启发

池塘里不仅只有睡莲，它们清香的气味和千变万化的颜色还吸引了嗡嗡飞舞的昆虫和那些好奇的青蛙。法国画家克劳德·莫奈花了很多时间画他家的池塘。随着时间的推移，从日出到黄昏，莫奈注意到池塘的美随着光线的变化而在转换。在每一幅画中，他都画了同一个池塘，他用画笔在画布上涂上黄色、紫色、绿色和白色，厚重的笔触捕捉到了水面上光线的变化。克劳德·莫奈的水是静止的、平静的和祥和的。

日本现代艺术家新宫晋受到水的运动的启发。他用铝、不锈钢和涤纶面料创作出雪花和瀑布的“运动”雕塑。它们迂回曲折地缠绕在一起。新宫晋的水是不断变化的。

水对每个人来说都有不同的意义。你怎么看待水？它是像一杯水那样平静吗？像在沙滩上玩耍一天那样快乐吗？或者，你看到它时，它像轰鸣的雷雨那样愤怒吗？

Meet a Scientist 认识科学家

古希腊的希波克拉底（公元前 460—前 354）发明了一种将雨水净化为饮用水的好方法。他告诉人们将雨水煮沸，然后倒入布袋过滤。这个布袋就是希波克拉底袖形过滤器。

水的传奇故事

很久以前，科学还是新鲜事物，很多人相信的事都不是事实。我们现在知道水通过水循环运动，还知道天气是如何在大气中产生的。但在过去，这些都是谜。所以，人们编出很多故事，也就是神话传说，来解释他们所不了解的水。

神话通常包含妖怪、神仙、海怪，还有海洋中失落的城市。这些太可怕了，你不觉得吗？读一读下面这些虚构的报纸头条新闻，多了解一些关于水的著名神话传说。

海神再次发动袭击——海神波塞冬是大海的统治者，他又生气了。上个月，他引发了暴风雨、海啸和地震。人们今天聚集在他的神庙里，为他献上供品。记住，是一个心情好的波塞冬创造了新天地。

渔夫得救了——海仙女涅瑞伊得斯又帮助了一名海中受困的渔夫。这些美人鱼一样的生物总是可以让人们有所依靠。如果你是新搬来的，那么你需要知道这里的 50 位海仙女。

青蛙喝水——昨天，一只青蛙吞下了地球上所有的水。幸运的是，另一只动物逗得青蛙发笑，迫使它吐出了所有的水。

看见海怪——水手报告说，他看见一个怪物在黑暗的水中游来游去。它有蛇一样的手臂、马脸以及鲸一样的身体。它不仅能把人拉下船，甚至能将整艘船弄沉！

你如何说“水”？

世界上有6000多种语言。所有的语言中都有“水”这个词，但它们的发音不大一样。

西班牙语 agua　　德语 wasser
日语 mizu　　中文 shui
法语 eau　　越南语 nuoc
匈牙利语 viz　　土耳其语 su

庆祝！

世界各地都有关于水的欢庆节日，过节时人们放烟花、赛龙舟、跳舞或者举行宗教仪式。在柬埔寨，每年有上百万人参加为期3天的泼水节，来庆祝雨季结束。在泰国，宋干节就是新年的泼水节。人们向各种东西和人泼水，来冲洗掉厄运。人们用水桶、水管和水气球泼水，没有人不被泼到！

除了这些古老的传统节日，还有一些新的节日。这些节日是为了强调节约用水而设立的。例如，全球有10亿人没有足够的饮用水，1992年联合国为了提高公众意识，宣布每年的3月22日为世界水资源日。在这一天，世界各地组织观看电影、举办音乐会、摄影比赛、长途徒步等活动。今年，在你住的地方关注一下这类活动，或者组织你自己的活动。

观察大发现

卡塔尔市政和农业部的新办公楼形状酷似仙人掌。办公楼的设计应用了仿生学的原理，灵感来源于仙人掌在沙漠中对抗缺水的机能。

你也可以用几个装着不同水量的水杯，演奏你自己的乐曲。

荷叶表面有一层茸毛和一些微小的蜡质颗粒，水在这些微小颗粒上不会渗向荷叶表面，而是成了球体。这些滚动的水珠会带走叶表面的灰尘，从而清洁了叶子。

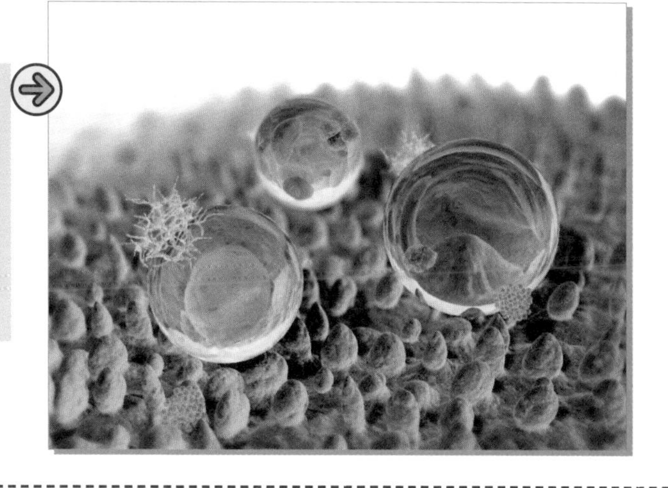

观察大发现

莫奈描绘自家池塘的系列画作《睡莲》之一

泼水节

活动 Activity

做个模仿者

你的任务就是设计一个产品，来解决一个关于水的问题，如漏水的水龙头。你的想法必须基于那些你在大自然中观察到的事物和现象。

材料和准备工作

- 笔记本
- 铅笔
- 双筒望远镜
- 手电筒
- 照相机
- 蜡笔

1 去你家附近或公园散步。

2 把看见的动物记录下来。它们如何行动？它们吃什么？它们住在哪里？

3 把看见的植物记录下来。它们的叶子是什么形状的？它们有种荚吗？

4 每一份记录都要配一张照片或者一幅图画。

5 将你所有的想法集中起来完成这个设计。你将如何呼吁人们使用你的设计？

净水技术

引水过滤三轮车适用于成年人。它能用来输水。当脚踏车被蹬动时，它就开始过滤水了！

动手做 Make Your Own

瀑布雕塑

材料和准备工作

- 新闻用纸
- 剪刀
- 铅笔
- 彩纸
- 胶带
- 金属衣架

在下面这个动手项目中，你要做一个可以挂在室内的瀑布雕塑。看着风把你的瀑布雕塑作品变成生活的一部分，多么惬意啊。

1 把新闻用纸剪成 15 条不同长度的细纸条。然后把细纸条卷在铅笔上，这样这些纸条就变弯了。

2 把彩纸按照上面的方法，做成弯曲的小纸条。

3 将所有纸条搭在衣架上，摆成你喜欢的样式就可以了。

4 将衣架挂在室外或者在开窗时挂在窗边。看着风将瀑布带进你的生活。

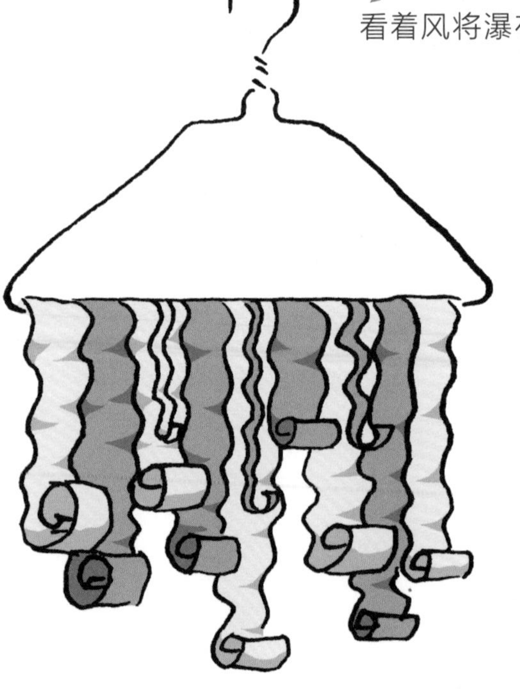

水压式管风琴是一种世界上最古老的乐器，它发明于公元前 250 年的希腊。这种水压式管风琴在水流过琴管时，能够发出声音。

WOW!

活动 Activity

水的交响乐

作曲家乔治·弗里德里希·亨德尔创作过一首交响乐，叫作《水上音乐》，这成为他最有名的作品之一。1717 年 7 月 17 日，他为英国国王乔治一世和其他要员第一次演奏了这首交响乐。在下面的活动中，你将利用自然界中水的声音，创作出你自己的“水上音乐”！

材料和准备工作

- 录音设备，如智能手机、录音笔

1 在家里、学校或社区里寻找流动的水。有流动的小溪吗？喷泉呢？水流进水池的声音听起来怎么样？

2 将不同的水发出的声音录下来。然后回放，尽可能分辨出每一种声音。

变一变

你会演奏乐器吗？用你创作的乐曲来给大自然中的水声伴奏吧。

知识加油站

仿生学

仿生学是模仿生物的特殊功能，利用生物的结构和功能原理，来研制机械或各种新技术的科学。前面提到的自清洁玻璃和玻璃仙人掌就是利用仿生学原理研制的。下面我们再看几个仿生学的例子。

声呐

声呐是利用声波在水下的传播特性，依靠主动发出声波，接收回声，或者接收水下物体发出的声波，来探测水下物体的一种设备，常被用于对水下物体的探测、定位以及水下通信。人们发明声呐是模仿了海豚和鲸。海豚和鲸在海洋中游荡时发出声波，声波遇到它们的食物时能被反射回来，这样它们就能知道食物的位置了。

空中水滴灌溉系统

由于全球水资源的分配不均，干燥的地方地表水资源较少。不过，空气中有一定的水分，可以利用起来。研究者通过对纳米布沙漠甲虫消耗早晨背部亲水皮肤收集的露水来维持生命的特征进行研究，设计出了空中水滴灌溉系统。空中水滴灌溉系统可从稀薄的空气中提取水，最终可能解决农田干旱问题。

词汇表
Glossary

pH 值：衡量酸度的数值。

饱水带：充满水的地下区域。

表面张力：当水分子在表面相互紧拉在一起时，产生的一种张力。

冰川：相当巨大的冰雪块。

冰盖：一层大面积的永久厚冰层。

不可生物降解：不能在自然中被生物分解的性质。

赤道：在南北极的中间，环绕地球一圈的，一条虚拟的线。

大气层：地球上的所有空气组成了大气层。

氮氧化物：由氮和氧两种元素组成的一类物质。它们是一类无色气体或固体，释放到空气中会污染空气，制造酸雨。

地热：一种来自地球内部的热能。

地下水：含水层中的水。

二氧化硫：一种无色气体，释放到空气中会污染空气，制造酸雨。

非饱水带：含有土壤和空气的地下区域。

分子：一组结合在一起可以形成物质的原子。

干旱：长时间不下雨的现象。

高架渠：用于远距离运水的一种管道系统。

灌溉：水通过运河河道或水渠完成输送，来浇灌农作物。

含水层：一种含有贮水空间的地下岩石层。

旱生园艺：利用本地植物，用水较少的园艺。

彗星：围绕太阳运转的，由冰和尘埃组成的星体。

集水区：可以向水道输水的一片区域。

降水：以雨、雨夹雪、雪、冰雹等形式降下水分的过程。

径流：在地表流动的水。

桔槔：一种古老的取水装置，在古埃及很常见。

坎儿井：一种地下水渠。

可生物降解：可以在自然中被生物分解的性质。

可再生资源：一类像水一样可以一次次完成循环的资源，不会被用光。

磷：一种化学元素，磷是构成生命的重要元素之一。

流星：绕太阳运行的微型石质星体，进入地球大气后燃烧发光的现象。

露点：水蒸气凝结成露水时的温度。

毛细现象：水侵入到另一种物质中的一种方式。

密度：反映物质疏密程度的量。

凝结：气体变为液体的过程。

农作物：能够食用或者提供其他用途的植物。

气候：某一地区在较长时间内的普遍天气状况。

气象学：研究天气和气候的科学。

气象学家：研究天气模式的科学家。

迁徙：动物定期从一个地方迁移到另一个地方的行为。

侵蚀：地球表层损耗的过程。

生态系统：生活在一定区域的生物群体以及周边的环境，它们彼此互相依赖着生存。

湿度：空气中水分的含量。

水车：一种带桨叶的轮子，水流过时能够转动。水车产生的能量能够用于驱动机器或是取水。

水处理厂：净化水的场所。

水道：水流动的通道，例如溪流和河流。

水电：由下落的水流生产出来的电。

水库：一种存水的地方。

水鸣琴：一种利用水发声的乐器。

水文学家：一类研究水的科学家。

水循环：水的自然循环过程，包括蒸发、凝结、降水和汇集 4 个主要过程。

水蒸气：水的气体状态。

天气预报：对天气情况作出的预测。

温室气体：大气层中那些可以存住热量的气体。我们需要温室气体，但是这些气体太多了就会使大气留存的热量过量。

涡轮机：一种带有可转动桨叶的机器，它能够将一种能量转化成另一种能量。

污染：污染环境的行为或物质。

物质：那些占有空间且有质量的物体。

蓄水池：一种用于储水的设施。

洋流：海水向一个方向不断运动形成的巨大水流。

预回收：为了减少废弃物而选择购买没有太多包装的东西，或者根本不买有包装的东西。

元素：同种原子的集合。

原油：浓稠的天然石油。

原子：元素的最小组成单位。

杂排水：日常洗衣服、洗脸、洗菜、刷碗、拖地等用过的水，不包括冲厕污水。

蒸发：液体被加热后，变成气体的过程。

蒸腾作用：水分从植物的叶子释放到空气中的过程。

索引 Index

索引 Index

让孩子活学活用科学的实践探索百科

我为科学狂 万物奥秘探索

天地万物自有其存在的奥妙，无论渺小或宏大，普通或罕见，都有正确认知的必要。多重探索水、石头、自然资源、太阳系的多元知识。

我为科学狂 经典科学探索

在这里，经典科学不再是一串串复杂的数字和一个个难懂的原理。多重探索重力、飞行、简单机械、电的多元知识。

我为科学狂 身边科学探索

留心身边寻常的事物和现象，发现小细节里的大秘密。多重探索天气、夜晚科学、固体液体、交通运输的多元知识。

我为科学狂 自然发现探索

大自然包含了无限广阔的天地，也是爱自然的孩子探索的大舞台。多重探索春天、冬天、河流池塘、生命循环的多元知识。

图书在版编目（CIP）数据

水 / （美）安妮塔·安田，（美）辛西娅·莱特·布朗，
（美）尼克·布朗编著；（美）布赖恩·斯通，（美）珍妮弗·凯勒绘图；
王鹏等译．—昆明：晨光出版社，2018.4（2019.5 重印）
（我为科学狂．万物奥秘探索）
ISBN 978-7-5414-9297-6

Ⅰ．①水… Ⅱ．①安… ②辛… ③尼… ④布… ⑤珍… ⑥王…
Ⅲ．①水－少儿读物 Ⅳ．① P33-49

中国版本图书馆 CIP 数据核字（2017）第 296547 号

本书首次由美国诺曼德出版社出版发行。
著作权合同登记号 图字：23-2017-154 号

我为科学狂 万物奥秘探索

水 EXPLORE WATER

出 版 人 吉 彤

编　　著 〔美〕安妮塔·安田
绘　　图 〔美〕布赖恩·斯通
翻　　译 王　鹏
项目策划 禹田文化
执行策划 叶　静
项目编辑 赵佳明
责任编辑 王林艺
装帧设计 惠　伟
内文设计 邓国宇

出　　版 云南出版集团 晨光出版社
地　　址 昆明市环城西路609号新闻出版大楼
邮　　编 650034
发行电话 （010）88356856 88356858
印　　刷 小森印刷霸州有限公司
经　　销 各地新华书店
版　　次 2018年4月第1版
印　　次 2019年5月第2次印刷
I S B N 978-7-5414-9297-6
开　　本 185mm×260mm 16开
印　　张 30
字　　数 180千字
定　　价 128元（4册）

图片支持 • www.fotoe.com • 微圖 • argus 北京千目图片有限公司 www.argusphoto.com

退换声明：若有印刷质量问题，请及时和销售部门（010-88356856）联系退换。

我为科学狂 石头

万物奥秘探索

EXPLORE ROCKS AND MINERALS

〔美〕辛西娅·莱特·布朗 〔美〕尼克·布朗 编著
〔美〕布赖恩·斯通 绘图
尹超 高源 翻译

云南出版集团 晨光出版社

推荐序

RECOMMENDATION

这是一套内容和形式都很不错，很适合当下中国少年儿童多元视角、多种模式接触科学的少儿读物，我非常乐意将它推荐给学校和家长。

关于这套书的精彩和独特之处，我想提三点：

首先，每册书不是以某个专有的学科概念为线索逻辑组织的，而是采用了与我们的生活和环境密切相关的时空或要素作为主题线索，如池塘、冬天、春天、夜晚等，这样的组织方式可以使读者感到亲切和熟悉。在这种熟悉的组织框架下，作者巧妙地将科学概念、科学知识融入其中，轻松化解了概念的抽象与生硬。

其次，这套书十分重视科技史的内容，其中不少册将科技史作为一个重要的逻辑组织线索，如交通运输、飞行等册。这种融入科技史的做法，不仅让读者对当下的科技发展有所了解，还能让他们明白科技是如何影响人类文明进程的，有利于科学与其他学科的融会贯通。

再次，这套书将科学知识的学习与思考求证的科学实验、体验感受等动手活动交织在一起，每册都安排了一定数量的科学活动，操作简单易行，真正做到了动手动脑学科学。另外，这套书在普及科学知识的基础上，还对科学研究方法、科学思考方式等科学意识进行了提炼，告诉了读者什么是预测，什么是实验，以及如何在分析数据的基础上得出结论等，对于提升科学素养大有裨益。

至于这套书呈现形式的多彩，无需我多说，读者们打开书就能领略到了！

郝京华

科学（3～6年级）课程标准研制组组长、南京师范大学教科院教授

石头的奇妙探索

我们脚下的大地藏有宝藏！听这么一说，你最先联想到的一定是黄金白银吧？没错，有价值不菲的真金白银，除此之外，其实还有更多丰富又重要的宝贝，它们就在众多的岩石和矿物中。

这本书妙趣横生地领你去认识这些石头，掌握有关的各种知识。在书中，你将探索产生和改变岩石的地质作用，了解岩浆岩、沉积岩和变质岩的成因以及它们之间漫漫互变的循环历程，还有它们要透露给我们关于地球的某些信息。另外，书中还介绍了化石，并告诉你化石是怎么形成的，以及如何发现化石，等等。

这本书还包含了 18 个动手项目，让你可以在玩中和生活中学到知识。你可以学着自己制作矿物晶体、可以吃的地球、岩浆岩饼干等等。这些动手项目都很容易上手，所需要的用品都是生活中的常见物品，而且几乎不需要大人的帮助和监督。

还有，书中的笑话、趣闻轶事为你创造了一个轻松、有趣学习地质学基础知识的环境。书后的词汇表和索引也为你更好地理解和查阅知识点提供了方便。

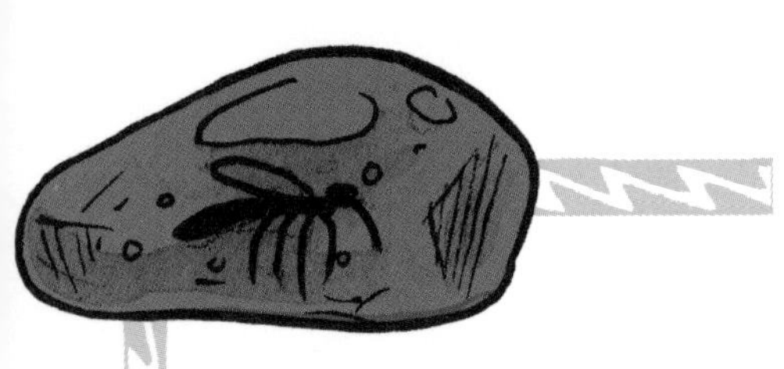

目录

CONTENTS

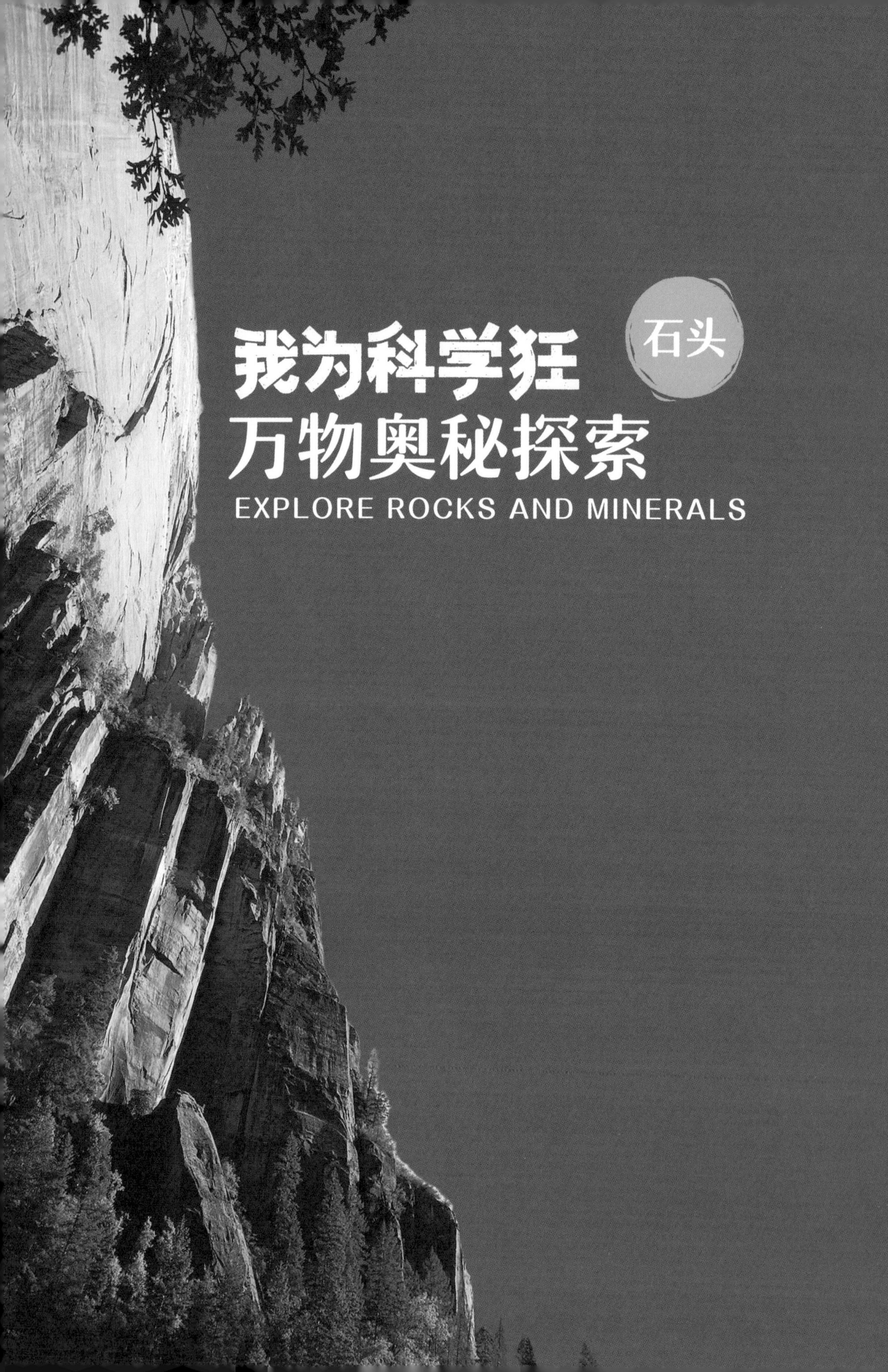
我为科学狂
石头
万物奥秘探索
EXPLORE ROCKS AND MINERALS

你知道吗？岩石和矿物在我们的生活中无处不在，伴随我们每时每刻。这或许听起来有些奇怪。

其实，这是千真万确的。你可以在下面这些地方找到岩石和矿物：

- 电流会通过铜制或铝制的电线。
- 汽车车轮的轮毂是用钢做成的，而钢是由铁冶炼而成。
- 建房用的钉子、砖头、石膏都来源于岩石。
- 盐是重要的调料，也是一种矿物。
- 植物生长在土壤中，而土壤曾是岩石的组成部分。
- 你的骨骼主要是由一种叫磷灰石的矿物组成的。
- 我们的地球本身就是一块巨大的岩石。

词语园地

WORDS TO KNOW

岩石: 自然界中一类由矿物组成的坚硬物质。

矿物: 一类天然存在的固体物质。几乎所有的矿物都有晶体结构。它们是组成岩石的基本单位。

喜马拉雅山: 横亘于印度、尼泊尔和中国交界处的一座山脉，主峰珠穆朗玛峰海拔高度为 8844.43 米，是世界上最高的山峰。

你站在**岩石**上，你使用岩石，你住的房子是用岩石建造的，你家中使用的能源是从岩石中获得的。甚至，你的身体里也藏着岩石，只不过它们是以**矿物**的形式存在！

正因为如此，我们才要研究岩石和矿物。其实，研究岩石和矿物还有个最好的理由——岩石和矿物是如此的迷人。岩石可以经历亿万年的岁月缓慢形成，也可以随着火山喷发瞬间形成。

岩石就像一个个谜团，能够告诉我们地球的历史。现在你脚踩的地方，在远古时期也许是一片汪洋大海，也许是一座火山，还有可能是一座像**喜马拉雅山**那样高大的山脉。可以说，岩石是打开地球时空大门的一把钥匙。

在这本书里，你将了解到关于矿物的知识，接触到各种各样的岩石和化石，并发现它们是怎样形成的。你还能了解到作用在地球上的各种地质作用力。这本书里还设置了动手活动和实验，引导你去探索。

岩石和矿物就在你的周围。每一块岩石都是一段不朽的传奇，每段传奇背后都有一个动人的故事。让我们一起去探索吧！

第一章 地球

The Earth

我们每时每刻都接触着它。我们一生都生活在它那里，它是我们的家园——地球。我们所生活的地球是一个巨大的球体。我们只能看到地球最表层的世界，而地球内部与地表截然不同。即便是我们生活的地表，也正在发生着我们想象不到的变化。

没有人到过地心旅行，但是我们知道一些关于那里的事情。我们知道，地球内部分成了不同的圈层，每个圈层包含的岩石都不一样。地球由内到外可以大致分成三大圈层：**地核**、**地幔**和**地壳**。这三大圈层很可能伴随着地球的诞生而形成。

我们还知道，越接近地心，温度就越高，**压力**也越大。我们经常有这样的经历，施加在一个物体上的力越大，物体受到的压力就越大。

我们不妨做个试验。躺在地上，让另外两个小伙伴躺在你的身上，他们的体重会对你产生压力，而且你会感觉比刚才热，这是因为压力增加，温度也会上升。其实，位于地球深处的岩石也一样，它们承受着高温和高压，这是由位于它们上面的岩石的重量和由此产生的压力导致的。

如果有机会去地心旅行，你觉得你能看到什么呢？

词语园地

WORDS TO KNOW

地核：地球最内部的圈层，主要组成物质是铁和镍。地核可以分为两部分，分别是固态的内核和液态的外核。

地幔：地球中间的圈层，其中的部分岩石处于熔融状态，这部分被称为软流圈。浮在软流圈上面的岩石可以缓慢地漂移。

地壳：地球外部又薄又坚硬的一个圈层。

压力：当两个物体相互叠压接触时，其中一个物体对另一个物体施加的一种力。

从地壳出发

设想进行这样一场旅行，你从地壳出发，地壳是很薄并且很坚硬的地球表层。从陆地表面开始穿越地壳，你将走过25~90千米的路程。这听起来很远，但是和之后的旅程相比，其实还算是相当短的呢。

组成地壳的岩石和我们在地表看到的很相似，但是你会觉得有点热。要知道，地壳中的温度可以达到沸水温度的2倍。

WOW! 最惊奇!

如果我们以公路上汽车的速度（每小时80千米）向地心行进的话，穿越地球每个圈层的时间如下：

- 穿越**地壳**大概1个小时。
- 穿越**地幔**要32个小时。这时共走了33个小时。
- 到达**地心**又需要38个小时。也是就说，我们要用将近71个小时，才能从地表到达地心。

大地的地基上有什么？

非常古老的岩石！我们脚下的大地也有地基，就像房子有地基一样。**大陆地壳**的地基上有非常古老的岩石，地质学家称它们为大陆基底岩石。在一些地区，这些古老的岩石被较新的岩石覆盖，但是在另一些地区它们却可以露出地表。最古老的岩石大约有40亿岁了！**大洋地壳**中岩石的年龄要年轻，是大陆地壳的二十分之一，一般不超过2亿岁。由于板块构造运动，大洋地壳处在不断的循环与更新中。我们将在后面继续介绍板块构造。

夹在中间的地幔

到了地壳的底部，情况就开始变化了。一定要记住，旅行到了地幔，温度会比地壳高很多，大约为 1600 摄氏度，甚至更高，因此必须采用防护措施。

地幔的岩石颜色更深，重量更重，不过却更软——因为这里太热了。地幔的岩石有点像弹力十足的橡皮泥，当你轻轻地用温暖的手挤压它时，它会变得更软。由于非常的软，所以岩石会缓慢地移动。在地幔上部接近地壳的地方，岩石可能处于部分熔融的状态，可以四处流动。熔融的部分就是**岩浆**。

穿越地幔的旅程要比地壳的长得多，因为地幔更厚，大约厚达 2970 千米。

地核

如果继续向下走，你将到达地核。地核分为外核和内核。外核很热，是液态的；内核则是固态的。地核完全由金属物质组成，大部分是铁，其他成分是镍。地核是地球最厚的一个圈层，厚度大约为 3400 千米。

词语园地
WORDS TO KNOW

大陆地壳： 地壳的一部分，构成了陆地。

大洋地壳： 地壳的一部分，位于大洋底部。

岩浆： 地下熔融状态的岩石。

内核的温度能达到4000摄氏度，甚至更高，是我们用于烘焙糕点的烤箱温度的20倍，快接近太阳表面的温度了。

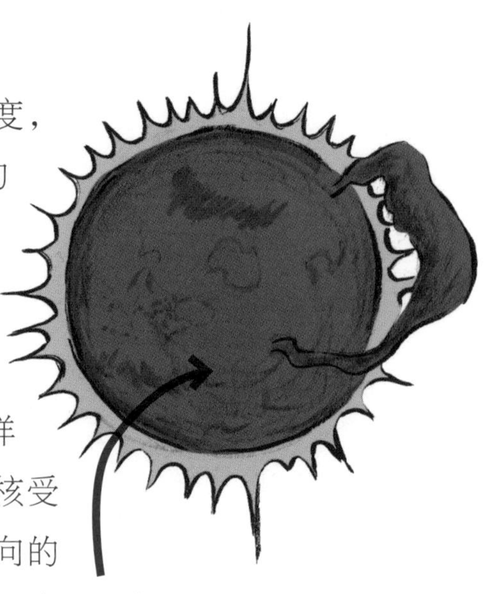

太阳表面的温度大约为5500摄氏度。

但内核却是固体状态的。难道在这样的高温下岩石不熔化吗？这样的温度当然可以熔化岩石，但是内核受到由地球的重量产生的来自各个方向的巨大压力，以至于内核物质不能四处流动，就像是被锁住了一样，所以内核仍保持固体状态。

巨大的磁铁

你用过**指南针**吗？指南针的指针永远指向北方。这是因为地球是一个巨大的**磁体**，而指南针的指针是一块小磁体，它受地球**磁场**的控制，一端指向地球的北极（S磁极），另一端指向南极（N磁极）。

地球之所以有磁性是因为地核含有带磁性的物质（铁），这些磁性物质能够产生磁场。在60000千米以外的太空，一小块铁都能被地球的磁场影响，这儿可比喷气式飞机飞行高度的5000倍还要远好多啊！

让大人帮忙煮熟一枚鸡蛋，然后切开。你会看到鸡蛋由蛋壳、蛋白和蛋黄构成。这与地球内部的构成很相似——蛋壳相当于地壳，它的厚度比例也很相似，都是薄薄的一层。蛋白相当于地幔，而蛋黄则相当于地核。

不断变化的地球

我们脚下的大地似乎是稳定的、平静的、没有变化的，但事实绝非如此。实际上，大地每时每刻都处于运动和变化之中，只是在通常情况下这种变化很缓慢，以至于我们察觉不到。

地壳连同地幔的最上部被称为岩石圈。岩石圈被分成许多大块，这些大块被称为**板块**。全球有六大板块，它们又可以细分为 12 个大板块和一些小板块，所有板块如拼图一般拼合在一起。板块处在不断的运动当中，运动速度大约为每年 2.5~15 厘米，就像漂在水面上的橡皮艇一样，在黏稠的地幔上漂浮。

板块彼此间的分离和碰撞导致了火山喷发、地震活动和山脉的形成，这些都被称为板块构造运动。解释这些现象的理论被称为**板块构造理论**。

词语园地
WORDS TO KNOW

指南针： 一种导航用的工具，它的指针永远指向北方。

磁体： 一种能够吸引铁，并产生磁场的物质。

磁场： 一种由磁性物质产生的，对其中的磁性物质产生磁作用的区域。

板块： 岩石圈并非完整的一块，而是一块块的，这样的分块结构就叫板块。

板块构造理论： 解释地球各大板块如何在地球上运动，以及它们之间的相互作用如何导致火山、地震和造山运动的理论。

我们怎么知道地球内部的情况

没有人会深入地球内部去看看那里的情况。因为在地表下几千米的地方，压力就已经很大了。目前，伸入地下最深的洞穴是苏联在1989年钻出的，大约12千米深，距离地壳的底部还很远。那么，我们怎么知道地球内部是什么样子呢？地质学家可以从以下渠道获得信息：

地震：地震能使大地朝各个方向震动。这种震动是地震波触发的。地震波可快可慢，还能变换方向——这与传播它的介质关系密切。**地质学家**通过测量地震波穿过各个圈层的速度变化，来判断地球内部的物质组成，以及下面的岩石是固态还是液态。

火山：一些**火山**喷发可以将150千米深的地幔物质带到地表，为地质学家的研究提供了材料。

实验：科学家在实验室可以模拟与地球内部类似的温度和压力，从而对岩石样本进行实验分析。

陨石：科学家相信，形成地球的物质与**陨石**的相似，所以通过研究落到地表的陨石，可以间接研究出地球内部的物质组成。

地球是一个巨大的回收机

地壳处在不断的循环更新中，这种循环更新已经持续很长时间了，在人类认识到这一点之前就已经存在许久了。在板块分离的地方，岩浆上涌，形成新的地壳。板块就好像一块块坚硬的木板。当两个板块彼此分离时，板块的另一端会与其他板块发生碰撞。在碰撞带，其中一个板块俯冲到地幔中，熔融消失。因此，板块的一端是地壳新生的地带，另一端则是地壳消亡的地带。最终，熔融的板块在地幔中运动，又可以形成新的地壳。在这本书的第五章，也就是变质岩这一章中，你可以了解到岩石的其他循环更新方式。

词语园地

WORDS TO KNOW

地震：地壳的晃动。导致地震的原因是板块的运动或火山活动。

地质学家：研究岩石、矿物、古生物以及地质构造的科学家。

火山：地壳上的一个开口，岩浆、火山灰和气体可以从这里喷发出来。

陨石：落入地球**大气层**的岩石。

大气层：包裹着地球的一层气体，由多种气体组成。

板块边缘

由于板块的运动，板块边缘地带就成了侵蚀作用、火山活动、地震活动和造山运动集中的地区。板块边缘是两个板块相互作用的地带，一共可分为3种类型。

分离型板块边缘：在这种板块边缘，岩浆从地幔上涌，

到达地表时会推开两侧的板块，使它们相互分离。上涌的岩浆从地壳上的开口喷出，然后冷却凝固成新的岩石，新的地壳就这样诞生了。几乎所有的新生地壳都是在这种分离型的板块边缘诞生的，其中大部分发生在大洋洋底。

一些时候，大陆内部的板块发生持续的分离运动，会导致板块中间地带形成新的、浅的海洋。这一幕目前正在东非沿岸的红海上演。科学家相信，红海最终会发展成为一个大洋。

碰撞聚合型板块边缘： 当两个板块碰撞时，会发生什么呢？这取决于两个相互碰撞的板块是由哪种类型的地壳构成的。大洋板块密度大，而且比大陆板块薄。当大洋板块和大陆板块相互碰撞时，大洋板块会俯冲到大陆板块的下面。在这种碰撞边缘，火山活动剧烈。如果是大陆板块之间的碰撞，就会形成山脉。

你知道吗？
DID YOU KNOW?

哥伦布的航行之旅

1492 年，哥伦布完成了横越大西洋的航行。在这次航行中，哥伦布可以算是抄了近路。实际上，如果他的航行放在今天的话，他将多航行 10 米。因为大西洋在不断地扩张，每年扩张大约 1 厘米。换句话说，今天在大西洋中部，有 10 米的距离是哥伦布当年没有航行过的。

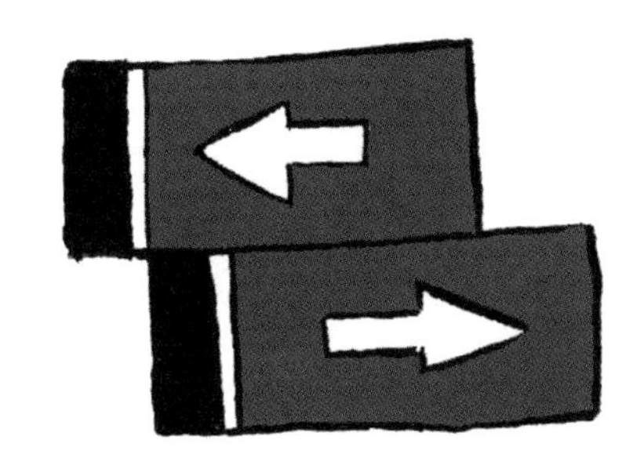

平移型板块边缘：有些时候，两个板块既不碰撞也不分离，而是沿着板块边缘交错着平移。这种情况会释放大量的能量，并在板块边缘地带产生强烈的摇摆，这种摇摆会引发地震。美国加利福尼亚的地震就是因此引发的。

一个奇思妙想的诞生

100 多年前，德国有一位气象学家叫阿尔弗雷德·魏格纳，他是**大陆漂移学说**的提出者。他认为，世界上所有的陆地曾经是连成一体的。他不知道究竟是什么原因导致了大陆的漂移，也不知道大陆是怎样漂移的，但是他发现一些大陆边缘的轮廓高度契合互补，能像拼图一样拼接在一起。他在 1912 年正式提出了大陆漂移学说，可是当时一些地质学家却讥笑他是个疯子。

1960 年，美国地质学家哈里·赫斯提出大洋洋底不是固定不动的，而是从中间向两侧扩张的。在边缘地带，地壳俯冲进地幔。这也导致了大陆的漂移。这就是**海底扩张学说**。

起初很多地质学家对此持怀疑态度，但是他们很快在洋底找

词语园地
WORDS TO KNOW

大陆漂移学说：由魏格纳提出，认为现在的各个大陆曾经连成一体，后来不断漂移分开的学说。

海底扩张学说：解释大洋地壳生长和运动扩张的学说。

珠穆朗玛峰的顶端并不是距离地心最远的地方！

由于自转的影响，地球并不是一个标准的球体，而是**赤道**地区相对于南北两极会凸出一些（大约凸出 43 千米）。厄瓜多尔的钦博拉索山虽然海拔只有 2168 米，但它的山顶却是地球表面距离地心最远的地方，因为它更靠近赤道。

WOW！
最惊奇！

珠穆朗玛峰是世界上海拔最高的地方，有 8844.43 米，位于中国和尼泊尔的交界处，是两个大陆板块碰撞的结果。至今，珠穆朗玛峰还在长个儿，每年大约长 1 厘米。这是因为两个大陆板块至今还在互相碰撞挤压着。

词语园地
WORDS TO KNOW

赤道： 将地球划分为南、北两个半球的一个假想的大圆圈。

到了支持海底扩张学说的证据。在靠近大洋中间位置的洋底，人们发现了大洋中脊，大洋中脊两侧的岩石年龄随着与大洋中脊距离的增加而由年轻逐渐变老。后来，人们找到了更多的证据支持板块构造学说。经过半个多世纪的探索，魏格纳的理论终于被证实是正确的。

各就各位，预备，漂！

大部分构造板块每年漂移 1~2 厘米，但澳大利亚漂移的速度要快得多，它每年能向北方漂移 15 厘米！

观察大发现

◀ 地壳是地球最外的一个固体圈层。我们生活的陆地、耕种的土壤、放牧的草原都是地壳的一部分。如果把地球比作鸡蛋的话，地壳相当于鸡蛋的蛋壳。

▲ 在平移型板块边缘，板块彼此交错着平移。圣安德列亚斯断层就是一种平移型板块边界。

▶ 地壳下面就是地幔。地幔中的岩石更软，可以四处流动。尤其在接近地壳的地方，岩石部分熔融形成岩浆。岩浆喷出地壳，被称为熔岩。如果把地球比作鸡蛋的话，地幔就相当于鸡蛋的蛋白。

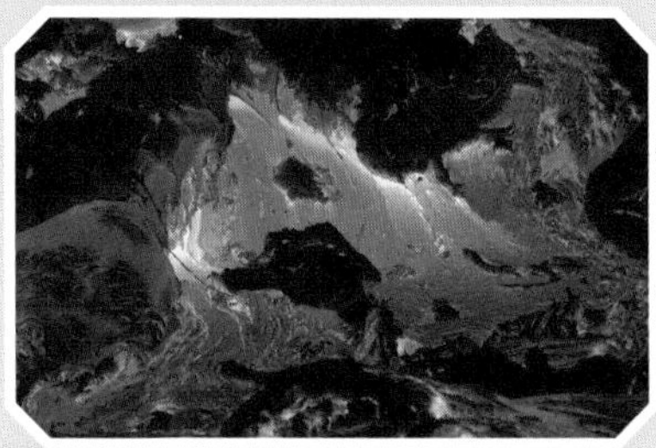

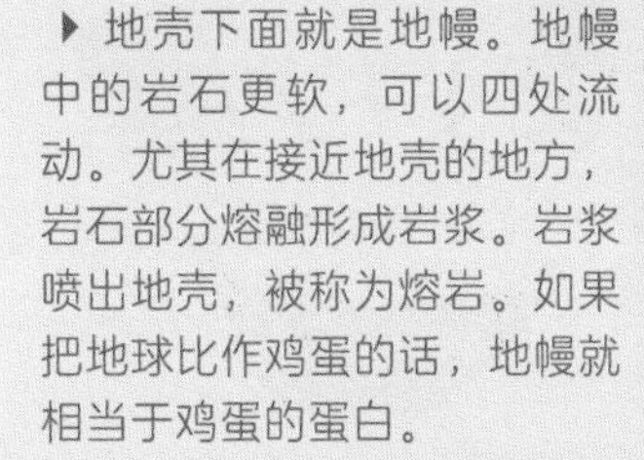

▲ 地球的最内部是地核。地核是地球内部几个圈层中温度最高、最厚的圈层。地核由液体的外核和固体的内核构成。如果把地球比作鸡蛋的话，地核就相当于鸡蛋的蛋黄。

▲ 在分离型板块边缘，因岩浆的作用，板块彼此分离，岩浆上涌冷却，形成新的地壳。东非大裂谷就是分离型板块边缘的所在地，现在裂谷中的地壳就是板块分离后上涌的岩浆冷却形成的。

▶ 在碰撞聚合型板块边缘，板块相互碰撞。如果是大陆板块和大洋板块碰撞，那么大洋板块会俯冲到大陆板块之下，这里火山活动频繁，比如环太平洋火山地震带；如果是大陆板块与大陆板块碰撞，那么就会形成山脉。喜马拉雅山脉就是欧亚板块和印度洋板块两个大陆板块碰撞形成的。

动手做

MAKE YOUR OWN

地球

1 将花生酱和糖倒在搅拌碗中混合，然后倒入面粉，揉搓成一个柔软但韧性十足的面团。将面团揉成一个直径为 2.5 厘米的球。

2 将球从中间切开，一分为二，并将中间挖空。填入果酱，再在果酱上撒上巧克力碎片。然后再把两个半球拼合。

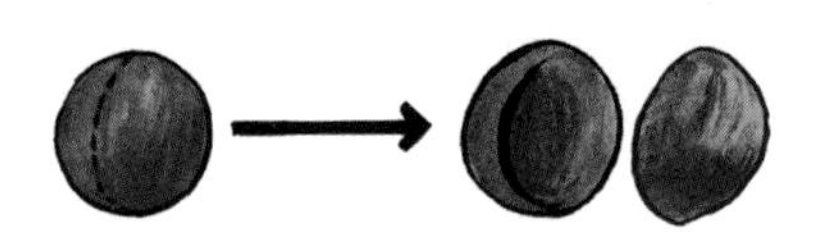

3 请大人帮忙，将剩余的巧克力放在微波炉里熔化好并取出。把小面球放在熔化的巧克力中滚动，然后取出，放到蜡纸上。注意，巧克力很烫，小心别烫伤。

4 将小面球沾上椰蓉，然后放在烤箱里烤熟。美味的地球就做好了。当你切开地球时，你会看到地球内部的分层结构。

材料和准备工作

- 搅拌碗和汤匙
- 1 杯花生酱
- 1 杯白糖
- 足够的面粉
- 黄油刀
- 果酱
- 半杯巧克力碎片
- 微波炉
- 蜡纸
- 椰蓉

发生了什么？

地球是由各个分层组成的。下面列出的就是在你的点心中，各种材料所代表的结构：

巧克力碎片 = **地核中固态的内核**

果酱 = **地核中液态的外核**

花生酱、糖及面粉的混合物 = **地幔**

外面的巧克力 = **地壳**

椰蓉 = **地球表面的土壤、植物等**

知识加油站

构造板块

板块构造理论认为，地球表层由巨大的板块构成，这些板块就像冰山漂浮在海洋中一样在地幔上部的软流层（这里的岩石呈部分熔融状态，软软的可以流动）上漂浮，非常缓慢地移动。板块运动的时候，各个大陆之间就表现出相对的水平运动，从而形成地球表层的地质地理景观。

六大板块

全球有六大板块：

美洲板块 北美洲、西北大西洋、格陵兰岛、南美洲及西南大西洋

南极板块 南极洲及其沿海区域

亚欧板块 东北大西洋、欧洲及除印度半岛以外的亚洲

非洲板块 非洲、东南大西洋及西印度洋

印度洋板块 印度半岛、澳大利亚、新西兰及大部分印度洋

太平洋板块 大部分太平洋及美国的加利福尼亚南岸

在网上或者书上，找到一幅地球六大板块的地图。用剪刀把它们剪下来，弄乱。看看你还能分辨出它们吗？再把这些板块重新拼起来。注意，上网时一定要有大人在身边。

第二章 矿物和晶体

Minerals and Crystals

矿物和晶体

当你捡起一块石头仔细观察时，你会发现石头上星星点点的，有些地方在阳光下还会闪闪发光。这些就是矿物。有些矿物太小了，用肉眼是看不到的；有些矿物很大，大如树干。矿物也是五彩缤纷的，可以呈现你能想到的各种颜色。矿物是天然形成的一类坚硬的固体物质，它们是组成岩石的基本单位。几乎所有的矿物都是**晶体**。

词语园地
WORDS TO KNOW

晶体：一类具有固定几何外形的固体。晶体具有明显的边界和光滑的晶面。晶体是由按照一定规则和顺序排列的原子组成的。

当你捡起一块浑圆光滑的鹅卵石时，你会产生怀疑，组成岩石的矿物怎么能是晶体呢——晶

体有棱角，根本不同于这种圆滚滚的石头。没错，即便是鹅卵石也是由矿物晶体组成的。只不过这些矿物晶体太小了，你用肉眼根本无法看到。况且，鹅卵石原来是有棱角的，只是在风和流水的作用下，棱角被磨没了。

世上为什么有这么多种矿物？一种矿物与其他矿物的区别是什么？要解答这些问题，我们就需要了解组成矿物的**原子**，以及它们是如何排列的。

原子的种类

宇宙中的各种物质都是由微小的原子组成的，包括我们人类、空气、太阳等。当然，岩石和矿物也不例外。在自然界中，原子的种类超过了百种，不同的原子组合形式形成了不同的物质。

不同的矿物是由不同的原子组成的。如矿物金只由金原子组成；石英由**氧**原子和**硅**原子组成。但是，组成矿物的原子种类不同，仅仅是导致矿物千差万别的一部分原因。

相同的排列形式，不同的原子

你一定熟悉盐。盐是一种白色的有咸味的粉末，在你家的厨房里就有。黄金则是非常珍贵的矿物，被用来制作首饰——这是因为它具有美丽的颜色和光泽，以及能够被塑造成各种形状的特性。尽管盐和黄金这两种矿物在外观、价值上有天壤之别，但是它们的原子排列形式却是相同的——它们的原子都是呈立方体排列的。它们的区别就在于组成它们的原子种类不同——黄金由金原子组成，而盐是由钠原子和氯原子组成的。

词语园地
WORDS TO KNOW

原子：组成物质的最小粒子，不易被进一步分解。

宇宙：由物质构成的广阔空间。

氧：构成地壳的含量最丰富的一种**元素**，在空气、水和许多岩石中都能找到。

硅：构成地壳的含量第二丰富的一种元素，在沙子、黏土和石英中都能找到。

元素：同一类原子的总称。元素是一个名称，不是组成物质的粒子，但原子是粒子。

六边形：由 6 条边围在一起形成的一种封闭的几何形状。

原子是如何排布的？

如果你能够走进矿物的微观世界，去看看里面的原子，你就会发现矿物中的原子都是按照一定形式连结在一起的。它们的排列形式可以是立方体，也可以是**六边形**或其他形状。这些排列形式不断重复，就构成了矿物。地质学家根据形状，把原子的排列形式划分为六大类。

在过去很长一段时期内，很多人认为金和太阳关系密切，而银和月亮关系密切。

实际上，晶体就是原子按照一种排列形式不断重复排列形成的。有些排列形式只能形成很小的晶体，有些则可以塑造出肉眼可见的大晶体。尽管如此，一种矿物的排列形式自始至终都是不变的，因此你在任何地方找到的都一样。

相同的原子，不同的排列形式

你或许见过婚戒或其他首饰上的钻石。钻石是十分珍贵的，不仅漂亮，而且稀有、坚硬，是自然界中最硬的物质。它之所以这么坚硬，是因为组成它的原子紧密地连结在一起。

你肯定见过石墨，它是用来做铅笔芯的一种矿物。石墨是灰黑色的，看起来有些脏。由于石墨非常软，能在纸上划出条痕，所以可以用来写字。

或许你很难想象还有哪两种物质能像钻石和石墨这样区别这么大，但是更让人惊奇的是，它们居然是由同一种元素的原子——**碳**原子构成的。它们的区别只在于碳原子的排列形式不同。

词语园地
WORDS TO KNOW

碳：一种在所有的生命体中都存在的元素，它也是构成钻石和石墨的元素。

晶体是怎样生长的？

矿物几乎都是晶体，而且是一层层生长的。当形成矿物的高温液体冷却时，原子按照矿物晶体的排列形式排布，形成了矿物晶体。晶体的形成需要 3 个要素：空间、原材料和时间。

想象一下，有一堆黑色和白色的珠子。你可以简单地在一张纸上按照黑 - 白 - 黑 - 白交替的顺序排列它们。当纸上排满后，你就该停下来了，因为没有空间了。晶体就是在裂隙里生长的，它们能用尽裂隙里的所有空间。

当你用完了黑色珠子，而白色珠子还有剩余时，那么，接下来的排列方式就改变了。最后，你用完了所有的原材料，你也就停止了排列。有时，晶体在生长时原材料也就是原子用光了，那么，这种晶体就不再生长了——一个独特的晶体就开始形成。

词语园地
WORDS TO KNOW

结晶习性： 晶体结晶时趋向于生长成某一形状的特性。

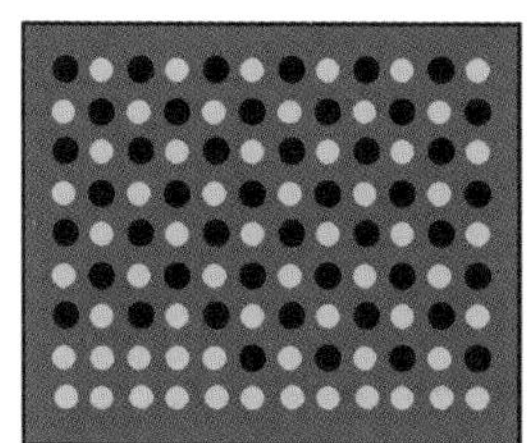

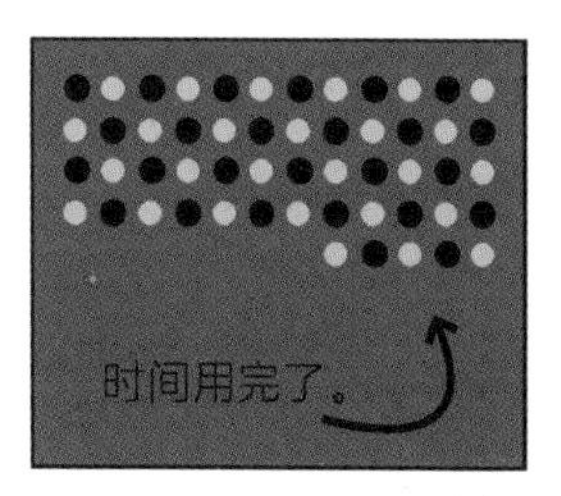

结晶习性

每个人都有自己的生活习性，晶体也是一样。晶体生长时会趋向于形成某一形状，这一特性被称为**结晶习性**。有的晶体会长成短粗状，有的则长成薄片状、针状等。当外界条件发生变化时，结晶习性也可能发生变化，就像我们的生活习性也会因环境和情况的不同而改变。例如，你每晚都会刷牙，但是可能某个晚上你玩了个通宵，忘记了刷牙；或者你的牙刷被狗叼走当玩具了，你也就不能刷牙了。

晶体也是一样。一些时候，它们不会形成常见的形状，可能形成其他形状。例如，晶体常常在裂缝中形成，在那里没有足够的空间，因此当晶体生长时，受空间的限制，晶体本来的形状就会发生变化了。

最后，没准你的妈妈喊你去吃饭，那你就必须停下来了。同样，晶体的生长过程也有一定的时间限制。当形成晶体的热液足够热时，原子可以自由移动，结晶过程也就可以继续。而热液一旦冷却，原子就不能自由移动了，那么结晶过程也就戛然而止了。

库里南钻石是目前世界上已知的最大的钻石。总重量为 3106 **克拉**，大小相当于一枚鸡蛋。它的名字的意思是山神之光。

宝石

宝石是矿物中美观、耐磨、珍稀的一类，它们往往有鲜艳欲滴的颜色和光泽。为了彰显宝石的美丽，人们经常会将它们切割、打磨。

有些宝石，如欧泊和翡翠，会被打磨圆滑。其他宝石则会被切割出平面或者叫**刻面**。这样，宝石会反光，显得熠熠生辉，更加流光溢彩，璀璨夺目。宝石常常以多面形刻法切割，这种刻法能将宝石切割出 58 个平面。在各种宝石中，最为珍贵的 4 种分别是钻石、翡翠、红宝石和蓝宝石。

你知道吗？
DID YOU KNOW?

世界上最有名的钻石要数发现于印度，目前陈列在美国华盛顿特区史密森尼博物馆的“希望之星”了。它通体蓝色，这种颜色在钻石中非常少见，因而它非同寻常。不仅如此，这枚钻石还多次神秘失踪，又被一次次地找到。

诞生石

自古以来，在很多文明中，人们都把宝石和生辰联系起来。下面就是一个例子。

- 1月——石榴石
- 2月——紫水晶
- 3月——海蓝宝石
- 4月——钻石
- 5月——祖母绿
- 6月——珍珠
- 7月——红宝石
- 8月——橄榄石
- 9月——蓝宝石
- 10月——欧泊
- 11月——托帕石（黄玉）
- 12月——绿松石，锆石

红色钻石是目前世界上最昂贵的宝石。

钻石是世界上最硬的物质，那么我们如何切割钻石呢？其实切割钻石的工具就是另外一颗钻石（也叫作金刚石）。钻石虽然很硬，但也有脆弱面。因此，用电动金刚石钻头就可以切割钻石。

词语园地 WORDS TO KNOW

克拉：宝石的重量单位。1克拉相当于0.2克。

宝石：一类美观、耐磨、珍稀的矿物，经过抛光和打磨后就成为宝石。

刻面：宝石表面经切割打磨后呈现的一系列平面。刻面可以很好地反射光线。

刚玉是仅次于钻石，世界上第二硬的物质。刚玉有多种不同的颜色，我们熟悉的红宝石就是红色的刚玉，其他颜色的刚玉则统称为蓝宝石。

宝石被当作首饰材料已有几千年的历史了。在古埃及法老图坦卡蒙的墓室中就发现了宝石首饰，距今已有3000多年。

常见的矿物

在后面的章节中，你可能会多次见到下面这些矿物，它们组成了很多种岩石。

石英: 石英是地壳中最常见的矿物，有多种颜色，是多种岩石的组成矿物。一些石英，如紫色的石英（也叫作紫水晶），已经达到了宝石的标准。

在古代，人们以为石英是冻得很结实的冰，永远不会融化。

长石: 长石实际是一类矿物，它们占据了地壳组成物质的三分之二，也是多种岩石的组成矿物，如花岗岩。在月球上和陨石中，你也会找到长石！长石通常是灰白色或粉红色的，但也有其他的颜色，如绿色和灰色。

你知道吗？ DID YOU KNOW?

当你跳进游泳池时，你会感到你的耳朵受到的压力变大了。随着深度的增加，水对耳朵施加的压力也会变大。设想一下，当你来到形成钻石的地方——深度达145千米的地下时，你的身体承受的压力会有多大？这大约是在地面时的5万倍。钻石只在压力较大的地方形成，只有压力足够大，钻石的原子才会排列得那么紧密。

既然钻石形成于145千米深的地下，那么我们如何发现钻石呢？其实，我们发现的钻石都是从地下深处随着火山喷发，被带到地表的。

云母：云母也是一类矿物，它们通常是黑色或无色透明的。云母晶体呈薄片状，可以一片片地撕下来。在玻璃诞生之前，人们曾经把云母当作玻璃用在窗户上。事实上，现在很多炉子上用的透明“玻璃”就是云母做成的，因为云母在高温下不易碎裂。

云母很耐高温，还可被应用于电吹风和电熨斗中。一旦将云母磨碎，它就变成一种柔软的、闪光的物质，所以它也是生产油漆、保龄球、化妆品、牙膏等物品的原料。

橄榄石：橄榄石也是地球上常见的矿物，因而你或许会觉得它应该很容易找到。其实恰恰相反，大部分橄榄石分布在地幔中，离地表非常远。在彗星、火星、月球、陨石以及恒星附近的宇宙尘埃中，也能找到橄榄石。我们见到的橄榄石常出现在被称为玄武岩的一种岩浆岩中。但是，大部分玄武岩中的橄榄石颗粒太小了，我们根本无法用肉眼看到。那些稀有、透明的橄榄石晶体可就是宝石了。橄榄石的颜色正如其名，是橄榄绿色。

烧制瓷器的岩石和矿物

1400 多年前，中国人就掌握了制瓷技术，知道如何烧制出精美的瓷器，而不仅限于结实的陶器。瓷器是由一种别名叫作“瓷土”的特殊黏土，也就是高岭土——一种长石类矿物烧制而成。由于古代中国人一直不对外公开制瓷的秘方，因此那时的欧洲人就得从中国进口瓷器。那个时期，有些瓷器的价格甚至都超过了黄金。

方解石： 方解石有多种颜色，可以结晶成大而美的晶体。尽管如此，通常方解石却结晶成肉眼看不见的小晶体。方解石是构成石灰岩、大理岩、贝壳和化石的主要矿物。

在马达加斯加发现过长达 18 米的绿柱石。这比你乘坐的校车还要长。

冰： 难道冰也是矿物？冰是固体，是天然结晶而成的晶体，因此冰当然算矿物！

开心一刻 Just for Fun

问： 停止咀嚼后，一颗牙会对另一颗牙说什么？

答： 我要营养不良了！

人体内的矿物

矿物会在动物和植物体内形成，也会在我们体内形成！你或许知道，多喝牛奶有助于长个儿。牛奶中含有钙，这些钙被人体吸收后有助于形成磷灰石晶体，而人体利用磷灰石晶体形成骨骼和牙齿。此外，很多海洋动物利用钙生成方解石，从而形成它们的壳。

你知道吗？ DID YOU KNOW?

地球上有 5000 多种矿物，但常见的只有 100 种左右。

观察大发现

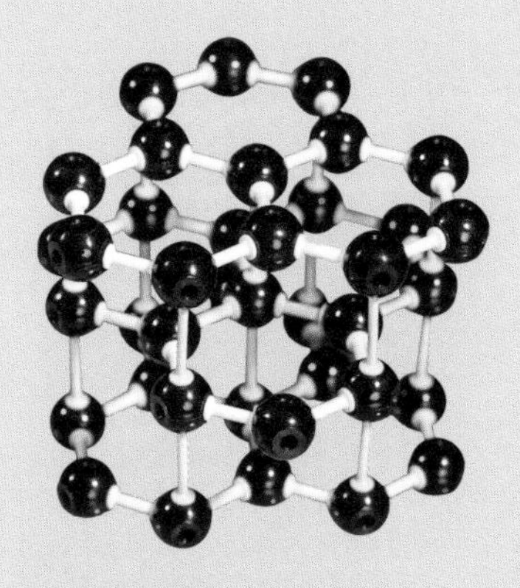

▲矿物中的原子会按一定的排列形式形成晶体。这就好比让原子去搭积木，它们会先搭出一个特定的形状——矿物晶体的基础结构，然后再不断重复搭这样的结构，最后就搭出了成片的矿物晶体。

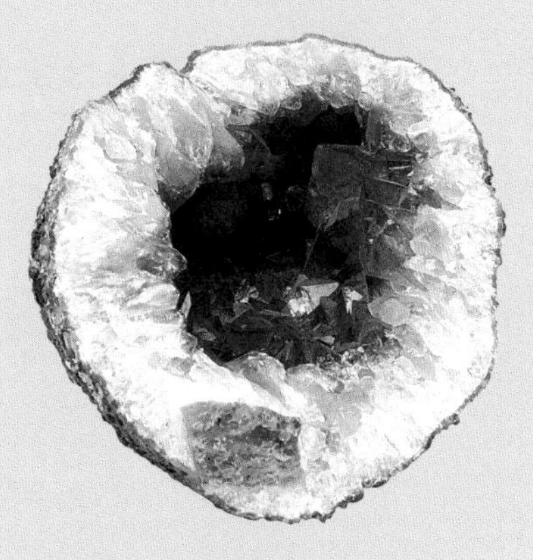

▲石英是地壳中最常见的矿物。它的晶体以无色透明的居多，但也有一些因为含少量的杂质成分而呈半透明或不透明。宝石级的石英就是水晶。图为紫水晶。

▲宝石级的橄榄石

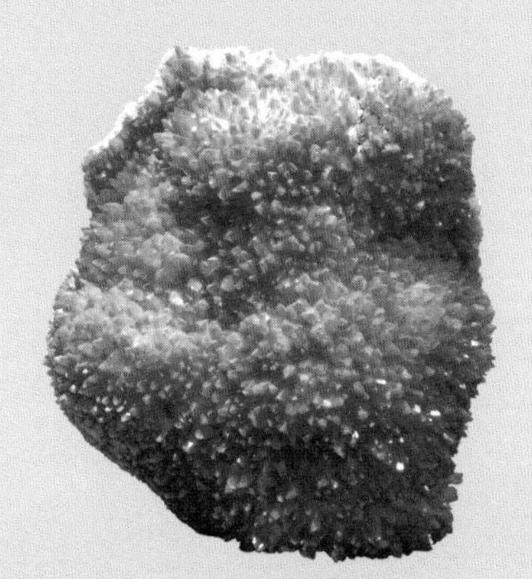

▲红色方解石

▲曾经被当作玻璃使用的云母

▲石英（左）与长石（右）

动手做

MAKE YOUR OWN

培养针状矿物

你可以自己动手制作泻盐晶体。

1 在黑色美术纸上放一小撮泻盐。仔细观察，看看这些盐的颗粒是什么形状的。

2 将黑色美术纸剪成自己喜欢的形状，如心形、雪花形，然后放在平底锅或烤盘里。注意，剪出的形状一定要可以完全放入锅里，否则还得再剪。

3 将泻盐慢慢倒入热水中，不断搅拌，直到所有泻盐都溶解在水中。然后加入食用色素，如果你想这么做的话。

4 将泻盐溶液倒入平底锅或烤盘中的美术纸上。然后将平底锅或烤盘连同美术纸和溶液一起放在一个温暖的地方，比如一个阳光明媚的窗边。你也可以找个大人帮忙将平底锅放在 93 摄氏度的烤箱中加热 15 分钟，并时时留意不要让它变得太干了。一会儿你便会看到有很多大晶体开始形成。

材料和准备工作

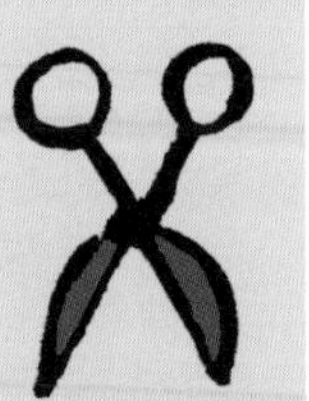

- 1 碗泻盐
- 黑色的美术纸
- 放大镜（可选）
- 剪刀
- 带沿的平底锅或饼干烤盘
- 大量杯
- 半杯热水
- 食用色素（可选）

多留意

◆你的晶体的结晶习性是什么？是立方体，还是针状？

◆你的晶体是否在生长？你认为它们是从哪里来的呢？

◆用什么办法能让它们停止生长？想一想晶体生长需要的要素。

食盐的晶体模型

我们加在食物中的盐，实际上来源于一种地球矿物。与其他矿物一样，组成食盐的原子也按照一定的排列形式排布。

1 把 4 块软糖围成一个正方形，然后用 4 根牙签将它们连结在一起。相邻两块软糖的颜色应该是不同的。软糖代表了组成食盐晶体的原子，牙签则表示连接原子的作用力。

2 将这个正方形放在桌子上，然后再拿 4 根牙签，将每根牙签竖直插入每块软糖中，再在牙签的顶端各插入一块软糖。上面软糖的颜色应该与下面的不一样。

3 将上面的软糖再用 4 根牙签连结在一起，这样就构成一个立方体。每块软糖应该与 3 块颜色不同于它的软糖连结在一起。

4 这就是一个简单的食盐晶体模型，其中红色的软糖代表钠原子，绿色的软糖代表氯原子。你可以按照上面的方法继续用牙签和软糖在这个立方体的一侧再构架一个立方体，来扩大你的晶体。

多留意

◆我们做的是一个食盐晶体的简易模型——一个立方体。其实一粒食盐里包含多个这样的立方体，数量在 100,000,000,000,000,000 个以上。也就是说，一个盐粒含有的原子数量要比世界上的人口数，或者银河系中的恒星数目，或者海滩上的沙粒数量还要多。

材料和准备工作

- 牙签
- 红色和绿色的橡皮软糖
- 一些盐粒
- 放大镜（可选）

◆取一些盐粒放在一张暗色的纸上，用放大镜仔细观察。看看食盐晶体的形状和我们刚才做的模型是不是很像呢？为什么呢？

实验

EXPERIMENT

为什么有的钻石是蓝色的?

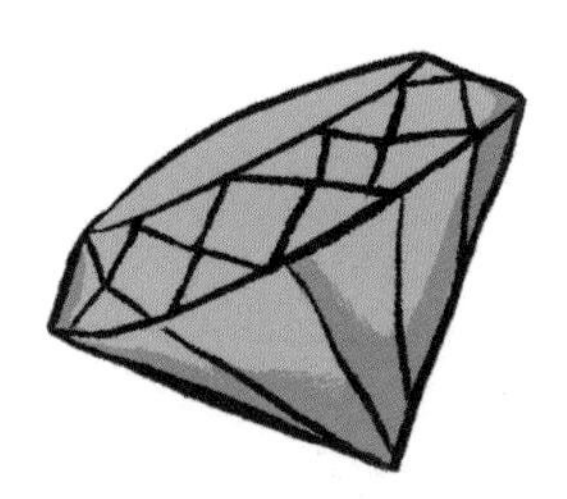

钻石是由碳原子构成的。令人惊奇的是，有些钻石是蓝色的，如“希望之星”。这是因为在数以百万计的碳原子中掺杂了一个硼原子，正是这些硼原子将钻石染成了蓝色。你或许很难理解，下面我们做一个实验进行下演示吧。

1 将用量杯取半杯盐，将它倒入碗中或纸上

2 将沙粒或其他颗粒物放在盐的上面。

多留意

半杯盐中有数以百万计的盐粒，它们代表了组成钻石的碳原子，沙粒则代表能将钻石染成蓝色的硼原子。当然，在蓝色钻石中碳原子和硼原子的数量要比这多得多，而且它们构成了晶体结构，不像我们实验中那样是一堆颗粒物，但是两种颗粒物的数量比例大致如此。你每放一粒沙就需要增加半杯盐。别看硼原子的数量这么少，但是它们却具有很强的染色效应。

材料和准备工作

- 大碗或白纸
- 半杯盐
- 量杯
- 一颗沙粒或同等大小的其他颗粒物

你知道吗？ DID YOU KNOW?

古代波斯人认为，地球矗立在一块巨大的蓝宝石上，蓝宝石反射的光芒将天空染成了蓝色。

知识加油站

模型和模拟

像形成矿物结晶这样的现象，我们通常没有办法或者很难直接观察到。为了研究这些现象，就需要建立模型。在科学研究中，科学家经常建立模型，来模拟非常巨大或非常微小的事物，比如宇宙天体或人体中的细胞。科学家利用已有的关于这些事物的知识，制作出模型，进行模拟、推演，以直观地演示人们不可能或很难直接观察到的现象，由此来协助解决更多的科学问题。

在前面的动手项目中，我们自己动手制作了针状矿物结晶、盐晶模型，并模拟了蓝钻石的原子组成。利用这些，我们理解了结晶的过程、晶体的结构，以及蓝钻石呈现蓝色的原因。这都利用了模型和模拟的研究方法。这些现象都是我们很难直接观察到的，利用模型和模拟却把它们直观地展示在了我们的眼前。

▲ 借助绘制的模型，我们才可以深刻理解，均是由碳原子构成的钻石（左）和石墨（右）为什么区别会如此之大。

第三章

岩浆岩

Igneous Rocks

岩浆岩

当你加热一块巧克力时，会发生什么呢？巧克力会慢慢熔化。当你将熔化的巧克力放到冰箱里，它又会慢慢凝固。其实，岩石也会像巧克力一样，受热熔化，遇冷凝固。只不过熔化岩石的温度相当高，大概是烤箱烘焙糕点温度的 4 倍，也就是说可以高达 1000 摄氏度啦！

那么，哪儿的温度能够熔化岩石呢？越往地下深处走，温度就越高。在地下 40 千米的地方，温度就高得足以熔化岩石了。在地表之下，处于熔融状态的岩石就是岩浆。

岩浆在形成之后，会缓慢地侵入地表。越接近地表，温度越低，于是岩浆便开始冷却，最后凝固成岩石，就像熔化了的巧克力放在冰箱里又再次凝固一样。由岩浆冷却形成的岩石被称为**岩浆岩**（或火成岩）。岩浆岩可分为两大类。

侵入岩

有时候，岩浆在到达地表之前就冷却凝固了，于是形成了**侵入型岩浆岩**。地下深处的岩浆可以形成直径达数千米的大团，当它上升并冷却凝固后，便在地下形成大面积的岩浆岩。一些稍小的团可以穿过现存的岩石上涌，最后形成几厘米厚，乃至几十厘米厚的片状结构，被称为**岩脉**。

岩浆岩非常坚硬。当覆盖在它们上部或周围的更软的岩石被剥蚀后，它们便暴露于地表。一些长长的山脉就是由大岩浆团凝固而成的侵入型岩浆岩形成的。

词语园地
WORDS TO KNOW

岩浆岩：由岩浆冷却凝固形成的岩石。

侵入型岩浆岩：岩浆在地表以下冷却凝固形成的岩浆岩。

岩脉：切断其他岩石的片状岩浆岩。

你知道吗？
DID YOU KNOW？

岩浆岩的英文名是 Igneous rocks。在拉丁语中，Igneous 意思是似火的，由火造就的。

喷出岩

直接喷出地表的岩浆，被称为**熔岩**。熔岩经常从火山口喷涌而出，最后在地表冷却凝固，形成了**喷出型岩浆岩**。喷出岩是火山作用的产物，所以也称火山岩。

世界上大部分的火山，如美国夏威夷的活火山，熔岩都是缓慢地从火山口溢流而出的。这类火山并不危险。

还有一部分火山，比如美国华盛顿州的圣海伦斯火山，熔岩和**火山灰**以剧烈爆发的方式突然喷出。喷发时，火山口像被炸开了一样。这类火山对人类的威胁相当大。火山喷出的炽热火山灰、岩石碎屑以及气体会以很快的速度向外扩散，速度可以达到每小时 240 千米——这比公路上行驶的汽车要快多了。**火山泥流**所到之处，一切都将被摧毁，包括巨大的岩石和房屋。

词语园地

WORDS TO KNOW

熔岩：喷出地表的岩浆。

喷出型岩浆岩：由熔岩冷却凝固形成的岩浆岩。

火山灰：火山喷发时喷出的岩石和熔岩速凝体碎片。熔岩速凝体是火山喷发时形成的比针头还小的物质。

火山泥流：由熔岩、火山灰混合着融化的雪和雨水形成的高速流动的液体流。

为什么有些火山喷发时很平静，有些则很剧烈呢？那些平静喷发的火山的熔岩非常稀薄，如同色拉酱一般。火山里面的气体在岩浆到达地表之前就扩散出去了。这类火山往往分布在分离型板块的边缘，其中大部分位于海底。当海中的火山喷发后，熔岩与海水相互作用形成了顶面圆、底面平的玄武岩，就像我们睡觉枕的枕头，故称为枕状熔岩。

你知道吗？ DID YOU KNOW？

一些岛屿，如美国的夏威夷群岛和冰岛，完全是由火山岩构成的。

那些剧烈喷发的火山的熔岩一般比较黏稠，有点像牙膏。火山里面的气体很难散逸出去而不断聚集，使得压力不断增大，直到熔岩剧烈地喷发出去。这类火山往往分布在汇聚型板块的边缘，其中一块板块常常俯冲到另一块板块之下。

拿两罐易拉罐汽水。打开其中一罐喝几口，然后将罐内剩余的汽水倒入一个玻璃杯中，放置几个小时。之后再喝一口，你发现口感有什么变化吗？在室外将另一罐摇晃几下，然后打开——注意罐口不要对着自己或别人！这时会发生什么？

实际上熔岩和汽水一样，里面溶进了大量的气体。你打开的第一罐放置了一段时间的汽水就像那些平静喷发的火山，熔岩稀薄，气体有充足的时间扩散出去，因此表现很平静。你打开的第二罐汽水就像那些剧烈喷发的火山，气体在黏稠的熔岩中很难散逸出去。所以，你摇晃易拉罐，内部的压力就会变大，这时打开易拉罐，气体和汽水就会突然喷涌而出！要小心啊！

火山学家

问： 火山爸爸和火山妈妈的宝宝是谁？

答： 熔岩宝宝。

火山学家就是专门研究火山的科学家，他们希望能够发现神奇火山的更多秘密。他们希望能够预测火山活动，这样就能提前向生活在火山附近的居民发出警报。他们的工作充满危险，他们需要搜集火山气体和熔岩的样本。当然，他们也有保护自己的方法：

你去野外旅行时有随行的好友吗？火山学家在火山附近进行野外工作时，不是独来独往的，而是与几个同伴同行，这样可以彼此照应。

熔岩是滚烫的，要穿防护服。熔岩的温度大约有 982 摄氏度，大大高于烤箱的温度。因此，火山学家一般要穿由特殊材料制成的耐热、防火的服装。

熔岩发出的强光，会严重损害眼睛甚至造成失明。火山学家一般戴着头盔以及护目镜，来防护眼睛免遭超强亮度熔岩的损害。

在活火山周围，充斥着有毒的气体。火山学家必须戴着氧气罩和防毒面具。

当然，火山学家的工作并不都是在火山附近进行，他们还要收集许多其他的信息。例如，一些时候，在火山喷发前会发生地震。因此，火山学家也要密切关注地震活动。

固结而成的岩石

我们知道，大部分建筑是用各种各样的建筑材料盖起来的。但是，在埃塞俄比亚的拉利贝拉，有 11 座教堂不是“盖起来”的，而是利用火山岩“雕出来”的。这些教堂的屋顶几乎和教堂外的地面平齐，周围有深深的沟槽。要想进入教堂，需要走下多阶台阶，下到沟槽的底部。

大约在 1000 年前，拉利贝拉国王在梦中构思出这些教堂的设计灵感。这些教堂都是由凝灰岩——一种柔软的由火山灰紧密固结而成的岩石雕成的。凝灰岩底部是坚硬的玄武岩。这些火山岩大约形成于 3000 万年前的一次火山喷发。

1963 年 11 月 14 日，一个渔民在冰岛南部的海域打鱼时，发现海中冒出缕缕浓烟。第二天，叙尔特塞岛就突然出现了。4 天后，这座小岛就有约 60 米高了。它是从哪来的？原来它是由火山喷发新形成的火山岩堆成的。其实这座小岛和冰岛一样，分布在分离型板块的边缘，当地球深处的岩浆上涌并喷出时就形成了大量的火山岩，最后形成了岛屿。

海底黑烟囱和巨大的管状蠕虫

在幽深的海底，没有阳光，但在这些地方科学家发现了一些开口，喷涌着滚烫的热水。这些热液来自地球深处，其中含有大量的矿物，如硫黄，使得喷出的水呈黑色。这些热液中含有的矿物在喷口处堆积，于是形成了烟囱状的喷口，最高的接近 10 米。科学家把这些喷口称为**海底黑烟囱**。

一些含硫的化合物会发出像臭鸡蛋一样的味道，它们对大部分动物来说都是有毒的，但是一些细菌却很喜欢它们，还利用它们制造自己的食物。这些细菌生活在其他海洋生物的体内，如巨型管蠕虫。这种巨大的蠕虫可以长到 3 米长，没有嘴和胃，因此它们不用吃东西，完全靠这些细菌提供的养料生存。

词语园地
WORDS TO KNOW

海底黑烟囱：在海底喷涌着富含矿物的热液的一种开口。

你知道吗？
DID YOU KNOW？

在美国有超过 50 座活火山在最近 200 年内喷发过，这些火山大部分分布在夏威夷群岛、阿拉斯加州、加利福尼亚州、俄勒冈州和华盛顿州。

大颗粒、小颗粒、无颗粒

在岩浆冷却的过程中，原子按照一定的形式排列，形成晶体。如果岩浆冷却得慢，原子有充足的时间进行排列组合，并一层层地形成粗大的晶体。那些含有粗大晶体的岩石是**显晶质**的。一些侵入岩是经过数千年，甚至数百万年，才冷却凝固而成的，因为它们周边的岩石温度较高。

但是，当岩浆快速冷却，例如岩浆突然从火山口喷发出来时，由于温度迅速下降，原子没有充足的时间层层排列结晶，这样形成的晶体就很小，不通过显微镜我们根本就看不见这些晶体。这样的岩石一般几周，甚至几天，就冷却凝固而成了，它们是**隐晶质**的。有时，如果熔岩冷却凝固得再快一些，那么原子就无法结晶，这样就会形成火山玻璃。

词语园地
WORDS TO KNOW

显晶质：组成岩石的矿物为粗大的颗粒，这些颗粒大到肉眼可见，这样的岩石结构被称为显晶质。

隐晶质：组成岩石的矿物非常小，肉眼看不到，这样的岩石结构被称为隐晶质。

WOW! 最惊奇!

1815 年，印度尼西亚的坦博拉火山爆发是人类有记录以来最大规模的火山喷发。坦博拉火山释放出大量的火山灰和气体，遮天蔽日，使得全球气温骤然下降。1816 年由于温度下降成为一个“无夏之年”，欧洲和北美地区终年下雪。你可以想象一下，7 月还在下雪，那该有多冷！

常见的岩浆岩

花岗岩: 这是一种很常见的岩石。许多建筑、厨房的台面，以及一些雕塑，都是用花岗岩做成的。花岗岩有白色的、灰色的，还有浅粉色的，由粗大的晶体颗粒组成。看到单个的花岗岩晶体是一件很容易的事。构成花岗岩的主要矿物是石英、长石和云母。在阳光下，你会发现花岗岩闪烁着点点光芒，这是因为花岗岩中的云母能够反光。由于组成花岗岩的矿物排列得不很紧密，因此与其他岩浆岩相比，花岗岩比较轻，不过对我们来说可能还是有点重。

花岗岩是一种侵入岩，是岩浆侵入地壳中不是特别靠近地表的地方缓慢凝固形成的。

伟晶岩: 与花岗岩一样，伟晶岩也属于侵入岩，是由最后一部分冷却凝固的岩浆形成的。由于岩浆中有很多水，从而能够形成粗大的晶体。伟晶岩中的有些晶体有树干那么大!

和花岗岩一样，伟晶岩通常也含有石英、长石和云母，但它还含一些稀有矿物，如托帕石（黄玉）、蓝宝石等。

你知道吗？
DID YOU KNOW?

大约 210 万年前，位于现在美国黄石国家公园的一座火山喷发了。这座火山喷发出大量的火山灰，可以覆盖美国西部的全部国土，厚度达 1.2 米。

玄武岩: 玄武岩是一种深棕灰色的喷出岩，由细小的矿物晶体组成。我们的肉眼看不到单个的矿物晶体，只能通过显微镜观察。玄武岩的主要组成矿物是长石、辉石以及少量的石英。矿物晶体密集排布，使得玄武岩非常重，并且是深颜色的。玄武岩是上涌到地表并从火山口喷出的熔岩冷却凝固形成的。

问: 什么岩石最珍贵?

答: 外星上的岩石。

有时，熔岩中有很多气泡。随着熔岩的冷却，气泡中的气体被困在里面，使得玄武岩形成了比较粗糙的结构。有时，你会在玄武岩上看到气体散逸出去后留下的孔洞。有时，玄武岩会出现六棱柱结构，特别是在裂隙中形成的玄武岩。

玄武岩是地球表面覆盖面积最大的一种岩石，几乎所有的大洋地壳都是玄武岩质的。在大洋深处，把薄薄的深海沉积物挖开，就能找到玄武岩。

黑曜石: 黑曜石是一种具有锋利的棱角、表面光亮、酷似玻璃的岩浆岩。其实，黑曜石就是一种玻璃!这是因为熔岩喷出后迅速冷却凝固，原子没有时间按照一定的形式排列，结果就形成了玻璃。这种玻璃与我们用在窗户上或瓶子中的玻璃基本没什么两样。但是黑曜石是不透明的，这是因为黑曜石里面含有的化学物质将它染成了深色。

古人用黑曜石制造武器。今天，人们用黑曜石制作手术刀的刀片，这是因为黑曜石有纤薄、锋利的边缘。

你知道吗？
DID YOU KNOW?

美国的魔鬼塔和英国的巨人之路海岸都是冷却凝固成石柱的玄武岩的著名例子。

浮石: 浮石是另外一种像玻璃的岩浆岩。浮石通常为白色，含有许多孔洞。它是地下深处的岩浆快速上涌时，大量的气体从岩浆中散逸出去，最后冷却凝固形成的多孔洞的岩石。

当含有大量气体的岩浆迅速上涌时，可能形成多泡的气体和液态岩石的混合物。浮石就是由这种混合物形成的，这些气泡后来就成为孔洞。由于岩浆冷却凝固速度过快，因此形成了像玻璃一样的岩石。浮石可以用于制作橡皮擦和为牛仔裤磨砂。

浮石是唯一能够漂浮在水上的岩石。

浮石“筏子”

由于浮石很轻，所以落在海面上的浮石能像筏子一样漂浮在海面上。因此，浮石成为了很多海洋生物的“交通工具”。例如，一些珊瑚礁群落、藤壶、海洋蠕虫和藻类都在浮石“筏子”沉入海底之前，利用浮石从一个地方扩散到另一个地方。印度尼西亚的喀拉喀托火山喷发形成的浮石，在海中漂流了 20 年。

观察大发现

▲ 黑曜石

▲ 浮石

▲ 组成花岗岩的矿物清晰可见，其中黑的是云母，灰白的是长石，白亮的是石英。

▲ 这是一处伟晶岩岩脉，从中可见伟晶岩粗大的晶体。

▲ 玄武岩

玄武岩石柱

科学家用玉米淀粉和水，模拟玄武岩冷却形成石柱。下面我们一起完成这个动手做活动。当然，和科学家的工作不同的是，我们不需要用显微镜在微观下去观察发生了什么。

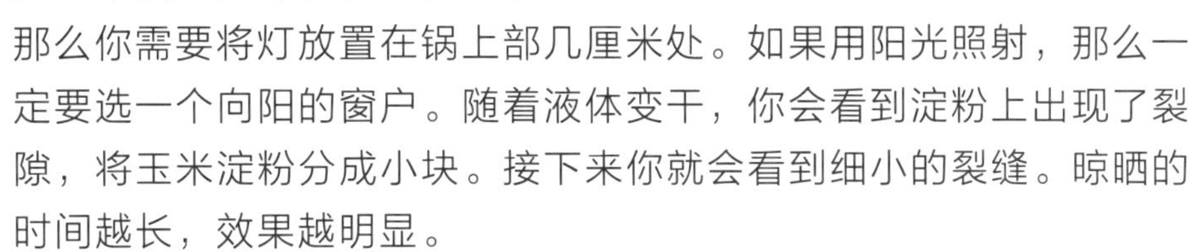

1 将等量的玉米淀粉和温水倒入平底锅中，搅拌均匀（倒入的量是平底锅容积的一半）。

2 将平底锅放在灯下或阳光下晾晒一周，直到里面的液体完全干涸。如果你用的是灯，那么你需要将灯放置在锅上部几厘米处。如果用阳光照射，那么一定要选一个向阳的窗户。随着液体变干，你会看到淀粉上出现了裂隙，将玉米淀粉分成小块。接下来你就会看到细小的裂缝。晾晒的时间越长，效果越明显。

3 将平底锅举起来，透过锅底观察，你能看到一些形状吗？慢慢将变干的淀粉饼撬起来，你会看到柱状的结构。如果没有看到柱状结构，就再把它晾干一些。

材料和准备工作

- 透明的平底锅
- 量杯
- 玉米淀粉
- 温水
- 汤匙
- 一盏明亮的灯或者一个阳光充足的地方

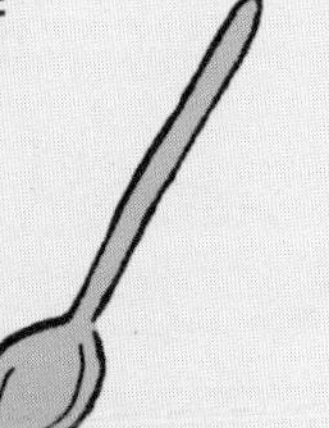

多留意

大部分液体冷却凝固成固体时都会收缩，熔岩也不例外。你认为这对玄武岩和你的玉米淀粉中的柱状结构有什么影响？此外，你见过正在变干的泥地吗？是否有柱状结构？

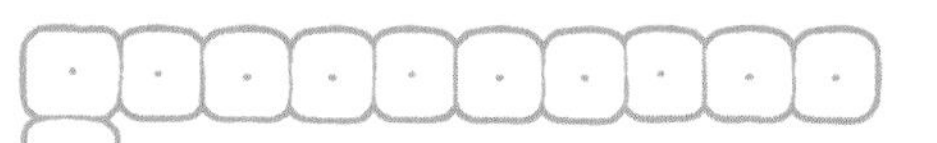

浮石饼干

你吃过石头吗？现在我们就做一种石头饼干。最好选一个干燥、凉爽的日子。如果在湿热的天气做饼干，效果会大受影响。

注意：由于需要使用微波炉或烤箱，因此要有大人协助你完成。

1 先将烤箱预热，温度设在120摄氏度左右。再将烤箱的火力调至中档，将蜡纸铺在烤盘上。

2 一手紧握鸡蛋，在黄油刀上轻轻磕开。

3 将蛋清倒入碗中，蛋黄不要倒进去。注意，不要把蛋壳打碎。倒完蛋清后，将蛋黄倒入另一个碗中，作为另一个动手项目的材料或者扔掉。

材料和准备工作

- 微波炉或烤箱
- 烤盘
- 蜡纸
- 6枚常温的鸡蛋
- 黄油刀
- 2个小碗
- 1个大的金属碗或玻璃碗
- 四分之一茶匙的塔塔粉或白醋
- 电动搅拌机
- 半杯白糖
- 四分之一茶匙的香草精（可选）

4 将蛋清倒入一个大碗中。然后重复上面的步骤，直到将 6 枚鸡蛋的蛋清全部分离出来，盛入大碗。

5 向装有 6 枚鸡蛋蛋清液体的大碗里倒入塔塔粉或白醋，然后用电动搅拌机高速搅拌，直到蛋清出现泡沫，逐渐形成一个软软的果冻状的，从中间凸起的尖状物。

6 缓缓倒入白糖和香草精，继续搅拌，直到这种调和物变得有光泽、平滑，并形成一个 5 厘米高的凸起的尖端。

7 将搅拌好的调和物放入烤盘，在烤箱中焙烤 1 小时 30 分钟。这时，调和物应该变得干干的，硬硬的，而且呈浅棕色。关闭烤箱，将烤好的饼干晾凉——至少需要 1 小时。

8 将所有的用具处理干净。注意，在整个过程中不能去舔食装过生鸡蛋的碗。因为吃生鸡蛋会使你生病。如果生鸡蛋的蛋清或蛋黄溅了出来，一定要用卫生纸或抹布擦干净。

多留意

按照这种方法制作的浮石饼干是不是比同样大小的其他饼干要轻呢？你觉得这是为什么呢？将烘焙好的饼干切开，仔细观察切面的边缘，你能发现什么？这对你的浮石饼干这么轻有什么影响吗？你认为浮石为什么是唯一能浮在水上的石头？

岩浆岩

火山喷发时，一些岩石由滚烫的熔岩冷却凝固而成。组成岩石的矿物有的肉眼可见，有的很小，用肉眼看不见。一些时候，由于快速冷却，不会结晶，便形成了火山玻璃。试着做出你自己的“熔岩”，看一看各类岩石都是怎么凝固形成的。

注意：由于要用到滚烫的液体，因此需要一个大人帮助你完成这个动手做活动。

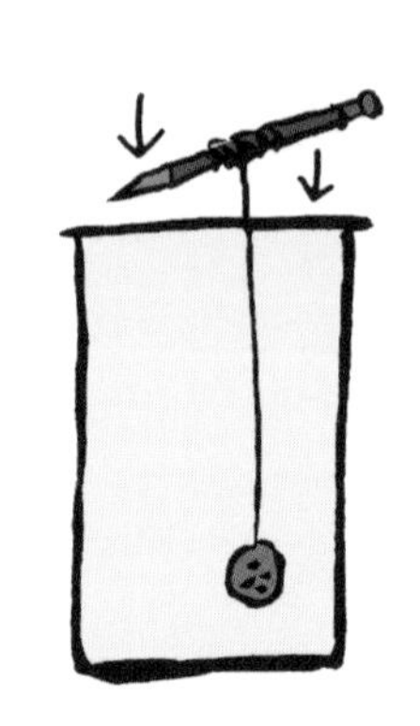

1 在烤盘中抹上油，然后把烤盘放在冰箱中。

2 将一个纽扣拴在一根细绳的一端，细绳的另一端系在一根铅笔的中部。将铅笔横着搭在玻璃罐上。这样纽扣能够悬在玻璃罐中。调整好细绳的长度，不让纽扣碰到罐底。对另一个玻璃罐重复上面的操作。

3 在平底深锅中倒入一杯半的水，加入三杯糖，加热到沸腾状态。不断地搅拌，直到糖全部溶在水中，并开始冒泡。注意，找一个大人协助你完成这一步。

4 用中火将这锅糖浆熬 3 分钟，不要搅拌。然后关上火，晾 2 分钟。

5 让大人协助你将糖浆慢慢倒入两个玻璃罐中，液面要刚好在罐口边缘之下。锅底析出的糖不要倒进去。用一个防烫垫将两个玻璃罐移到一个相对暖和的地方放置，你要能够看到这个地方，并且不要去干扰这两个玻璃罐。

6 将剩下的糖倒入平底深锅中，用小到中火加热，直到糖变成棕色，并熔化。要有耐心，这需要大约 10 分钟的时间。等锅中的糖全部熔化后，把它们倒入烤盘中。这一步要有大人协助你完成，因为熔化的糖很烫。

7 将烤盘放入冰箱中冷冻，直到糖浆变硬，这大约需要 10 分钟。然后把烤盘拿出来，撬出糖“玻璃”，仔细观察。你发现有晶体生成了吗？

8 将糖“玻璃”放在一边。这时，另外两个玻璃罐仍然要放在原来的地方，耐心等上几天。之后，将其中一个罐子里的细绳取出，你会看到有小的白糖晶体在细绳上生成。再过至少一周，将另一个罐子中的细绳取出，观察。时间越长，结晶颗粒越大。当然，如果你没有观察到结晶现象，或者糖浆都凝固成一个糖块了，就要重新做一次，这次要将糖块充分搅拌。

材料和准备工作

- 有边缘的烤盘
- 植物油
- 冰箱
- 调料
- 细绳
- 汤匙
- 2 个纽扣
- 2 支铅笔
- 2 个玻璃罐或玻璃杯
- 水
- 平底深锅
- 4 杯糖
- 防烫垫
- 燃气灶或电磁炉
- 量杯

◆将这 3 种处理的糖进行比较。你认为它们和热的岩浆或熔岩的冷却凝固过程相比，有什么异同？

◆哪种处理代表了在地下冷却时，有较长时间凝固的岩浆？

◆哪种处理代表了在地表快速冷却凝固的熔岩？

◆哪种处理代表了冷凝得太快，根本没有形成晶体的熔岩？

知识加油站

利用岩浆的能量

地球深处那些熔融状态的岩石就是岩浆，岩浆流出地面就是熔岩。岩浆和熔岩蕴含巨大的能量，是我们人类可以利用的能源之一，而且是一种环保型的能源。

地热能

地热能是由地表下的热量产生的。这种热量以水蒸气或热水的形式到达地面，可以为建筑供热或发电。在使用地热发电之前，要在已知蕴含蒸汽的地区正上方挖一些深深的洞，蒸汽会从洞底沿着管道输送到地面，带动涡轮机转动，进而驱动发电机发电。当蒸汽冷却变成水之后，它们会返回地下重新被加热。利用地热能不会产生污染，也没有任何东西被浪费。但不是所有地方都适合利用地热能，地热能在地球上的分布不是很均匀。

▲ 地热发电站

温泉

温泉就是被岩浆加热的地下水。温泉是由地壳内部的岩浆作用形成，或伴随火山喷发产生的。火山活动过的死火山地区，地底下还有未冷却的岩浆，会不断地释放出大量的热能，因此只要附近有含水层。含水层中的水就会受热成为温泉，而且大部分会沸腾成为水蒸气。温泉中含有对人体有益的微量元素，因此人们喜欢泡温泉。

▲ 温泉

第四章

沉积岩

Sedimentary Rocks

沉积岩

很多人都喜欢沙滩。不断冲刷沙滩的海浪和柔软的沙滩给人们带来了无穷的乐趣。沙滩上的沙子属于三大类岩石中的第二大类——**沉积岩**。沉积岩是**沉积物**或细小的颗粒经过压实，固结而成的岩石。

当你站在沙滩上看着柔软的沙子时，你很难把它们和坚硬的沉积岩联系起来。那么，沉积岩是如何形成的呢?首先要弄清楚沙子为什么会出现在海边。这都是**侵蚀作用**的功劳。

词语园地

WORDS TO KNOW

沉积岩: 由沉积物、古代动植物遗体以及海水蒸发后留下的物质形成的岩石。

沉积物: 岩石和矿物的细小碎屑，如泥土、沙粒、鹅卵石等。

侵蚀作用: 由于风、流水、冰以及重力的作用而导致岩石破裂成碎屑，然后碎屑又被搬运走的过程。

侵蚀作用

你可以把自己想象成山上的一块巨石。在最初的几千年里，你觉得自己是坚不可摧的。但实际上，风、雨和冰已经开始侵蚀你了。

在一个冬天，你的身上出现了裂缝。水滴入裂缝，冻结成冰。由于水结冰后体积会变大，那么这个裂缝也会被撑大。之后，大风夹杂着碎石继续冲击你，你的身体会进一步破裂。再经过数千年，你就不再是一块巨石，而成为了一堆碎石块，最终全部滚下山坡。

当暴风雨降临的时候，你会被冲进溪流，继续破碎成更小的石块，你的棱角也被逐渐磨圆。这些细小的石块碎屑便是沉积物。沉积物有的沉到河底，有的被带入海洋，还有的随着风四处飘散，形成沙丘。但是，有一件事是肯定的——你被侵蚀了。

碎屑沉积岩

地球上的沉积岩主要是**碎屑沉积岩**（碎屑岩）。这些岩石主要由沉积物，又叫**碎屑**，经过压实、固结形成。

首先，碎屑被带入水中一层压一层地**沉积**下来。随着顶层碎屑的不断加入，它们覆盖在下层碎屑上，并将下层碎屑不断压实。下层碎屑变得离地表越来越远，温度也不断升高。温度和压力的作用使细软的碎屑，比如在海滩看到的松软的沙子，固结在一起，形成坚硬的岩石。

通常情况下，水中含有一些矿物，这些矿物会渗透到碎屑中。随着碎屑温度的上升，这些矿物会像胶水一样把松散的碎屑粘结起来。

词语园地

WORDS TO KNOW

碎屑沉积岩：由岩石碎屑和矿物碎屑经过压实、固结形成的沉积岩。

碎屑：岩石和矿物的碎块，如鹅卵石、沙子、黏土等。

沉积：碎屑滞留下来的现象。例如，泥水中的泥在流过一个表面时，或者因为蒸发作用，会滞留下来。

母岩：沉积岩中的碎屑原来归属的岩石。

沉积层：沉积岩由于粒度、颜色以及所含碎屑成分的不同而呈现分层现象，每一层便是一个沉积层。

碎屑岩根据其中碎屑颗粒的大小可以进一步分类。一些时候，由较大的碎屑如鹅卵石形成的碎屑岩，搬运距离不会离它们的**母岩**太远。如果形成碎屑岩的碎屑比较小，如黏土颗粒，那么它们的搬运距离可能离它们的母岩有几千米甚至数百千米远。这是因为大的石块太重了，不可能在水中或空气

第一就是第一

17 世纪，人们认为岩石一旦形成，就不会发生变化。丹麦人尼古拉斯·斯丹诺却不同意这个观点。他认为，岩石的各层是一层层地沉积下来的，位于下部的是老岩层，而位于上部的是新岩层。岩层最初都是水平的，后来才变得倾斜或出现褶皱。

这个观点在我们今天看来很平常，但是在那个年代，却是一个革命性的观点。这意味着岩石可以向我们透露关于地球历史的一些信息。正因如此，斯丹诺才被誉为“地质学之父”。

中被搬运得很远，而那些细小的颗粒则会被流水和风带到很远的地方。

碎屑通常一层层地堆积，当固结成岩以后，形成的岩石也显示出分层的特点。当然，沉积岩中的每一层与其他的层次可能由不同的岩石构成，这些层次就是**沉积层**。最开始，这些沉积层都是水平的，这是重力作用的结果。固结成岩之后，由于地壳运动的作用，这些沉积层会变倾斜，甚至弯曲。

砾岩: 砾岩是碎屑沉积岩的一种，含有大块的砾石。砾石会被沙子和其他矿物包裹。其中有一种砾岩被称为布丁砾岩，你看它像不像我们吃的含有各种水果块的果冻呢？

砂岩: 由石英颗粒构成的碎屑沉积岩，其中颗粒的大小和海滩上的沙子差不多。这些沙砾经过其他矿物的粘结，压实后固结成岩。像沙子一样，砂岩可以有多种颜色，常见的有黄色、红色、褐色、棕色和白色。

词语园地
WORDS TO KNOW

有机质沉积岩: 一类由古代动植物残留的有机质形成的沉积岩。

此外，还有颗粒更小的碎屑压实固结后形成的岩石，如页岩、泥岩、黏土岩。组成这些岩石的颗粒太小了，肉眼很难分辨出来。

有机质沉积岩

地球上的生命需要岩石和矿物，同时生命也可以形成岩石。许多沉积岩是由古代生物残留的有机质形成的，被称为**有机质沉积岩**。有机的意思就是与生命有关的。

你知道吗？
DID YOU KNOW？

乌卢鲁是位于澳大利亚中部的一块巨大的砂岩，也被称为艾尔斯岩，是目前世界上发现的体积最大的单体岩石。乌卢鲁地上部分高约 863 米，而且还向地下延伸了很深。乌卢鲁的岩层最初都是水平的，但是由于地壳运动岩层逐渐倾斜。到了今天，乌卢鲁的岩层几乎都是垂直的了。

很多海洋生物会留下大量由方解石组成的贝壳，贝壳最后粘结在一起形成石灰岩。古代动物和植物残留的有机质可以形成煤、石油和天然气，这些都是我们如今用在交通工具和取暖中的能源。今天，你在海滩附近看到的贝壳以及生活在沼泽附近的植物，可能将来就会变成岩石。

石灰岩：一种浅棕色或灰色的沉积岩，主要由方解石构成。这些方解石来自于海洋生物，如珊瑚和各种软体动物。海洋生物从水中汲取矿物，形成它们的外骨骼、甲壳。当它们死亡后，这些硬质部分沉入海底，然后被压实形成石灰岩。

煤：一种黑色或深褐色的能够燃烧的岩石。人们燃煤取暖已经有几千年的历史了。今天，我们可以通过燃煤来发电。你可能不会相信，煤来自于古代生物残留下来的有机质。

在大约 3 亿年前，那时恐龙还没有出现，地面被长满植物的沼泽覆盖。当这些沼泽中的植物死亡后，它们便会沉入沼泽底部，并被淤泥和沙子掩埋。随着时光的流逝，越来越多的沉积物覆盖在植物遗体上。最终，经过漫长的地质作用形成了煤。想想看，如果没有像煤这样的沉积岩，我们用什么取暖，靠什么发电？

WOW! 最惊奇!

埃及的吉萨大金字塔是世界七大奇迹之一，整个金字塔几乎都是用石灰岩建造的。吉萨大金字塔大约建于公元前 2560 年，是当时世界上最高的人工建筑。

化学沉积岩

一些沉积岩是由**溶液**形成的。这些溶液由水和溶解在其中的矿物，如盐类组成。当水**蒸发**后，这些矿物便结晶析出，形成**蒸发岩**。当足够多的蒸发岩矿物聚集在一起，就形成了**化学沉积岩**。蒸发岩通常在缓慢干涸的内湖中形成，内湖干涸后便会留下矿物。

石灰岩: 有的石灰岩是通过化学作用形成的。海水中溶解着方解石，当海水蒸发后，石灰岩便形成了。石灰岩是一种可溶性岩石，当它被水溶解时，侵蚀作用便会在石灰岩区制造出洞穴和各种神奇的地貌。

石灰岩常常被用于制作水泥和牙膏。有时，在烤制面包和制作麦片时，也会加入一些石灰岩粉末，以补充人体所需的钙质。

岩盐: 岩盐是蒸发岩中一种透明的或白色的矿物。我们知道，海水中含有大量的盐，2 升的海水中就含有大约 72 克的盐。当浅海逐渐蒸发后，海水中的盐便析出并沉积下来。约旦的死海含盐量非常高，大量的盐沉积在湖底和湖岸边。

你知道吗？
DID YOU KNOW?

你生活的地方冬天下雪吗？如果赶上暴风雪，你就不得不待在家中。如果下了小雪，你还可以去上学。这都是岩盐的功劳。当雪和盐混合时，雪会更易融化。因为盐水的凝固温度比淡水的低。在暴风雪后，人们会在路上撒盐，使雪融化，以减少路面的湿滑程度，保持道路畅通。这样，你就可以上学了！

用盐建成的宾馆

在玻利维亚，有一座世界上唯一用盐建成的宾馆——盐宫。整个宾馆的墙壁是用35厘米厚的盐块经盐水黏合而成的。不仅如此，房顶、地板以及家具都是用盐做成的。这个宾馆位于乌尤尼盐沼的中心区，于1993年建成。

盐沼就是一大片平坦、充满盐的荒原。盐沼原本是一个巨大的盐湖，因湖水不断蒸发，湖中的盐分就会析出，最终湖变成了盐沼。这里的盐已经被开发用作食盐。

词语园地
WORDS TO KNOW

溶液：一类溶有其他物质的液体，如盐水。

蒸发：液体变为气体的过程。

蒸发岩：含有盐类的水蒸发后留下的矿物，如岩盐和石膏。

化学沉积岩：溶解有矿物的水体蒸发后，水中溶解的矿物析出并沉积下来形成的沉积岩。

盐可以被用来制作一些化工产品，如小苏打。当然，盐还是我们做饭烧菜少不了的调味品。

石膏：石膏也是一种溶于海水的矿物。当浅浅的内海蒸发后，这种白色的或透明的松软矿物（含杂质时显其他色）便会析出。在世界各地都能发现石膏，特别是在厚厚的沉积地层中。有一种粒度很细的石膏，叫作雪花石膏，被用于制作雕塑。在古代，人们就已经开采利用石膏了，来制作建房的灰泥和外敷的膏药。今天，房屋的内墙也有用石膏板做成的。

溶洞

溶洞是位于地表以下的岩石洞穴，通常是石灰岩受到流水的侵蚀形成的。雨水中溶有一些气体，使得雨水有了**酸性**。这种酸性的水可以溶解一些物质。当水流到地下的石灰岩上时，它对石灰岩的溶解作用便会导致溶洞的形成。

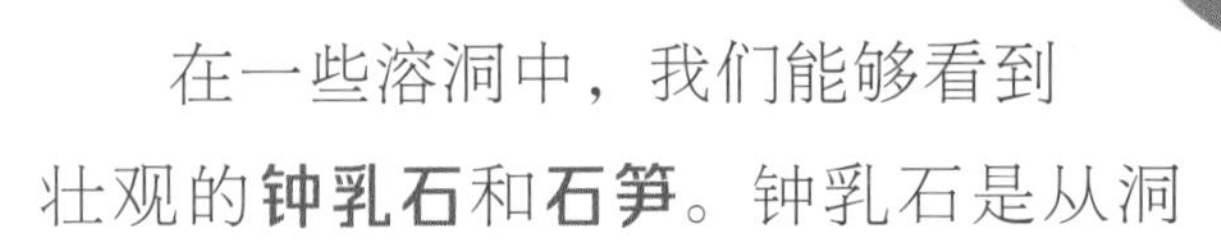

在一些溶洞中，我们能够看到壮观的**钟乳石**和**石笋**。钟乳石是从洞顶向下生长的，石笋是从地面向上生长的。钟乳石和石笋是如何形成的呢？原来，当雨水渗过石灰岩，并对石灰岩进行溶解的时候，形成石灰岩的矿物便溶解在水里。在水不断从洞顶滴落的过程中，矿物又再次沉淀析出，便留下了堆积的痕迹。经过长年累月的滴水过程，这些巨大的钟乳石和石笋便形成了。

词语园地
WORDS TO KNOW

酸性： 酸这类物质具有的一种化学性质。酸尝起来带酸味，如醋、柠檬汁以及胃酸。

钟乳石： 从溶洞顶部向下生长的一种溶洞结构，有点像洞顶吊下的冰柱。

石笋： 从溶洞地面向上生长的一种溶洞结构，通常位于钟乳石的下方。

观察大发现

▲ 砾岩

▲ 张家界国家森林公园内的峰林是石英砂岩山峰。

▲ 石灰岩分布区内盛产溶洞，溶洞内盛产钟乳石。

▲ 石膏是蒸发岩中的一种矿物，因为洁白、柔软，常常被用作雕塑材料。

▲ 页岩是一种很常见的碎屑沉积岩，有着好像纸页一样层叠的薄层。页岩中常常混杂其他物质，比如保存着古代动植物的化石，间隙内贮存着石油或天然气。

▲ 岩盐是一种矿物，蕴含在蒸发岩中，而蒸发岩是一种化学沉积岩。死海是一个含盐量极高的咸水湖，在湖岸边经常可以看见大量的岩盐。

动手做

MAKE YOUR OWN

沉积岩三明治

1 用餐刀在其中一片面包上抹上芥末或蛋黄酱，然后放一些生菜。

2 在生菜上放一片你喜欢的配菜。然后盖上另一片面包。

3 在第二层面包上再抹上酱料，并放上生菜、配菜。然后把最后一片面包盖在上面。再对角切成两半，就可以享用你的沉积岩三明治了。

多留意

◆你做的三明治像不像沉积岩？想想看，哪一层是先“沉积”下来的？哪一层是后“沉积”下来的？你觉得沉积岩也是这样形成的吗？

◆最重要的问题：你的沉积岩三明治和沉积岩相比，哪个味道更好？

材料和准备工作

- 3片面包
- 芥末或蛋黄酱
- 餐刀
- 生菜
- 奶酪片、火腿片、肉片等配菜

你知道吗？

DID YOU KNOW？

有的溶洞非常大！

美国猛犸洞国家公园中的一个溶洞，至少有365英里约合584千米长，至今探险家还没有完成对整个洞穴的探索。如果你走进洞内，一天行进1英里（约合1.6千米）的话，要到达洞穴的最深处需要一年的时间，这还只是现在已经探索到的位置。

钟乳石

材料和准备工作

- 2 个玻璃杯
- 热水
- 泻盐
- 棉质的细绳
- 4 枚曲别针
- 盘子
- 汤匙

1 在 2 个玻璃杯内各倒入半杯热水，然后倒入泻盐，并搅拌，直到水中不能再溶解更多的泻盐为止。

2 剪下一段 46 厘米长的细绳，在细绳两端各系上两枚曲别针，然后将细绳整个放入其中一个杯子。

3 在两个玻璃杯中间，距离玻璃杯 30 厘米的地方放一个盘子，以避免玻璃杯和盘子影响到彼此。

4 把细绳从玻璃杯中拿出来，搭在两个玻璃杯之间。曲别针要沉在玻璃杯底部，玻璃杯之间的细绳应该松散地垂下来，但不要碰到盘子。每天查看一次，看看有没有钟乳石或石笋形成。

多留意

当你把泻盐溶解在热水中时，你觉得泻盐跑到哪里去了？你的钟乳石和石笋是怎么出现的？你认为它们是由什么形成的？

动手做

MAKE YOUR OWN

沉积岩

1 找大人帮忙，用剪刀将塑料瓶的上部剪掉。

2 在大碗中倒入半杯熟石膏、半杯沙子，然后均匀混合，再倒入塑料瓶中。

3 重复第二步的操作，将鹅卵石、沙砾与熟石膏混合，然后倒入瓶中。你也可以在瓶中加入一层熟石膏。当然，也可以在瓶子中加入一层或几层贝壳。

4 将水缓慢地倒入瓶中，直到淹没最上面的一层沉积物。然后将瓶子放置几天，等到瓶中的沉积物都干了，再切开瓶子，沉积岩的模型就做好了。

美国新墨西哥州的白沙国家纪念地拥有世界上最大的石膏沙丘——足有18米高。这里的沙子洁白明亮、松散柔软，游客常常从沙丘的侧面滑下来。

材料和准备工作

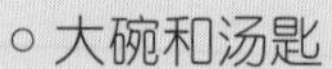

- 剪刀
- 2升的空塑料瓶（摘下商标）
- 大碗和汤匙
- 量杯
- 沙子
- 熟石膏（在五金店购买）
- 一小撮沙砾（大小小于硬币）
- 大小不等的鹅卵石（不宜过大）
- 一些贝壳（可选）
- 水

蒸发岩

1 将热水倒入碗中，水量大约是碗容积的三分之二，用小汤匙将一勺盐倒入水中。

2 一边加盐，一边用大汤匙搅拌均匀，直到盐不再溶解在水中为止。

3 将盐水倒入平锅，再将平锅放在有阳光的、温暖的窗前，那里平锅应该不会受到干扰。

4 一天后，观察平锅中的盐水。还有水吗？你是否发现有盐晶析出？持续观察几天，直到盐水完全蒸发。

多留意

当你把盐倒入水中的时候，你认为它们是否消失了？你认为盐去哪里了？你觉得几天后，水去哪里了？如果再向盐晶中加入热水，你猜猜会有什么现象发生？试一试，看看你的想法是否正确。

材料和准备工作

- 小的搅拌碗
- 热水
- 食盐
- 汤匙（大小各一个）
- 浅的平锅

知识加油站

制盐

盐是人们生活的必需品，是化学工业的重要原料，在其他行业中也有广泛用途。盐税也曾经是许多国家重要的财政收入。因此，制盐是十分重要的生产部门。

制盐原料

盐主要从各种咸水和含盐的矿物中获得，包括海水、岩盐、盐湖、地下天然卤水等。其中，以海水和岩盐中的含盐量最高。

制盐方法

历史上曾有用锅熬制盐的方法。后来，出现了晒卤制盐的技术。从 20 世纪中叶开始，制盐基本实现了机械化。

◀ 海水制盐法是这样的流程：先将海水引入盐田，在太阳下暴晒，蒸发掉水，留下粗盐，之后用化学方法对粗盐进行精制，除杂去水，就制出了供我们食用的精盐。图为海水晒盐场。

第五章

变质岩

Metamorphic Rocks

变质岩

你见过毛毛虫变成蝴蝶吗？如果你没见过，你可能不会相信美丽优雅的蝴蝶原来是胖胖的毛毛虫变的。毛毛虫进行了**变态**发育，也就是它们在生长时完全改变了特征和外观。第三大类岩石——**变质岩**，也经历了这种模式的变化。当原来的岩石受热或受压时，它们就会变质，形成新的岩石。

变质岩一般非常坚硬和致密，这是因为压力使组成它们的原子排列得更加紧密。地球上现存的大部分最古老的岩石都是变质岩，因为它们都深埋地下而不会被侵蚀破坏。

高温 + 高压 = 岩石重塑

当岩石受到温度或压力或者两者协同的作用时，它们就会变质。当温度和压力很大，达到了地球深处地幔的水平时，岩石就会熔化，变成岩浆。当温度和压力较小，就像在地表的状态时，矿物和岩屑颗粒就会黏结形成沉积岩。

介于上述两种情况之间时，随着温度和压力的变化，组成岩石的矿物原子也会缓慢地重新排布，形成新的晶体。在这个过程中，岩石始终保持固态。这就如同我们用橡皮泥捏成一个形状。之后，你把它放在一个温暖的地方，它就会慢慢变软。如果你把手压在橡皮泥上给它一个压力，它就会改变形状。同样的情形也会在岩石上发生，只不过还需温度高、压力大的条件。随着压力的上升，组成岩石的原子排列得更紧密，从而导致了**重结晶**。

词语园地
WORDS TO KNOW

变态: 完全改变某物的特征和外观。

变质岩: 由于温度或压力的作用，或者两者协同的作用，岩石发生了变化，成为新的岩石，也就是变质岩，而且在整个过程中岩石始终是固体。

重结晶: 在变质过程中，温度和压力的作用导致组成矿物的原子排列得更为紧密，形成新的晶体的现象。

世界上最古老的岩石发现于加拿大北部，它的年龄超过了40亿岁。

在一些含有很多种原子的岩石中，随着不同元素的原子重新排列，新的矿物就生成了。但在另一些情况下，组成岩石的矿物不变，只不过矿物晶体变得更大或更小了。变质岩的形成取决于施加在岩石上的温度和压力，也取决于原有岩石的种类。

当你把一块橡皮泥用手压扁后，移开你的手它会恢复原状吗？当然不会。同样，变质岩也是这样。新的矿物和新的晶体结构在较高的温度和压力条件下被“锁定”，并将持续保持下去。甚至，当温度降下来后，新生成的岩石也不会再变回原来的岩石。

接触变质作用

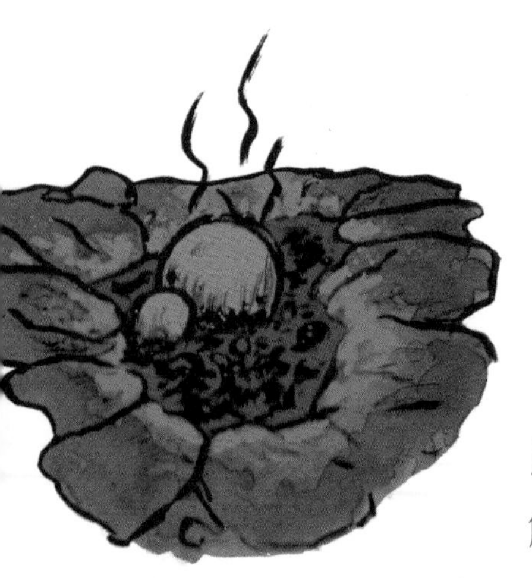

一些时候，地下深处上涌的炽热岩浆侵入地壳，周围的岩石都会被烘烤变质。这种变质作用就是**接触变质作用**。岩浆冷却凝固后形成岩浆岩，它的周围则有一圈变质岩，厚度从几厘米到几千米不等。岩浆导致的接触变质作用的影响范围可大可小，这取决于岩石与岩浆的距离，以及岩浆团的大小和温度。距离岩浆越近，被加热和发生变质的岩石就越多。

词语园地
WORDS TO KNOW

接触变质作用：由于岩石接触了炽热的岩浆而引起的变质作用。

区域变质作用

当两个大陆板块相互碰撞时，两者都会上翘，就会形成绵长的山脉。随着岩石的堆积，岩体内部的温度和压力会上升。岩石被炙烤，破碎。这种“加压蒸煮”产生了**区域变质作用**，因为这种作用会影响很大一片区域。

词语园地
WORDS TO KNOW

区域变质作用： 在大范围区域内普遍发生的变质作用。

片理： 变质岩中存在的如同薄片的层次，这是压力导致的。

变质岩的成层现象

成层现象在岩石中很普遍。在沉积岩中，这是由不同种类的岩石或粒度大小各异的岩石层相互堆叠形成的。在变质岩中也有类似的成层现象。当发生变质作用时，新的矿物晶体会在高压环境下形成。许多矿物，如云母、绿泥石等，会因为压力的作用，在垂直于压力的方向上向外生长，形成片状晶体。这种层次发生在沉积岩中叫沉积层，发生在变质岩中叫作**片理**。

高级还是低级?

岩石也有高级和低级之分吗?当然不是。我们说变质岩的高级和低级,主要是说变质作用的程度和范围,或者是指原有的岩石所承受的温度和压力的大小。我们知道,温度或压力越大,原有岩石的变质程度就越高,这样形成的新岩石就是高级变质岩。相反,温度和压力不高,原有岩石的变质程度也不会太高,这样形成的新岩石就是低级变质岩。

我们为什么会关心岩石的变质等级呢?因为变质等级能够反映岩石原来位于什么地方。一些特定的矿物只在特定的深度条件下形成。因此,通过研究变质岩,地质学家可以了解一个地区的**地质环境**变迁史,就像揭示谜题一样。

区域变质岩在形成的同时,还会受到周围岩石的挤压。因为温度很高,所以区域变质岩很软,常常形成褶皱。

变质作用通常发生在地下很深的地方,那么我们是如何知道的呢?原来,随着时间的流逝,变质岩形成并冷却,之后它们可能会因为地质作用而被抬升至地表。当覆盖在变质岩上部的岩石被慢慢剥蚀后,变质岩就露出来了。所以,当你在一个地区看到大面积露出的变质岩时,你一定会意识到,在这些变质岩上面曾经覆盖过厚厚的其他岩石。

词语园地
WORDS TO KNOW

地质环境: 指地壳表层的岩石、土壤、地下水等构成物及它们活动的总体。

地球——最早的循环参与者

地球上的物质都处在不断的循环变化之中，这个循环过程已经持续了 40 多亿年。你所见到的每一块岩石都是由其他岩石变来的，而它们最终也会变成别的岩石。

岩浆岩会受到侵蚀，进而破碎形成沉积物，而沉积物固结成岩就成了沉积岩。沉积岩逐渐被覆盖，受到温度和压力的作用而变质，形成变质岩。变质岩又会被带入地幔，熔化，之后形成新的岩浆岩。

或许你会因为没有看到过这样的变化而产生怀疑。这是因为岩石的循环变化过程通常是极为漫长的。地表平均每年约有 0.5 毫米的岩石被侵蚀。但是，经过数百万年，目前最高的山峰也会被抹平。而岩石被带到地幔，之后再以岩浆的形式侵入地表，这个过程需要数亿年的时间。

WOW! 最惊奇！

各种岩石，包括岩浆岩、变质岩和沉积岩，都会破碎，形成沉积物。这些沉积物可以固结形成新的沉积岩。同样的，任何种类的岩石也能变成变质岩或岩浆岩。

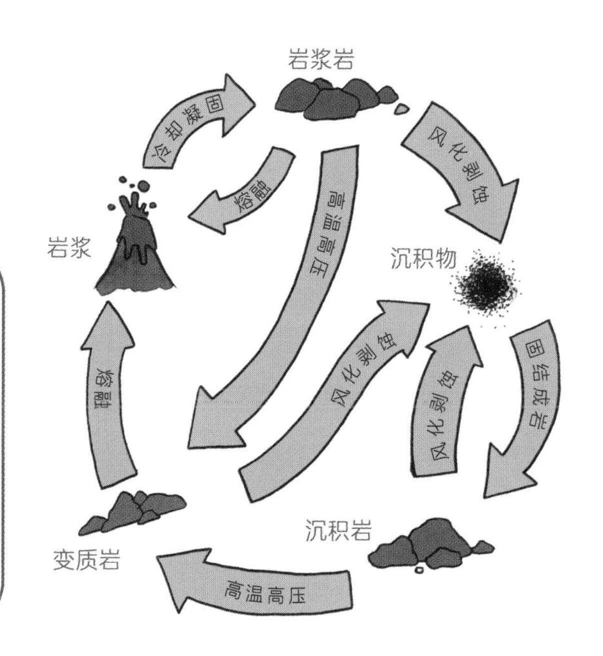

常见的变质岩

石英岩： 通常为白色或灰色，有和糖一样的**质地**，没有片理等成层结构。变质前的原始岩是一种被称为石英砂岩的沉积岩。当石英砂岩受到温度和压力的作用时，其中将石英颗粒紧密连结在一起的“胶水”便消失了，石英颗粒就会发生重结晶，变得更大，并再次连结在一起，形成石英岩。石英岩可以在多种温度和压力条件下形成。

词语园地

WORDS TO KNOW

质地： 指组成岩石的颗粒和晶体的大小、形状、排列方式及疏密程度等方面的性质。

石英岩非常坚硬，不易风化，在野外往往形成悬崖峭壁。石英岩可以被用来制作地板砖和台阶。

岩石也有爸爸妈妈

所有的变质岩都是由其他岩石变成的，这些岩石可以是岩浆岩、沉积岩，或者是其他类型的变质岩。变质前的原始岩就像变质岩的爸爸妈妈一样，被称为母岩。我们常常能看出母岩是哪种岩石，至少可以缩小范围。这就如同我们拿到一个蛋糕，要猜猜制作它的原料一样。当你看到苹果蛋糕时，你便知道苹果是原料之一。当然，制作蛋糕用了多少面粉，多少牛奶，你可能就不得而知了。

大理岩: 大理岩是艺术家创作雕塑的优选材料。大理岩通常为白色或乳白色，当然也有其他颜色的。通常大理岩的这些颜色呈现出旋涡状。大理岩是由石灰岩变质而来的，而石灰岩的主要组成矿物是方解石。与石英岩一样，大理岩一般不呈现片理结构。它是由组成石灰岩的方解石经过重结晶，形成更大的晶体并相互连结形成的。

你知道吗? DID YOU KNOW?

米开朗琪罗雕刻变质岩

世界上最著名的雕塑之一——《大卫》像，取材于大卫和歌利亚的故事。这座高约 5 米的雕像是米开朗琪罗在1504 年用大理岩雕刻而成的。

大理岩适合雕刻是因为它的岩石属性相对较软，又不易碎裂。将大理岩抛光后，它还能闪闪发亮，所以用大理岩制作的雕塑往往栩栩如生。

页岩或泥岩变质成的岩石

如果变质母岩是页岩、泥岩或黏土岩，那么变质后会形成什么样的岩石呢？这取决于变质时的温度和压力。这些变质岩通常发生的是区域变质作用，形成一个带状。最高级的变质岩——片麻岩处于中心位置，片麻岩的周围是片岩，再向外则是板岩。

问: 当公布成绩时，板岩会对片麻岩说什么呢？

答: 哇，你的分数可比我高啊！（片麻岩的变质等级更高。）

板岩: 由页岩和泥岩变质而来，但变质等级不高。板岩通常是灰黑色的，有些时候会带有浅蓝色或浅绿色，也有红色和棕色的。

组成板岩的矿物颗粒太小了，用肉眼无法分辨。当页岩被沉积物掩埋并且温度升高时，组成页岩的黏土质矿物就转变成云母和绿泥石。这些新生矿物往往沿着一个方向排列，这也导致板岩容易被劈成光滑的岩片。页岩变质成板岩所需要的温度和压力相对较低。

古人用板岩建造屋顶，已经有几千年的历史了。这是因为板岩能够经得起风吹雨打，而且很容易被劈成平滑的岩片。

印度的泰姬陵是用大块的大理岩建造而成的。当时运送这些石料，要用 30 头牛拉的大牛车。

片岩: 一种中等变质等级的变质岩，一般为银灰色、棕色或黄色。由于含有很多云母，所以看起来闪闪发亮。云母的存在也使片岩的片理结构或成层很明显。组成片岩的矿物颗粒较大，一般不用放大镜就能看到。片岩的变质母岩和板岩一样，但是片岩的埋藏深度更深，所受的温度和压力也更大。

由于片岩没有其他变质岩那么坚硬，所以它一般不被用作房屋建筑材料。片岩中的云母也使它很容易碎成片状。

片麻岩: 片麻岩是高级变质作用的产物。片麻岩具有深灰色和浅色矿物相间的条带状条纹。片麻岩在地下很深的地方形

各种岩石都位于哪一深度?

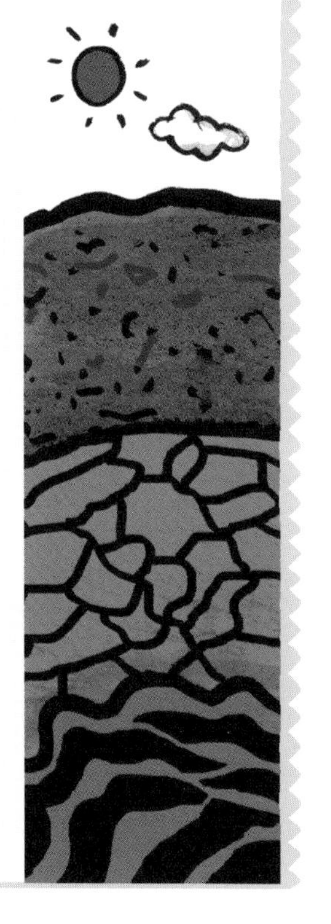

地表沉积物: 黏土或泥、沙子以及海洋动物的贝壳

地表下5千米的深度(沉积岩): 页岩或泥岩、石英砂岩或砂岩、石灰岩

地表下10千米的深度(变质岩): 板岩、石英岩、大理岩

地表下15千米的深度(变质岩): 片岩、石英岩、大理岩

地表下20千米的深度(变质岩): 片麻岩、石英岩、大理岩

成,并且多形成在长长的山脉的核心部位。由于片麻岩十分坚硬,能够长期保存,所以很多片麻岩都十分古老。片麻岩的变质母岩是页岩、泥岩或花岗岩。由于片麻岩坚硬、美观,所以常被用来制作建筑台面或台阶。

闪电熔岩: 也叫雷击石,这种岩石的形成方式很独特。当闪电击中沙子时,闪电熔岩就形成了。由于闪电具有极高的温度,所以沙砾瞬间熔化并迅速冷却凝固成玻璃管。从成因类型上说,闪电熔岩是通过接触变质作用形成的。

观察大发现

◀ 相对花岗岩来说，大理岩偏软，适合雕刻，而且抛光后十分美观，所以常被用作建筑材料。印度的泰姬陵就是用大理岩砌建而成的。

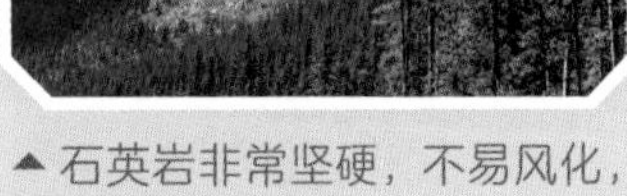

▲ 石英岩非常坚硬，不易风化，常形成悬崖峭壁。

▶ 板岩有时会被用作建筑材料，常常作为覆盖材料使用。在板岩丰富的地区，板岩常常被用作瓦片，因为板岩防潮、防风，还可保温。

▲ 泰山非常古老，有着大约 30 亿年的地质演化历史，许多岩体是由古老的片麻岩构成的。

▲ 由岩浆岩类的母岩变质而来的片麻岩

▶ 和其他变质岩不同，片岩一般不作为建筑材料使用。

动手做

MAKE YOUR OWN

带褶皱的岩石

1 将每种颜色的橡皮泥擀成煎饼一样大小、一样厚度的薄片，然后一层层地堆叠在一起，就像岩层一样。

2 将橡皮泥岩层模型平放在桌子上，压扁，正反两面都要压。如果橡皮泥粘在桌子上了，就把橡皮泥从中间部位折起来。手的作用力就是两个板块碰撞在一起时推动板块的力，这时橡皮泥中部形成了褶皱。

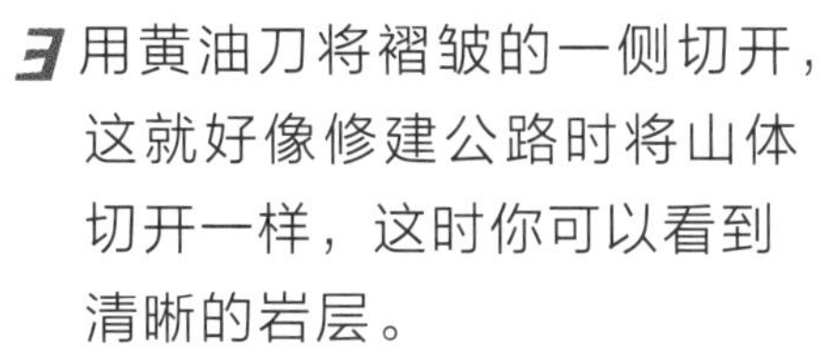

3 用黄油刀将褶皱的一侧切开，这就好像修建公路时将山体切开一样，这时你可以看到清晰的岩层。

4 用黄油刀将褶皱的顶部切开一个小小的角度，这就如同风化或雨水的侵蚀作用将岩层切割开一样。

5 将岩层模型侧过来放倒，将上述步骤再重复操作一遍。试着切开不同的角度，这样你每次看到的岩层都不同——真正的岩层也是这样的。

6 之后，从另外两侧挤压橡皮泥岩层模型，再做一个褶皱模型。这时切开顶部的话，岩层是怎样的呢？

材料和准备工作

- 至少 3 种颜色的橡皮泥
- 黄油刀
- 擀面杖

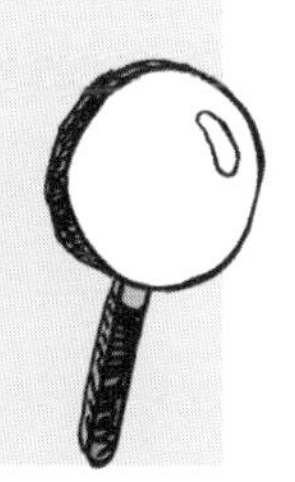

地质版猜拳游戏

你一定玩过“石头、剪子、布”这种猜拳游戏吧？其实岩石的循环也可以用来猜拳。先握紧拳头，然后说“岩浆岩、沉积岩、变质岩”，之后打开拳头，做出三种手势中的一种。

岩浆岩： 将手指伸开。你的手指代表火山喷出的熔岩和火山灰。

沉积岩： 将手掌朝下平放，与地面平行，代表沉积岩的岩层。

变质岩： 将拇指和食指摆成对勾状，其他手指握起来（相当于数字8的手势），然后倒过来。这代表由变质岩形成的山脉。

根据形成的岩石种类，来决定猜拳的输赢。

◆当甲做出了岩浆岩的手势、乙做出了沉积岩的手势，那么乙获胜——因为沉积岩可以由风化破碎的岩浆岩形成；

◆当甲做出了沉积岩的手势，乙做出了变质岩的手势，那么乙获胜——因为沉积岩可以变质形成变质岩；

◆当甲做出了变质岩的手势，乙做出了岩浆岩的手势，那么乙获胜了——因为变质岩经过下沉被带到地幔中会熔融形成岩浆，岩浆后来可以形成岩浆岩。

当然，你也可以将定输赢的游戏规则反过来。从地质学的角度来说，为什么反过来也是正确的？

动手做

MAKE YOUR OWN

变质岩蛋糕

注意：由于要使用烘焙盘和烤箱，所以需要一个大人帮助你。

1 将烤箱预热到 175 摄氏度。将黄油倒入烘焙盘，然后放入烤箱中熔化。同时，在蜡纸上将全麦饼干压成小碎块。

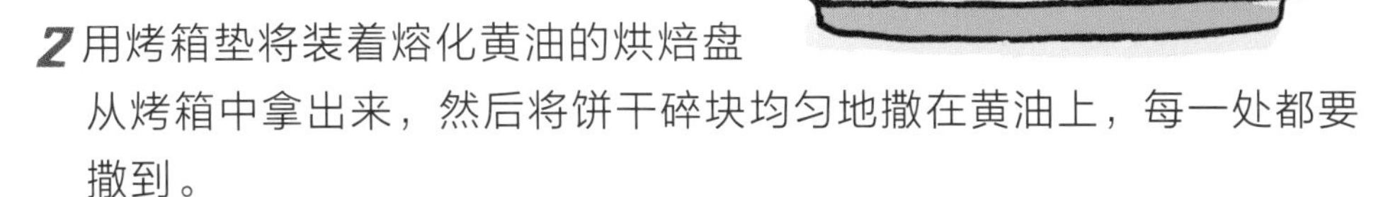

2 用烤箱垫将装着熔化黄油的烘焙盘从烤箱中拿出来，然后将饼干碎块均匀地撒在黄油上，每一处都要撒到。

3 在饼干上撒一层巧克力碎末，接下来依次撒上核桃仁碎末和其他碎末，以及椰肉丝。最后抹上一层炼乳，把下面的各层全部盖上。

4 在烤箱中烤 25 分钟，然后拿出来，让它完全冷却。这时，美味的变质岩蛋糕就做好了。

材料和准备工作

- 30 厘米长、23 厘米宽的烘焙盘
- 蜡纸
- 300 克巧克力碎末
- 2 杯核桃仁碎末
- 2 杯椰肉丝或葡萄干
- 半杯黄油
- 全麦饼干（若干）
- 烤箱垫
- 300 克奶糖碎片或白巧克力碎片或薄荷糖碎片
- 400 克加糖的炼乳

多留意

◆切开蛋糕，你还能看到分层吗？各层一样吗？如果有差异，这种差异是颜色的差异，还是结构的差异，还是二者都有？

◆一些时候，在变质作用中，像一些溶解着矿物的液体会导致岩石的变质程度更大。那么在你的蛋糕中，你认为哪些材料发挥了这种液体的作用呢？

知识加油站

大理岩艺术品

大理岩质地比较软，又不容易破碎，经抛光后还能闪闪发光，所以自古以来艺术家们都喜欢用大理岩创作雕塑艺术品。

《米洛斯的维纳斯》

《米洛斯的维纳斯》是一尊著名的古希腊大理岩雕像，主人公是古希腊神话中爱与美的女神阿佛洛狄忒，古罗马神话中与之对应的是维纳斯。它属于古希腊时期的作品，是古代希腊美术进入高度成熟时期的经典之作。

◀《米洛斯的维纳斯》

▲《大卫》

《大卫》

《大卫》雕像创作于 16 世纪初，是用整块大理岩雕刻而成的，重达 5.5 吨。它是文艺复兴时期雕塑巨匠米开朗琪罗的代表作，被视为西方美术史上最优秀的男性人体雕像之一。主人公大卫是以色列古代王国的国王。

第六章

化石

Fossils

化石

很久很久以前，一些巨大的动物在地球上生活，它们中的一些从头到尾有几十米长呢。它们是谁？恐龙！我们怎样才能知道关于恐龙的秘密呢？那就得依靠化石。化石是保存在岩层中的古代动物或植物的遗体或遗迹。

贝壳、骨骼、印痕、足迹，有些时候甚至是整个生物有机体都能形成化石。不是每一个生物有机体死亡之后都会形成化石。从生物有机体死亡到形成现在我们在博物馆里看到的化石，需要一个漫长而复杂的过程。

化石的形成

第一步： 大部分生物死亡后，遗体都会腐烂或者被其他动物吃掉。但有时候，动植物遗体会被沉积物迅速掩埋，因此就有机会形成化石。

第二步： 通常，生物的软组织，如皮肤，会腐烂消失。溶有矿物的水会侵入骨骼、贝壳中的微孔，矿物甚至能替代原来的软组织。

第三步： 更多的沉积物覆盖在上面。随着温度和压力的上升，沉积物中的水分不断蒸发，那些骨骼和贝壳便和掩埋它们的沉积物一起固结成岩。化石就形成了。

第四步： 经过漫长的时间，含有化石的岩层因构造运动被抬升。随着风、水和冰的侵蚀作用，化石上面的岩石逐渐被侵蚀，化石便逐渐被剥离出来，之后被我们发现。

第五步： **古生物学家**小心地将化石周围的岩石去除，并将

词语园地
WORDS TO KNOW

化石： 保存在岩层中的古代动物或植物的遗体或遗迹，包括贝壳、骨骼、印痕、足迹等，有些时候甚至是整个生物有机体。

古生物学家： 研究很久以前的生物的一类科学家。

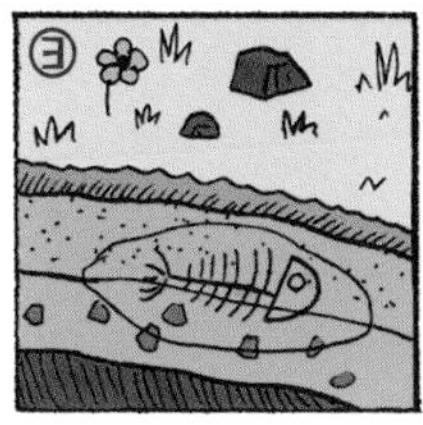

化石带回博物馆。发掘化石和移走化石的准备工作需要花上几年的时间。一些时候，古生物学家会用凿子和像牙刷那么大的毛刷子，去发掘和校车一般大小的化石。

大部分化石是海洋生物的化石，特别是那些甲壳类动物。这是因为在海洋中，贝壳和骨骼能够更快地被沉积物掩埋。而在陆地上，生物遗体在被掩埋之前大部分都腐烂掉了。

生物体的各种遗物都可以成为化石，甚至包括粪便。石化的粪便叫作**粪化石**。古生物学家通过研究粪化石，可以了解史前动物的食性。

此外，动物还能被保存在琥珀中。琥珀是一种石化的树液，一些琥珀中含有很久以前被困在树液里的昆虫。古希腊人认为，琥珀是凝固的时光。

词语园地
WORDS TO KNOW

粪化石：远古动物石化了的粪便。

标准化石：已知生活在一个特定历史时期并且广泛分布的一种生物有机体的化石。

化石为什么很重要？

化石的重要性体现在很多方面。当然，化石也很有趣。手里握着亿万年前动物或它们的遗迹形成的化石，或者去博物馆看看暴龙巨大的颌部和牙齿，是很有意思的。但是，化石还有其他两个重要性。

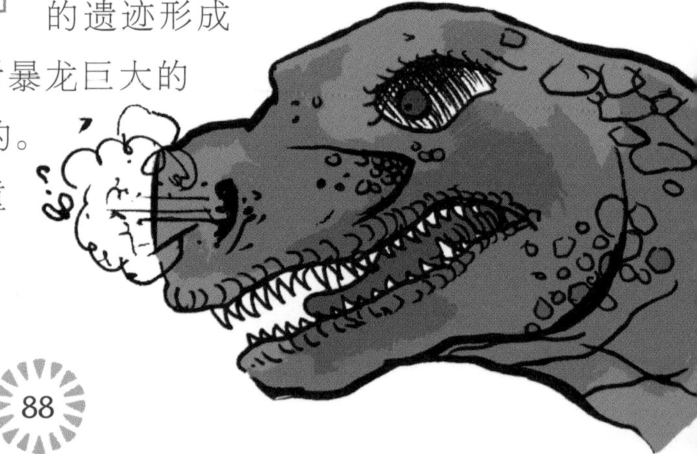

标准化石能够告诉地质学家，岩石处于哪一个年代的地层中。为什么呢？因为一些生物只生活在地球历史中的一段特定时期。这样的古生物形成的化石就是标准化石。

生活在公元前4世纪的罗马历史学家希罗多德，曾经在埃及遥远的内陆地区发现过甲壳类动物的化石。他指出，地中海一定曾经向南扩张过很大的距离。

当你在一块岩石中发现标准化石时，你就可以判断出这块岩石是何时形成的。此外，标准化石还可以指出，一些岩石层是在同一时期形成的，即使它们根本互相不挨着。

用化石丈量地层的人

威廉·史密斯于1769年出生在英国。他没有上过大学，但是他却为地质学的发展作出了巨大的贡献。史密斯从事着测量员的职业，他的工作是在全英国范围内测量土地的边界、高程等数据。工作中他对岩层中的化石进行了仔细观察，并注意到全英国的岩层中同样的化石，都是从由上至下的同一层次的地层中发现的。。

威廉·史密斯利用来自化石的信息，绘制了许多惊人的地图。他绘制了英国第一张地质图，这张地图大约2.5米长、2米宽。最初，史密斯没有得到应得的尊重，因为他没有受过良好的教育。他甚至因为穷困潦倒而欠下不少债，被投入了监狱。但是，不久后，他的工作便得到英国地质学界的肯定，并荣获了沃拉斯顿奖章。

古生态学，这样一个简单的词却描述了一个很大的概念。古生态学利用化石和其他岩石，揭示很久以前的环境是什么样的。例如，化石形成在遥远北方的珊瑚礁中，这说明化石所在的大陆曾经发生过运动，而且那里过去的气候曾经很温暖。此外，我们还可以知道，那里以前是一片海洋的边缘区域——因为珊瑚都生活在温暖的浅海。科学家通常都是利用来自一个地区的不同化石的信息，来推断这里以前的环境是什么样的。

问： 什么岩石最有竞争力？

答： 化石。因为化石是万里挑一的佼佼者。

骨头大战

个头大又浑身长满鳞片的动物是什么？当然是恐龙。有一种叫“易碎双腔龙”的恐龙，可以长到 55 米长，超过了半个足球场的长度。它的体重可以达到 122 吨，相当于 4000 多名 9 岁小学生的体重。

化石通常是由生物有机体中较硬的部分形成的，例如骨骼、贝壳。但是，偶尔也有一些柔软的部分被保存下来。在俄罗斯北部的冰层中就发现过距今 10000 年的完整的猛犸化石。猛犸和大象是一个科的动物，现在已经**灭绝**了。

恐龙的体温

在各个大陆都发现过恐龙的骨骼化石，包括南极洲。目前，很多科学家认为恐龙是**恒温动物**。这说明它们能够保持体温的恒定。但是，今天几乎所有的爬行动物都是**变温动物**，它们的体温随着周围环境的变化而变化。恒温这个特征使恐龙可以生活在寒冷的地区。

词语园地

WORDS TO KNOW

古生态学：利用化石和其他岩石，研究很久以前的环境是什么样的科学。

灭绝：某个物种的个体全部死亡，从此在地球上消失，这种现象被称为灭绝。

恒温动物：具有恒定体温的动物，它的体温不受外界环境影响，例如哺乳动物和鸟类。

变温动物：体温随环境变化而变化的动物。爬行动物、鱼类以及昆虫都是变温动物。

问：恐龙为什么会灭绝？

答：因为那时候还没有《野生动物保护法》。

几千年前，人们就发现了恐龙的骨骼。那时候的中国人认为它们是龙的骨骼，欧洲人则认为它们是巨人的遗骸。直到19世纪，地质学家才开始认识并描述恐龙。美国的第一只恐龙是在1858年在新泽西州发现的。从那之后，人们便疯狂地搜寻恐龙骨骼，其中的两位科学家——奥思尼尔·马什和爱德华·科普还进行了发现恐龙骨骼的大比拼。

他们的战争被称为“骨头大战”。科普和马什急于找到更多的化石，因此他们常常用炸药炸开可能藏有化石的岩石。当离开找到化石的地点后，他们就会把岩石埋起来，或者破坏掉，这样其他人就不会再找到化石了。

化石公主

玛丽·安宁于1799年出生在英国，是英国早期的一位化石收集者。她的父亲在她10岁时就去世了，给家里留下了巨额的债务。所以，玛丽就依靠搜寻和销售化石来维持家里的生计。

玛丽12岁时就发现了世界上第一具鱼龙化石。鱼龙是长得很像鱼的一类海洋爬行动物，体重可以达到1吨。不久后，她还发现了蛇颈龙化石，这是另一类巨大的海洋爬行动物。由于她在古生物学上的巨大贡献，伦敦地质学会授予她名誉会员的称号，她也由此成为实至名归的“化石公主”。

统统石化

你是否看过哈利·波特系列电影，电影中有句咒语可以将人变成石头——“统统石化”。石化对另一种化石——**木化石**来说非常重要。像贝壳、骨骼一样，木头也可以变成石头。

世界上的木化石并不很多，因为树干迅速地被沉积物和富含矿物的水掩埋并不常见。但在美国亚利桑那州的石化森林国家公园中，你会看到大片已经有亿万年历史的木化石。这些木化石大部分是石英质的，非常坚硬，要用金刚石做的锯才能切割开。

科普和马什相互刺探“军情”，互相收买对方的手下来获得消息。一次，他们的手下甚至为争夺一块化石而大打出手。尽管如此，但他们对了解过去作出了巨大贡献。马什和科普共发现了 136 类恐龙。

问: 恐龙害怕什么?

答: 龙。

词语园地
WORDS TO KNOW

木化石: 由树木变成的化石，也叫硅化木。这种化石的形成是因为富含矿物的水的作用。

观察大发现

◀ 动植物的哪些部位可以变成化石？植物的种子、木质部，动物的骨骼、牙齿、贝壳等坚硬部分，常常可以形成化石。甚至，动物的蛋也可以变成化石，图中就是恐龙蛋化石。

▶ 恐龙化石以恐龙骨骼化石最为多见。通过这些化石，我们能判断出这些庞然大物的形态、身体结构、生活时间、栖息地等。

◀ 蛤、螺等贝类动物的贝壳，虾、蟹等甲壳类动物的外骨骼，都能够形成化石。图为菊石化石。

◀▶ 植物也能形成化石。木化石（右）就是植物茎的木质部形成的。此外一些植物的枝叶也可以形成化石，如苏铁的化石（左）。

化石

通过下面的动手做活动，你可以掌握化石形成过程的知识。

注意：在动手做活动中用的熟石膏千万不要倒入水池中，否则会堵塞下水道。

1 将牛奶包装盒的顶部减掉，留下下部10 厘米高的部分。然后，将凡士林涂在包装盒的内部，以及你想要做成化石的物体上。

2 往塑封袋中倒入 2 杯熟石膏粉和 1 杯水，密封并挤压混合物，直到混合物变得浓稠且光滑，但是你还能把它倒出来。然后，将混合物倒入牛奶包装盒中。

3 将你想做成化石的物体按在熟石膏混合物上，让它一半被熟石膏覆盖，一半露在外面。你可以多放几个物体，如果放得下的话。然后，将牛奶包装盒放在一边等待熟石膏凝固。之后，将贝壳等从熟石膏上轻轻取下来，等待熟石膏进一步凝固。这大约需要等待半小时，当然时间的长短取决于当天的湿度。等到熟石膏完全凝固后，你就得到了一个熟石膏铸模。

4 在刚刚做好的熟石膏铸模上和牛奶包装盒的内部涂上凡士林。然后将熟石膏、水和食用色素，搅拌均匀。

材料和准备工作

- 空的 2 升的牛奶包装盒
- 剪刀
- 凡士林
- 水
- 3 杯熟石膏粉（从五金店购买）
- 大塑封袋
- 贝壳、塑料做成的蛋模型、树叶或其他形状的物体
- 食用色素或辣椒粉
- 细砂纸

5 将第 4 步制成的混合液体缓慢倒入熟石膏铸模中，直到填满铸模，或者覆盖整个铸模，液面大概有 3 厘米高。然后等待它凝固。这需要至少 2 小时，甚至一天一夜。之后，你就会得到一个熟石膏模型。

6 等熟石膏完全凝固后，小心翼翼地从铸模中取出熟石膏模型，用细砂纸打磨，然后可以涂上你自己喜欢的颜色。

多留意

◆ 当你把物体按在还没变干凝固的熟石膏上时，实际上你是在模拟化石形成过程的第一步。你认为熟石膏代表了自然界中的什么物质？

◆ 你认为真正的化石形成过程，要比这个动手做活动需要的时间长还是短呢？

◆ 除了贝壳、树叶外，你还能找到其他适合制作化石模型的物体吗？

◆ 除了制作化石之外，你还可以制作动物印痕的模型，如足印模型。这时，你需要将牛奶包装盒的两端都剪掉。当你发现动物印痕时，将包装盒插入土中，把印痕围起来。然后向里面浇熟石膏，等熟石膏干透后，将它全部取出。一个动物印痕的模型就做好了。

WOW! 最惊奇！

1996 年，8 岁的克里斯托弗·沃尔夫和他的古生物学家父亲在美国新墨西哥州寻找化石。他发现了一种有角的、吃植物的新恐龙。这种恐龙生活在 9000 万年前，于是这只恐龙就以克里斯托弗的名字被命名为 *Zuniceratops christopheri*，中文学名叫克里斯托弗祖尼角龙。

活动

ACTIVITY

做一次时空穿越之旅

我们的地球是相当古老的。和地球的历史相比，我们人类的历史只不过是一瞬间的事。下面我们开启一次时空穿越之旅，看看你周围的岩石和生物都有多久的历史了。

你要找一个朋友或者一位大人帮你计数。然后你们要找到一个能让你持续步行 10 分钟的地方，比如健身步道或者学校的操场。每走一步，你要大声说出步数。当你走到下面列出的步数时，先说出步数，再说出在这一“步”发生的事件。然后继续走，并记录步数。每一步代表 1000 万年的时间。

词语园地

WORDS TO KNOW

叠层石： 由蓝细菌形成的沉积物层层叠叠堆积起来的化石。

WOW! 最惊奇！

目前地球上最古老的化石是**叠层石**。它们是由蓝细菌的沉积物层层叠叠堆积起来的。尽管对一些叠层石的年代，科学家还没有统一的观点。但是，大部分科学家相信，最古老的叠层石至少有 35 亿年的历史。

第 1 步: 地球诞生（46 亿年前）

第 57 步: 最古老的岩石（40.3 亿年前）

第 90 步: 最古老的化石（37.9 亿年前）

第 405 步: 第一次生命大爆发（5.4 亿年前）

第 407 步: 最早的鱼类出现（云南澄江的昆明鱼，5.3 亿年前）

第 439 步: 最早的恐龙（2.3 亿年前）

第 454 步: 恐龙灭绝（6600 万年前）

第 455 步: 最早的犬科动物（5400 万年前）

第 458 步: 最早的马（2300 万年前）

第 459 步半: 最早的人类出现（700 万年前）

第 460 步: 现代

多留意

看见没，直到你走到最后两步时，人类才出现。

你知道吗？ DID YOU KNOW?

美国的恐龙国家纪念地

美国的恐龙国家纪念地位于科罗拉多州和犹他州，那里的化石最早可以追溯到 10 亿多年前，不过那里却以恐龙发现而闻名。在游客中心，你会看到埋藏在原始岩层中的 1600 多块恐龙骨骼化石。截至目前，古生物学家已经在那里发现了 11 类恐龙的化石。

知识加油站

认识中国的恐龙化石

中国是一个“恐龙大国”，在中国发现了很多在恐龙研究中有重要价值的恐龙化石。下面就来认识其中的几个。

长羽毛的小盗龙

这类小型恐龙最不寻常的地方是它的前后肢上长有羽毛。特别是从股骨和胫骨延伸出来的又长又细的羽毛，让小盗龙看上去好像有两对翅膀。研究表明，“后翅”不能提供任何向上的升力，因此可能只是用于滑翔。

▲ 小盗龙化石

像鸟的蜥蜴

中华龙鸟的化石是 1996 年，在辽宁北票市发现的。最初它被认为是鸟，后来经古生物家研究认定，才归为恐龙。在中华龙鸟的化石中发现了羽毛和很短的绒羽痕迹。专家对残留在羽毛里的色素进行分析，还原出了中华龙鸟的体色。中华龙鸟的羽毛有着橙白相间的条纹。

▲ 中华龙鸟化石

“蜥脚类恐龙的祖先”

禄丰龙化石是在中国找到的第一具完整的恐龙化石。禄丰龙生活在距今约 1.9 亿年的侏罗纪早期，曾经被认为是蜥脚类恐龙的祖先。实际上禄丰龙仅是一类进化得很不成功的原蜥脚类恐龙，只生存了很短的时间就灭绝了。别看禄丰龙长得很像蜥脚类的长颈恐龙，但是它在大多数时间却是用两个后肢走路的。

▲ 禄丰龙化石

第七章

做一个岩石收集者

Become a Rockhound

做一个岩石收集者

每个人都可以成为一名**岩石收集者**，你当然也行！即便你住在繁华的大都市，你也有机会收集岩石。当你看到一些漂亮、有趣的岩石时，你就可以把它们带回家。这样，你便开始了岩石收集之旅。

岩石在你身边到处都是，有些处在自然环境中，有些则被用于建筑或其他地方。不过收集岩石时，一定要注意安全，并遵循下面的规定。

词语园地
WORDS TO KNOW

岩石收集者：以收集岩石和矿物作为一种爱好的人。

收集岩石的安全注意事项

收集岩石和矿物时，安全是第一位的，因此要注意以下事项：

- 在你家小区的花园、绿地收集岩石时，一定至少要有一名大人陪同。
- 在进入别人的私人区域时，一定要提前获得准许。
- 在公路边收集时，一定要注意来往车辆，和公路保持安全的距离，还要远离悬在高处的岩石。
- 一定不要去废旧的矿井和采石场，那里很危险，况且有价值的岩石都被开采完了。
- 不要在国家公园和自然保护区内收集岩石，这是非法的！
- 一定要使用专业的地质锤收集，因为普通锤子容易伤到你。
- 用锤子敲击石头时，一定要戴上护目镜。
- 要穿结实的鞋或靴子，一定要穿长裤。此外，在容易落石的悬崖下收集时，要戴上安全头盔。

收集岩石和矿物

当你在野外收集到一块岩石或矿物时，要用报纸将它包好，并在报纸上编号。一定要把这块岩石的相关信息记录在笔记本上，包括采集地点、采集日期，以及简单的描述。你也许需要对采集地点进行拍照，或者画一幅素描图。回到家后，你要把报纸上的编号写在标签上，然后把标签粘在岩石上，这样你就不会弄混这些岩石了。

去哪里收集岩石和矿物？

要收集岩石和矿物，就要去两类地方。第一类是有岩石露出地面的地方，例如悬崖或有岩层露出地面的地方。这些地方的岩石都是土壤下基岩的一部分，不仅仅是鹅卵石或者岩石碎块。第二类地方是有岩石碎块的地方，例如溪流和沙滩。当你在河床里和海滩上收集岩石时，你需要想一想这些岩石从何处来，它们是怎么被搬运到这里的。当然，还有其他地方也可以搜寻和观察岩石：

- 行车道、小区里的花园或绿地以及校园里
- 山上
- 海滩，尤其是岩石比较多的海滩
- 公路两旁（要注意来往车辆！）
- 能采集岩石的特定地点（你可以在地质学指导手册上找到这些地点）
- 岩石或宝石博览会
- 销售岩石和宝石的商店
- 自然历史博物馆和地质博物馆

当然，你最好能结识一些“石友”，一起去收集岩石，然后相互交换或买卖。

采集岩石的工具

你可以在你家小区的绿地或花园中开始你的岩石收集之旅，这时你不需要什么特殊的工具。但是当你越来越喜欢收集岩石时，你就需要准备一些特殊的工具了。这些工具在五金商店都能够买到。

地质锤: 地质锤和普通的锤子是不一样的，它是用特殊的高强度钢铁材料制成的，使用安全，也方便。

护目镜: 当你敲击岩石时，需要戴上护目镜，以防飞溅的岩屑崩到眼睛里。

放大镜: 用于观察岩石中的矿物。

结实的双肩背包: 用于放岩石、设备、食物、水等。

报纸或塑料袋: 用于包裹岩石。

地图和指南针: 利用地图和指南针，在陌生的地方你就不会迷路。

照相机(可选): 用于拍摄采集地点的照片。

急救箱: 如果受伤或生病，便派上用场了。

记录本、铅笔。

辨别岩石和矿物

在野外，你一般会采集那些外观漂亮或独特的岩石。也许每采集一块，你都想辨别出它是哪种岩石。当然，或许你觉得这很专业，自己恐怕还没有辨别岩石的能力。但是也别担心。其实，要准确辨别岩石，对经验丰富的地质学家来说，也是一件难度很大的事。但是，有些小窍门至少能够让你知道你采集的岩石和矿物属于哪一大类。

问：怎样拿鸡蛋砸碎石头？

答：一手拿鸡蛋，一手拿地质锤砸碎石头。

你在哪采集到的？采集到岩石的地点很重要。当地的地质情况可以告诉你很多关于你采集到的是什么岩石的信息。如果你是在山区采集到的，那么你可能采集到了变质岩；如果你是在火山附近采集到的，那可能是岩浆岩；如果你是在平原地区采集到的，则很有可能是沉积岩。

组成岩石的矿物有哪些？仔细观察你采集到的岩石，拿一本矿物识别书作为参考，书上要有矿物的图片和相关信息。当然也可以参考本书第二章的内容。

你采集到的岩石是岩浆岩、沉积岩，还是变质岩？如果你采集到的岩石是成层的，那很可能是沉积岩或变质岩。如果你看到了闪亮的云母，则可能是变质岩或岩浆岩。如果看到沙粒，则是沉积岩。如果你看到暗灰色的岩石，质地像土，而且里面含有化石，则多半是石灰岩。如果你看到岩石中有穿插生长的矿物晶体，没有层状结构，则可能是岩浆岩。

你找到的岩石或矿物很有可能都是非常常见的类型。石英和金刚石都特别透明闪亮，但金刚石十分稀少。所以，如果你在小区的花园或绿地里找到这样的矿物，那很可能是石英。石英是地壳中最常见的矿物之一。此外，本书的第二章到第五章介绍了一些常见的岩石和矿物，你也可以参考一下。

观察大发现

◀ 地质锤

▶ 地质学家的工作就是收集岩石，并进行研究。他们的工作地点通常在野外，山谷中、河流边、沙漠中，甚至是危险的火山附近。

◀ 地质学家和岩石收集者收集到的岩石和矿物通常都被收藏在地质博物馆中。你如果想亲眼看看各种各样的岩石和矿物，可以去地质博物馆参观。

活动

ACTIVITY

- ○ 萤石（每晚你都会用到它）
- ○ 石膏
- ○ 盐
- ○ 钻石
- ○ 黄金
- ○ 磷灰石（你或许看不见它，但可以感觉到它）
- ○ 花岗岩
- ○ 大理岩
- ○ 砂岩
- ○ 石灰岩（你家通往学校的路可能是用它铺的）
- ○ 石墨
- ○ 铜（过去的一些货币就是用铜做的，但现在用得不多了）

寻宝游戏

你可以在家里或小区里玩一个寻宝游戏。把如左图所示的清单打印出来或抄写下来，然后在一周内找到所有这些岩石和矿物。每找到一样，都要在清单上核对一下。它们中的一些也许还有在哪能够找到的线索，但是如果你看完了这本书，你将得到更多的线索！

动手做

MAKE YOUR OWN

材料和准备工作

- ○ 空的蛋托
- ○ 2 种或 2 种以上的广告颜料和颜料刷
- ○ 装饰物，如亮片和小珠子
- ○ 胶水
- ○ 不干胶标签
- ○ 你收集到的岩石
- ○ 铅笔、记录本

岩石展台

1 将蛋托的内外都涂上颜料，并晾干。

2 用装饰物或其他颜色的颜料装饰蛋托盖。

3 将标签剪成和你的小拇指头差不多大小，然后编号。将编号、岩石的描述，以及采集地等信息，写在记录本上。之后，把标签贴在岩石上。

4 将你收集到的岩石放在蛋托中。打开盖子，你就可以展示你的岩石了。当你要把岩石带到什么地方去的时候，要合上盖子。

知识加油站

地质博物馆

想要成为真正的地质学家和岩石收集者，就要对石头对地质学感兴趣并了解。通过这本书你可以了解许多岩石和矿物的知识。也许你会想，要是能亲眼看一看这些岩石和矿物就好了。那得去地质博物馆。

美国自然历史博物馆

▲ 美国自然历史博物馆

位于纽约的美国自然历史博物馆是目前世界上最大的私人博物馆。馆内陈列有大量的化石、恐龙、鸟类、印第安人和因纽特人的复制模型，所藏宝石、软体动物和海洋生物标本尤为名贵。其中展出有长 12 米、高 5 米的恐龙骨架，高 28 米的蓝鲸模型，563 克拉的蓝宝石“印度之星”，重 31 吨的世界最大陨石等。

英国自然历史博物馆

▲ 英国自然历史博物馆

英国自然历史博物馆是欧洲最大的自然历史博物馆，位于伦敦。馆内大约藏有来自世界各地的 7000 万件标本，其中有 5 米高的暴龙、尾翼达 17 米的翼龙、完整的始祖鸟骨骼等；陈列有各类矿物、岩石，如据称受诅咒的“德里紫蓝宝石”，并有专室陈列陨石。

中国地质博物馆

▲ 中国地质博物馆

中国地质博物馆是中国成立最早的国家级地质博物馆，成立于 1916 年。中国地质博物馆收藏了地质标本 20 余万件，其中有蜚声海内外的巨型山东龙、中华龙鸟等恐龙化石，北京人、元谋人、山顶洞人等古人类化石，以及大量集科学价值和观赏价值于一身的珍贵的史前生物化石；有世界最大的“水晶王”、巨型萤石方解石晶簇标本、精美的蓝铜矿、白钨矿、辉锑矿等具有中国特色的矿物标本，以及种类繁多的宝石、玉石等一批国宝级珍品。

板块： 岩石圈并非完整的一块，而是一块块的，这样的分块结构就叫板块。

板块构造理论： 解释地球各大板块如何在地球上运动，以及它们之间的相互作用如何导致火山、地震和造山运动的理论。

宝石： 一类美观、耐磨、珍稀的矿物，经过抛光和打磨后就成为宝石。

变态： 完全改变某物质的特征和外观。

变温动物： 体温随环境变化而变化的动物。爬行动物、鱼类以及昆虫都是变温动物。

变质岩： 由于温度或压力的作用，或者两者协同的作用，岩石发生了变化，成为新的岩石，也就是变质岩，而且在整个过程中岩石始终是固体。

标准化石： 已知生活在一个特定历史时期并且广泛分布的一种生物有机体的化石。

沉积： 碎屑滞留下来的现象。例如，泥水中的泥在流过一个表面时，或者因为蒸发作用，会滞留下来。

沉积层： 沉积岩由于粒度、颜色以及所含碎屑成分的不同而呈现分层现象，每一层便是一个沉积层。

沉积物： 岩石和矿物的细小碎屑，如泥土、沙粒、鹅卵石等。

沉积岩： 由沉积物、古代动植物遗体以及海水蒸发后留下的物质形成的岩石。

赤道： 将地球划分为南、北两个半球的一个假想的大圆圈。

重结晶： 在变质过程中，温度和压力的作用导致组成矿物的原子排列得更为紧密，形成新的晶体的现象。

磁场： 一种由磁性物质产生的，对其中的磁性物质产生磁作用的区域。

磁体： 一种能够吸引铁，并产生磁场的物质。

大陆地壳： 地壳的一部分，构成了陆地。

大陆漂移学说： 由魏格纳提出，认为现在的各个大陆曾经连成一体，后来不断漂移分开的学说。

大气层： 包裹着地球的一层气体，由多种气体组成。

大洋地壳： 地壳的一部分，位于大洋底部。

地核： 地球最内部的圈层，主要组成物质是铁和镍。地核可以分为两部分，分别是固态的内核和液态的外核。

地幔： 地球中间的圈层，其中的部分岩石处于熔融状态，这部分被称为软流圈。浮在软流圈上面的岩石可以缓慢地漂移。

地壳： 地球外部又薄又坚硬的一个圈层。

地震： 地壳的晃动。导致地震的原因是板块的运动或火山活动。

地质环境： 指地壳表层的岩石、土壤、地下水等构成物及它们活动的总体。

地质学家： 研究岩石、矿物、古生物以及地质构造的科学家。

叠层石： 由蓝细菌形成的沉积物层层叠叠堆积起来的化石。

粪化石： 远古动物石化了的粪便。

古生态学： 利用化石和其他岩石，研究很久以前的环境是什么样的科学。

古生物学家： 研究很久以前的生物的一类科学家。

硅： 构成地壳的含量第二丰富的一种元素，在沙子、黏土和石英中都能找到。

海底黑烟囱： 在海底喷涌着富含矿物的热液的一种开口。

海底扩张学说：解释大洋地壳生长和运动扩张的学说。

恒温动物： 具有恒定体温的动物，它的体温不受外界环境影响，例如哺乳动物和鸟类。

化石： 保存在岩层中的古代动物或植物的遗体或遗迹，包括贝壳、骨骼、印痕、足迹等，有些时候甚至是整个生物有机体。

化学沉积岩： 溶解有矿物的水体蒸发后，水中溶解的矿物沉积下来形成的沉积岩。

火山： 地壳上的一个开口，岩浆、火山灰和气体可以从这里喷发出来。

火山灰： 火山喷发时喷出的岩石和熔岩速凝体碎片。熔岩速凝体是火山喷发时形成的比针头还小的物质。

火山泥流：由熔岩、火山灰混合着融化的雪和雨水形成的高速流动的液体流。

接触变质作用：由于岩石接触了炽热的岩浆而引起的变质作用。

结晶习性：晶体结晶时趋向于生长成某一形状的特性。

晶体：一类具有固定几何外形的固体。晶体具有明显的边界和光滑的晶面。晶体是由按照一定规则和顺序排列的原子组成的。

克拉：宝石的重量单位。1克拉相当于0.2克。

刻面：宝石表面经切割打磨后呈现的一系列平面。刻面可以很好地反射光线。

矿物：一类天然存在的固体物质。几乎所有的矿物都有晶体结构。它们是组成岩石的基本单位。

六边形：由6条边围在一起形成的一种封闭的几何形状。

灭绝：某个物种的个体全部死亡，从此在地球上消失，这种现象被称为灭绝。

母岩：沉积岩中的碎屑原来归属的岩石。

木化石：由树木变成的化石，也叫硅化木。这种化石的形成是因为富含矿物的水的作用。

喷出型岩浆岩：由熔岩冷却凝固形成的岩浆岩。

片理：变质岩中存在的如同薄片的层次，这是压力导致的。

侵入型岩浆岩：岩浆在地表以下冷却凝固形成的岩浆岩。

侵蚀作用：由于风、流水、冰以及重力的作用而导致岩石破裂成碎屑，然后碎屑又被搬运走的过程。

区域变质作用：在大范围区域内普遍发生的变质作用。

溶液：一类溶有其他物质的液体，如盐水。

熔岩：喷出地表的岩浆。

石笋：从溶洞地面向上生长的一种溶洞结构，通常位于钟乳石的下方。

酸性：酸这类物质具有的一种化学性质。酸尝起来带酸味，如醋、柠檬汁以及胃酸。

碎屑：岩石和矿物的碎块，如鹅卵石、沙子、黏土等。

碎屑沉积岩：由岩石碎屑和矿物碎屑经过压实、固结形成的沉积岩。

碳：一种在所有的生命体中都存在的元素，它也是构成钻石和石墨的元素。

显晶质：组成岩石的矿物为粗大的颗粒，这些颗粒大到肉眼可见，这样的岩石结构被称为显晶质。

喜马拉雅山：横亘于印度、尼泊尔和中国交界处的一座山脉，主峰珠穆朗玛峰海拔高度为8844.43米，是世界上最高的山峰。

压力：当两个物体相互叠压接触时，其中一个物体对另一个物体施加的一种力。

岩浆：地下熔融状态的岩石。

岩浆岩：由岩浆冷却凝固形成的岩石。

岩脉：切断其他岩石的片状岩浆岩。

岩石：自然界中一类由矿物组成的坚硬物质。

岩石收集者：以收集岩石和矿物作为一种爱好的人。

氧：构成地壳的含量最丰富的一种元素，在空气、水和许多岩石中都能找到。

隐晶质：组成岩石的矿物非常小，肉眼看不到，这样的岩石结构被称为隐晶质。

有机质沉积岩：一类由古代动植物残留的有机质形成的沉积岩。

宇宙：由物质构成的广阔空间。

元素：同一类原子的总称。元素是一个名称，不是组成物质的粒子，但原子是粒子。

原子：组成物质的最小粒子，不易被进一步分解。

陨石：落入地球大气层的岩石。

蒸发：液体变为气体的过程。

蒸发岩：含有盐类的水蒸发后，留下的矿物，如岩盐和石膏。

指南针：一种导航用的工具，它的指针永远指向北方。

质地：指组成岩石的颗粒和晶体的大小、形状、排列方式及疏密程度等方面的性质。

钟乳石：从溶洞顶部向下生长的一种溶洞结构，有点像洞顶吊下的冰柱。

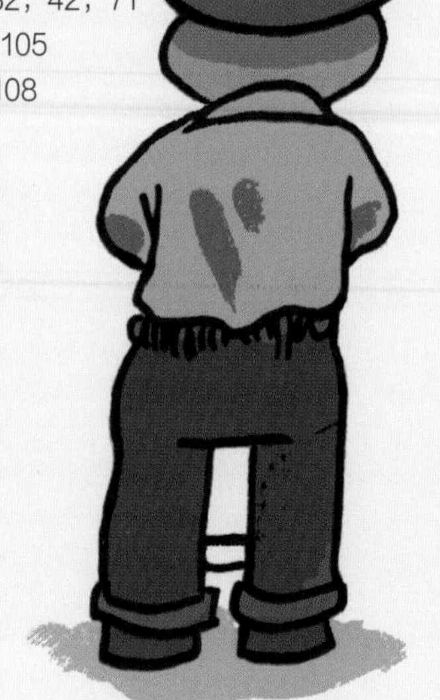

让孩子**活学活用**科学的实践探索百科

我为科学狂 万物奥秘探索

天地万物自有其存在的奥妙，无论渺小或宏大，普通或罕见，都有正确认知的必要。多重探索水、石头、自然资源、太阳系的多元知识。

我为科学狂 经典科学探索

在这里，经典科学不再是一串串复杂的数字和一个个难懂的原理。多重探索重力、飞行、简单机械、电的多元知识。

我为科学狂 身边科学探索

留心身边寻常的事物和现象，发现小细节里的大秘密。多重探索天气、夜晚科学、固体液体、交通运输的多元知识。

我为科学狂 自然发现探索

大自然包含了无限广阔的天地，也是爱自然的孩子探索的大舞台。多重探索春天、冬天、河流池塘、生命循环的多元知识。

图书在版编目(CIP)数据

石头 /（美）安妮塔·安田，（美）辛西娅·莱特·布朗，
（美）尼克·布朗编著；（美）布赖恩·斯通，（美）珍妮弗·凯勒绘图；
王鹏等译．—昆明：晨光出版社，2018.4（2019.5 重印）
（我为科学狂．万物奥秘探索）
ISBN 978-7-5414-9297-6

Ⅰ.①石… Ⅱ.①安… ②辛… ③尼… ④布… ⑤珍… ⑥王…
Ⅲ.①石－少儿读物 Ⅳ.① P5-49

中国版本图书馆 CIP 数据核字（2017）第 296552 号

我为科学狂 万物奥秘探索

石头 EXPLORE ROCKS AND MINERALS

出版人 吉彤

编　　著 〔美〕辛西娅·莱特·布朗
　　　　 〔美〕尼克·布朗
绘　　图 〔美〕布赖恩·斯通
翻　　译 尹超 高源
项目策划 禹田文化
执行策划 叶静
项目编辑 赵佳明
责任编辑 王林艺
装帧设计 惠伟
内文设计 惠伟 唐婷婷

出　　版 云南出版集团 晨光出版社
地　　址 昆明市环城西路609号新闻出版大楼
邮　　编 650034
发行电话 （010）88356856 88356858
印　　刷 小森印刷霸州有限公司
经　　销 各地新华书店
版　　次 2018年4月第1版
印　　次 2019年5月第2次印刷
I S B N 978-7-5414-9297-6
开　　本 185mm×260mm 16开
印　　张 30
字　　数 180千字
定　　价 128元（4册）

衷心感谢中国地质博物馆的尹超老师、赵洪山老师、王丽霞老师提供的部分专业图片支持。

图片支持 · www.fotoe.com · 微图 · argus 北京千目图片有限公司 www.argusphoto.com

退换声明：若有印刷质量问题，请及时和销售部门（010-88356856）联系退换。

我为科学狂

自然资源

万物奥秘探索

EXPLORE NATURAL RESOURCES

〔美〕安妮塔·安田　编著
〔美〕詹妮弗·凯勒　绘图
高源 尹超　翻译

云南出版集团　晨光出版社

这是一套内容和形式都很不错，很适合当下中国少年儿童多元视角、多种模式接触科学的少儿读物，我非常乐意将它推荐给学校和家长。

关于这套书的精彩和独特之处，我想提三点：

首先，每册书不是以某个专有的学科概念为线索逻辑组织的，而是采用了与我们的生活和环境密切相关的时空或要素作为主题线索，如池塘、冬天、春天、夜晚等，这样的组织方式可以使读者感到亲切和熟悉。在这种熟悉的组织框架下，作者巧妙地将科学概念、科学知识融入其中，轻松化解了概念的抽象与生硬。

其次，这套书十分重视科技史的内容，其中不少册将科技史作为一个重要的逻辑组织线索，如交通运输、飞行等册。这种融入科技史的做法，不仅让读者对当下的科技发展有所了解，还能让他们明白科技是如何影响人类文明进程的，有利于科学与其他学科的融会贯通。

再次，这套书将科学知识的学习与思考求证的科学实验、体验感受等动手活动交织在一起，每册都安排了一定数量的科学活动，操作简单易行，真正做到了动手动脑学科学。另外，这套书在普及科学知识的基础上，还对科学研究方法、科学思考方式等科学意识进行了提炼，告诉了读者什么是预测，什么是实验，以及如何在分析数据的基础上得出结论等，对于提升科学素养大有裨益。

至于这套书呈现形式的多彩，无需我多说，读者们打开书就能领略到了！

郝京华

科学（3～6年级）课程标准研制组组长、南京师范大学教科院教授

自然资源的奇妙探索

自然资源是什么？杜绝浪费自然资源为什么这么重要？这本书将用鲜活有趣的文字和 26 个动手项目告诉你这些，让你在轻松的氛围中了解自然资源对我们的重要性，让你明白如何通过节约、回收和再利用废物来保护地球的自然资源。这本书里还讲到了国家公园、早期的环境学家、与环保有关的纪念日，以及研究自然资源的科学家的小故事和知识。

在这本书中，你将学会制作由风力驱动的汽车模型和太阳能收集装置，你会计算自己的水足迹，从而去探索地球赋予我们的各种自然资源。每一个动手项目都简单易操作，其中一些需要大人在一旁帮忙。项目中用到的很多材料都是日常生活中常见的物品，有些废弃物也可以利用起来。

通过书中的趣闻、轶事、笑话等小栏目，你的探索自然资源之旅将更加丰富多彩，你将欣赏到更多地球上自然资源的精彩瞬间和新奇故事。

目录
CONTENTS

我为科学狂

自然资源

万物奥秘探索

EXPLORE NATURAL RESOURCES

引言

一起去探索自然资源！

你喜欢游泳、攀岩还是踢足球？在足球场上踢足球，攀登高大的岩壁，跳进游泳池中戏水，你所进行的这些运动都要用到**自然资源**。那么，什么是自然资源？在哪儿能找到自然资源？为什么自然资源是我们生活所必需的？为什么我们要保护自然资源？看完这本书你就明白了。

自然资源： 可以供人们以某种方式利用的，自然形成的物质。比如水、岩石、木材等。

WORDS TO KNOW
词语园地

土壤：覆盖在地球表层的一种物质。植物可以在土壤中生长。

矿物：自然界中一些无生命的物质，既不是动物，也不是植物，如黄金、盐、铜等，是组成岩石的基本单位。

能量：完成某个工作的一种能。

环保主义者：为保持地球健康发展而工作的人士。

保护：保障物体安全，防止它受到损害或者遭到破坏的一种行为。

节约：避免浪费使用某物的一种行为。

循环使用：再次使用某物的一种行为。

这本书将向你介绍地球上令人瞩目的自然资源，包括空气、水、**土壤**和**矿物**。如果没有这些自然资源，很多人类从事的活动都进行不了。事实上，如果没有这些自然资源，那么我们人类都无法生存了。

自然资源可以成为我们的建筑材料、**能量**来源，还是我们制药的原料。这本书将解答你的许多疑惑，带你认识一些**环保主义者**，像西奥多·罗斯福和约翰·缪尔。这本书还将告诉你**保护**和**节约**自然资源的方法。

开心一刻·JUST FOR LAUGHS

问：为什么小孩会打翻水杯？

答：因为他想看到河流。

在这本书中，你将参与许多有趣的实验和实践活动，还会读到一些小笑话和趣闻，让你从中感受到自然世界的魅力。看完这本书，你可能学会设计由风能驱动的汽车模型、制作达·芬奇设计的日光收集器、制作堆肥，还会学到节约、再利用和**循环使用**的理念。

还在等什么呢？让我们一起去水中嬉戏，去玩挖土的游戏吧！穿好户外鞋，背上背包，准备出发，一起去探索自然资源。当然，我们也要更加小心地爱护它们哦！

什么是自然资源？

地球是一个物产丰富的星球，它提供了各种人类所需的自然资源。这些自然资源是人类不能自己创造，只能从自然界中获取的。

地球上到底有多少种自然资源？你能说出其中的100种吗？实际上，地球上有成千上万种自然资源，包括在我们头顶上晒着的太阳光、我们呼吸的空气以及我们脚下的土壤，这些都是自然资源。

> WORDS TO KNOW
> **词语园地**
>
> **原材料：** 用来制造某种物品的自然资源。
>
> **商品：** 用来销售或使用的物品。

大多数时候，我们正在使用某些自然资源，但并未真正意识到它们的存在。这是因为，我们把自然资源当作**原材料**去制造一些日常用品。也许在你的口袋中就有以自然资源为原材料制作的东西，比如纸巾。

> **过去：** 美国早期的移民用木质的容器、桶和布袋子把**商品**带回家。这些容器他们可以重复使用好多次。
>
> **今天：** 平均每个美国家庭一年要使用1500个塑料购物袋，其中只有不到1%被循环使用。也就是说，在这1500个塑料袋中，只有15个被使用了第二次。

我们穿的衣服也都是用自然资源做成的，比如牛仔裤是用棉花做成的。而种植棉花需要土壤、阳光和水。牛仔裤上往往还有金属纽扣，制作材料来自于矿物沉积物，比如深埋在地下的铜。制作牛仔裤的染料则来源于**石油**。当然，**工厂**生产服装还需要机器对最终的产品进行清洗和缝纫，而开动机器也需要消耗能源。看到了吧，这只是生产一条牛仔裤所需要的自然资源中的几种。

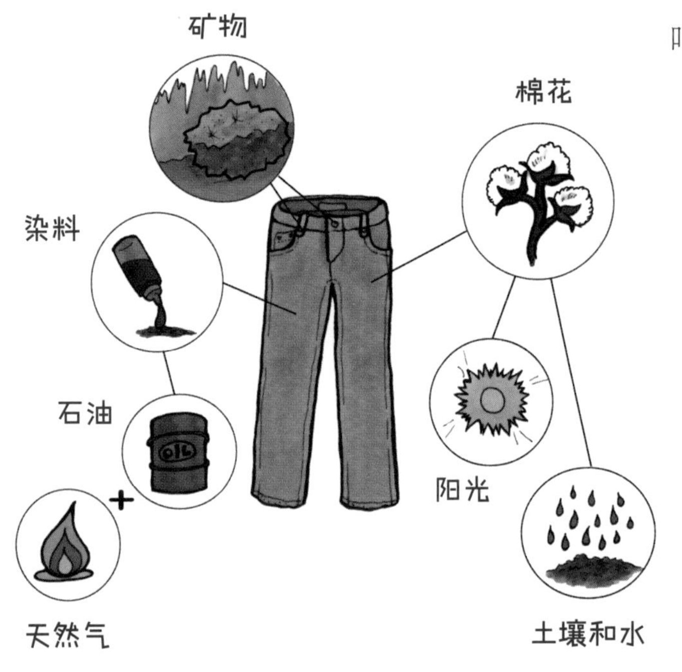

WORDS TO KNOW
词语园地

石油：一种黑色浓稠的液体，在地下经过亿万年的岁月形成。石油可以用来生产许多产品，如汽油等燃料。

工厂：生产商品的地方。

自然资源的利用

纵观人类的历史，人们不断发现自然资源的新用途。在大约 300 万年前，人们还靠打猎和采集生存。那时，人们的生活非常简单，每天大约只消耗 3 千克的自然资源，相当于今天一个大比萨饼的重量。

在100多万年前，**中东地区**以及后来的其他一些地区的古人类开始利用石头制造工具，人类由此开启了石器时代。在这个时期，人类还学会了种植**农作物**和驯养动物。

◆ WORDS TO KNOW
词语园地

中东地区： 位于西亚和北非地区的一些国家，西到利比亚，东到阿富汗。

农作物： 人们种植的用来食用或其他用途的植物。

社会： 有组织的人群总称。

工业社会： 利用机器生产商品的社会发展阶段。

人类驯养动物不只是用来食用或利用它们的毛皮制作衣服，还用它们运输和工作。后来，人类学会了熔化金属并将它与其他金属混合，来制造工具或武器。

生活在农业**社会**的人们每天消耗的自然资源大约为11千克，相当于11升牛奶的重量，仍然不是很多。但是与从事狩猎和采集的古人类相比，他们消耗自然资源要多得多了。

实际上，我们做每件事都要消耗自然资源，而且消耗得还很多。现在，人类已经进入**工业社会**，平均每人每天消耗的自然资源大约是44千克。如果把地球上所有人一天使用的自然资源的重量加起来，相当于112座帝国大厦的重量。真是太惊人了！

科学家是掌握很多科学知识，从事科学研究的人。科学是对现实中的物质世界进行的研究。

“越多不见得越好”——听过这句话吗？我们对自然资源的消耗正应了这句话。现在，很多科学家已经越来越担心，地球满足不了现代人对自然资源的需求了。

自然资源分为两大类，一类是**可再生资源**，如阳光、空气、土壤、水和植物。我们每天都在使用它们，只要合理利用，这些资源是取之不尽、用之不竭的。

另外的一类资源就全都是**不可再生资源**了，例如用来取暖和驱动汽车的**化石燃料**（如煤、石油、天然气）。这些资源的形成需要亿万年的时间，因此我们用一点就少一点了。

WORDS TO KNOW

词语园地

可再生资源：那些能够在自然界中不断形成的自然资源，如空气和水。

不可再生资源：那些总有一天会被人类消耗殆尽的自然资源，如石油。

化石燃料：由古代植物和动物的遗体形成的自然资源，如煤、石油、天然气。

危机重重

令人担忧的是，随着人类对自然资源的**需求量**越来越大，整个地球都背负着巨大的资源压力。资源的需求量在增加，人们对自然资源的开采方式，以及使用自然资源产生的**废弃物**，都会导致一系列问题出现。

这些问题包括土壤、空气和水被**污染**，**生态系统**遭到破坏，等等。生态系统就是一片被称为生物**栖息地**的区域，以及生存在那里的动物、植物和其他的**有机体**。生态系统包括动物、植物，当然还有我们人类赖以生存的家园。

WORDS TO KNOW

词语园地

需求量： 人们所需要的某物的数量。

废弃物： 人类不想要的物质，往往对环境有害。

污染： 用化学物质或其他废弃物使环境变脏的行为。

生态系统： 生物以及它们生存的环境组成生态系统。其中，生物包括各种动物、植物、微生物等；非生物物质包括土壤、岩石、水等。

栖息地： 生物生活和生存的区域。

有机体： 所有有生命的物体都是有机体。

收集能量的地砖

地砖不只是一种装饰了。最近，帕维根系统公司发明了一种能够收集能量的地砖。当人们走过这种地砖时，行走产生的能量会转化为电能。这种地砖可以用在学校、商场和地铁站里，为照明系统、信号系统和无线网络提供电力。

WORDS TO KNOW
词语园地

灭绝：生物物种全部消失，不再存在于世界上的现象。

生物多样性：一个地区拥有的多种多样的生物，这形成了一个稳定的生态系统和基因库。

物种：具有相同或相似形态的一种生物，物种内的个体之间相互关联。

当栖息地被破坏后，动植物便无家可归，甚至走向**灭绝**。这样，地球上的**生物多样性**就降低了。想象一下，我们坐在公园里，如果看不见植物，听不见鸟叫，那样是不是很无趣呢？

国际野生动物保护组织估计，现今每 20 分钟就有一个**物种**灭绝。现在，物种灭绝的主要原因就是栖息地破坏。

或许你并未察觉到物种灭绝会影响你的生活，但这种可能是的的确确存在的。现在，一半以上的药物都是从植物中提取的。随着时间推移，我们还会从植物中提取更多的新药。如果一种药用植物灭绝了，那么用于生产一种新药的物质也就跟着彻底消失了。

你知道吗？
DID YOU KNOW?

每 5 种动物或植物中，就有一种濒临灭绝。导致这种现象的原因有很多，例如疾病和环境污染。一些专家估计，每 24 小时，就有 150~200 种生物灭绝。其中，东南亚地区的物种灭绝速度最快，因为那里的人们还在大量砍伐森林，把森林变成农田。

保护环境

树木、水、空气、土地都是**环境**的组成部分，你也是环境的组成部分。当环境中的一个要素受到破坏，就会引发**连锁反应**。因为地球上的任何事物都是相互联系的。那么，为了人类的生存，我们一定要行动起来，保护环境！

你已经知道，地球是目前已经发现的唯一适合人类生存的星球，它是不可替代的。你在这本书里了解到的自然资源也是这样。因此，你的行动非常重要。在这本书中，你将了解到保护地球的一些创造性的方法——那就是通过节约资源、再利用资源和循环利用来节约自然资源。

WORDS TO KNOW
词语园地

环境： 自然界中的万事万物统称为环境，既有生物，也有非生物，包括动物、植物、岩石、土壤、水等。

连锁反应： 由于事物彼此之间的联系特别密切，因此其中一个环节发生改变便会导致另一个环节也发生改变，这种现象被称为连锁反应。

或许你会觉得光靠自己的行动来保护环境是无济于事的，其实不然。你的行为会影响到你的家人、朋友，甚至是你所在的整个社区。

试着在购买或丢弃产品时做一个正确的决定，来让我们的世界更绿色一些。这不是说给整个世界涂上绿色，绿色代表自然。“让我们的世界更绿色一些”是说要保护好我们的地球，让它更加健康美丽。当你读完这本书时，或许你看待世界的观点会有所不同，或许绿色会成为你最喜欢的颜色。

世界地球日

每年的 4 月 22 日都是世界地球日。这是美国威斯康星州一位名叫盖洛德·纳尔逊的参议员于 1970 年提出设立的。他认为，人们应当开始关注环境。如今，世界地球日已经成为了全世界共同的节日。在世界地球日这一天，人们会走上街头、操场和海滩去拣拾垃圾，去野外种植树木和花草，还会举办各种科普和环保宣传活动。

谁与你为邻？

找一个大人或朋友，和你一起去找找你家小区中的动植物。要记住，有些动植物只在特定的季节出现。

注意：这项活动需要使用网络，上网时一定要有大人在身边。

材料和准备工作

- 纸和铅笔
- 杂志
- 剪刀
- 胶水
- 剪贴板
- 照相机或手机

1 在纸上写下下面的标题：鸟、爬行动物、哺乳动物、树木、其他植物。想一想，哪些动植物属于这些类别。

2 在每个动植物类别上画一个标志，当然你也可以从杂志上剪下合适的图片贴在每个类别的旁边。

3 将纸夹在剪贴板上，带上铅笔，你就可以出门观察了。

4 在小区中，注意倾听和观察你要找的动植物。如果你带了照相机或者智能手机，你还可以给它们拍照。

5 回到家后，将你拍的照片打印出来，贴到记录纸上。当然你也可以上网找一些动植物的图片打印出来。

想一想： 你观察到多少种动植物？在不同的季节，你观察到的动植物数量差异大吗？在什么地方，你看到的动植物最多？

动手做 · MAKE YOUR OWN

资源分布图

做一个你居住的省市的 3D 资源分布图，这样你就可以知道你居住的省市的资源分布状况了。在资源分布图中，你要标出各种自然资源的分布情况，不要标出由这些资源生产出来的产品。

注意：这项活动需要使用网络，上网时要有大人在身边。

材料和准备工作

- 碗和汤匙
- 2 杯盐（475 毫升）
- 2 杯面粉（475 毫升）
- 2 大勺塔塔粉或白醋（30 毫升）
- 水
- 卡纸（38 × 50 厘米）
- 网络
- 剪刀
- 塑料刀
- 颜料
- 颜料刷
- 纸和铅笔
- 胶带或胶水
- 牙签

1 将面粉和盐倒入碗中，加入塔塔粉和水搅拌，使面团更加浓稠紧致。

2 将面团放在卡纸上压平，压成一个大的长方形。这就是你的分布图。

3 上网查查你居住的省市的地图，打印出来，并用剪刀裁剪好。

4 将纸质地图放在盐面团上，根据你居住的省市地图的形状用塑料刀裁切盐面团。

5 上网查查你居住的省市有哪些资源。

6 把剩下的面团捏成各种形状，代表不同的自然资源，例如水、木材、动物和矿产资源。

7 用颜料刷将不同自然资源的标示物涂成不同的颜色。

8 把标示物放到地图上相应的位置。在纸上写下自然资源的名称，粘到牙签上，然后插在地图上相应的区域。

9 让你的 3D 地图慢慢变干。

开心一刻·JUST FOR LAUGHS

问： 为什么太阳和风不跟塑料一起玩？

答： 因为塑料不是自然资源。

像科学家那样思考

科学家提出关于这个世界的问题，然后根据各种事实寻找答案，解决这些问题。你也可以像科学家一样去思考，解决各种问题。下面是一些科学家在解决问题时所采用的方法和技巧。

1. 提出问题

科学问题就是能通过收集各种信息而解决的问题。科学问题包括你进行研究的目的是什么？你想要发现什么？你要解决什么问题？比如，用过的水，怎样进行重复利用？

2. 提出预测

预测或假设是一个试图用来解释某些事实或观察结果的预测，或未经证实的想法。它可能是正确的，也可能是错误的。在开始科学研究之前，你要根据已有的知识和信息对结果作出预测，然后才能进行实验，去验证你的预测是否正确。

3. 设计实验

实验是你在科学研究中要做什么。在开始研究之前，你一定要确定你要做什么，怎么做，怎样的步骤，要得到哪些信息，需要哪些材料。

4. 结果和结论

实验结果包括观察结果和数据。得出这些结果后，就要对它们进行分析，看看它们有什么变化和发展趋势，反映了什么规律。

对结果进行分析，发现的规律或者趋势就是结论。完成结果分析，得到结论后，你要做的就是用你的结论去验证你之前提出的假设。如果你的结论能支持你的假设，那么你的假设就是正确的；反之，你的假设就是错误的，就需要对你的假设进行修正。到这里，你就像科学家那样解决了一个科学问题！

第一章 非凡的空气

Amazing Air

非凡的空气

空气就像一个无形的超级英雄，虽然它不能一下飞跃高楼大厦，但是它的力量无处不在。那么，我们怎么感知空气的存在呢？我们可以看见并感觉到它做的事。把手放在胸脯上，然后深深地吸一口气。你感到胸脯的起伏了吗？这是因为空气进入了你的肺部。

WORDS TO KNOW

词语园地

气体： 一种能够充满容器的物质，像空气就能充满你的肺。气体没有固定的形状，能够四处扩散，充满整个空间。

二氧化碳： 人体产生的一种废气，是空气中常见的一种温室气体。

水蒸气： 水的气态形式，比如烧开的水冒出的水汽。

空气是什么？空气就是多种**气体**的混合物，包括氮气、氧气、**二氧化碳**等。其中，我们吸入的是氧气，呼出的是二氧化碳。此外，空气中还有**水蒸气**和尘埃。

生物和氧气

几乎所有的生物都需要氧气，但是也有一些生物不需要氧气就能生存。我们把这样的生物称为**厌氧**生物。厌氧生物生存的地方没有充足的氧气，例如淤泥的底部。

> WORDS TO KNOW
> **词语园地**
>
> **厌氧：** 不需要氧气就能存活的特性。
>
> **光合作用：** 植物在阳光的作用下，将吸入的二氧化碳和水转化为生长所需的物质——糖类，并释放氧气的过程。

氧气来自哪里呢？植物制造了氧气。在植物的叶片上有很多细微的小孔，这些小孔是供植物呼吸用的。我们称它为气孔。气体可以通过气孔进出植物。植物通过**光合作用**，将吸入的二氧化碳和水转化为糖类和氧气。正是植物的光合作用为我们提供了生存所必需的氧气。由此也可以看出，植物对我们有多么重要。

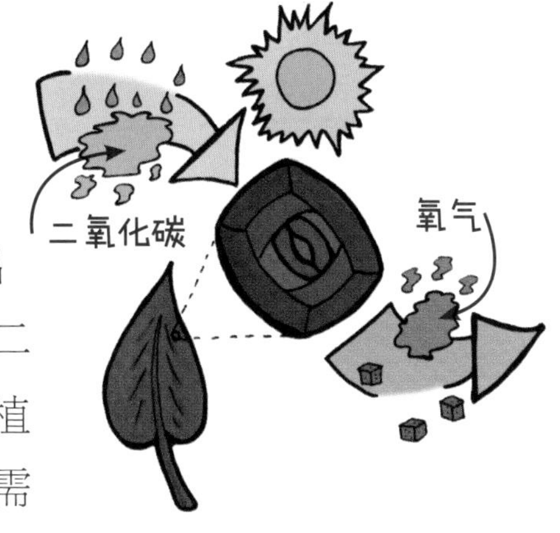

发现氧气存在的科学家——普里斯特利

空气到底是什么呢？1773 年，英国科学家约瑟夫·普里斯特利通过实验证明了空气中含有氧气。他把一个透明的玻璃罐罩在点着的蜡烛上，不一会儿蜡烛就熄灭了。后来，他把一株植物放在蜡烛旁边，再把玻璃罐罩上，想看看是否植物释放出什么物质使蜡烛燃烧。几天之后，蜡烛仍在燃烧。这说明，植物释放出一种气体，能够维持蜡烛的燃烧。这就是氧气。

大气层

想象一下，如果你生活在一个白天热得像火炉，晚上冷得像冰窖的地方，那么你的运动衫、牛仔裤就都没用了，你必须穿上厚重的宇航服。这样的地方不是遥远的银河系某处，而是没有**大气层**的地球。

大气层是覆盖在地球表面的气体层，其中包含了我们呼吸的空气。大气层中不仅含有空气，还有水、风和云。

> ◆ WORDS TO KNOW
> **词语园地**
>
> **大气层：** 覆盖在地球表面或其他行星表面的气体圈层。

大气层的作用很多，其中之一就是吸收来自太阳的热量。这使得地球表面不太热也不太冷，同时阻拦了对我们有害的太阳辐射。

大气层围绕着你家，以及整个地球，大气层甚至还向宇宙空间延伸出很远的距离。大气层可以分为 5 层：对流层、平流层、中间层、热层和散逸层。离地表越近的层次越厚，离地表越远的层次越薄，最终成为宇宙空间的一部分。

> **开心一刻 · JUST FOR LAUGHS**
>
> **问：** 为什么月球上的饭馆会倒闭？
>
> **答：** 因为那里即使有充足的食物，也没有大气不能生火，根本没法把食物煮熟。

对流层是最靠近地表的一层。对流层的厚度随地点的不同而有所变化。例如，在**赤道**地区，对流层有 18000 米厚。对流层也被称为气象层。我们日常看到的云、风、降雨等气象现象都发生在对流层。

◆ WORDS TO KNOW
词语园地

赤道：将地球平均分割成南北两个半球的分界线。但这是一条实际不存在的线。

臭氧层：一个位于平流层中的大气圈层，其中的臭氧气体能够吸收大部分的太阳辐射。

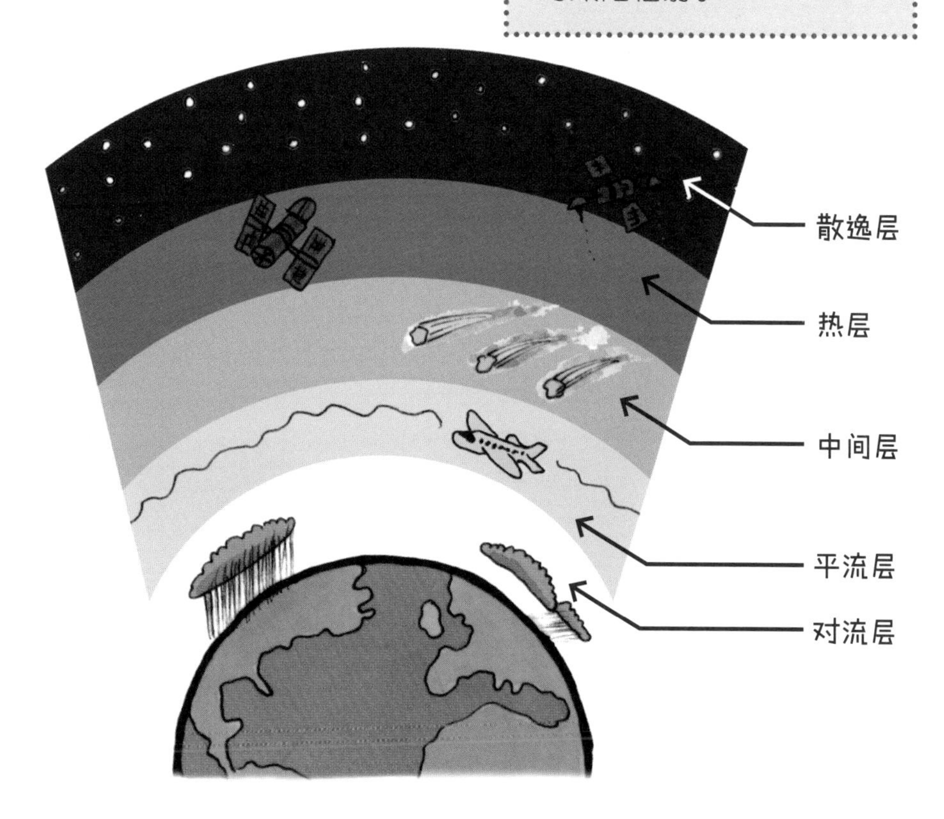

对流层的上方是平流层，高度在距地表 10~50 千米的区域。飞机通常在平流层的底部飞行。平流层中没有云，而**臭氧层**就位于平流层中。

中间层位于距地表50~80千米的区域，是大气层中最冷的一层。你见过流星吗？我们看见的流星大部分都在中间层燃烧发光。

◆ WORDS TO KNOW
词语园地

通信卫星： 在太空中围绕地球运行的一种航天器，用于传输电视、无线电和电话的信号。

轨道： 在太空中，一个天体环绕另一个天体运行的路径。

热层是大气层中最厚的一层。只有像氧气、氦气这样质量轻的气体才存在于热层中。热层从中间层的顶部可以一直延伸到距地表690千米的地方。国际空间站、**通信卫星**和哈勃空间望远镜的运行**轨道**就位于热层。你见过极光吗？极光也出现在热层。

散逸层是地球大气层的上方界限，可以从热层的上界延伸到距地表10000千米的地方。散逸层中的空气越往外越稀薄，最终融入宇宙空间。

你知道吗？
DID YOU KNOW？

热带雨林有“地球之肺”的昵称。地球上20%的氧气是由热带雨林制造的。此外，地球上将近一半的动植物物种生活在热带雨林中。我们使用的药物中有25%都是从热带雨林中生长的植物中提取的。

空气污染

呼吸新鲜的空气会令人神清气爽，而吸入被污染的空气则会让我们的喉咙不舒服。污浊的空气还会损害我们的肺，让我们生病。这是因为微小的**污染物**可以吸附在你的肺上。

空气污染物被分为两种。其中，自然形成的污染物主要是由野火、沙尘暴或火山喷发形成的。这些自然灾害导致的烟尘污染可以随风传播到世界各地。

WORDS TO KNOW

词语园地

污染物：使空气、水、土壤变脏，破坏环境的物体。

牲畜：人们饲养的用于食用或其他用途的动物。

其中最严重的一个例子发生在 1815 年。印度洋上的坦博拉火山喷发了，火山灰遮天蔽日，使地球上的温度骤降了 15 摄氏度，1816 年全世界经历了无夏之年。在欧洲和北美洲，大量庄稼枯萎，许多**牲畜**被冻死。

第二类空气污染物就是人为制造的空气污染物。人们燃烧如木材、煤、汽油等，都会产生污染性气体，如一氧化碳。喷漆、胶水、发胶以及其他一些化工产品也会产生空气污染物。

2013年，在印度尼西亚的苏门答腊岛，由于种植园主放火清理土地，大火失控，燃烧了数周。风将大火产生的浓烟吹到了印度尼西亚的邻国——马来西亚和新加坡。

空气污染并不是一个新出现的环境问题，早在几百年前就有了。1273年，英国国王爱德华一世对伦敦雾蒙蒙的空气十分头疼。他想阻止人们烧煤，却无济于事，因为那时候木材要比煤贵得多。

过去： 1970年12月31日，当时的美国总统尼克松为了改善环境，保护公民的健康，签署了《清洁空气法案》。

现在： 40多年来，这一法案使成千上万的人避免因空气污染而死亡。

工业革命是19—20世纪，**工业**和**制造业**快速发展的一段时期。污染物随着工厂烟囱排放黑烟的增加而越来越多。

◆ WORDS TO KNOW
词语园地

工业革命：18世纪中后期在英国开始发生的，以机器代替人力制造产品的一段时期。

工业：将原材料加工成产品的产业。

制造业：使用机器在工厂中生产大量产品的行业。

烟雾：和烟或其他污染物混合在一起的雾。

发电厂：产生电力的地方。

这种烟形成了一种厚厚的雾，毒性很大，导致大量的人患病和死亡。一位英国的医生将英文中的烟（smoke）和雾（fog）合并为一个新的词——**烟雾**（smog）。

1952年12月，近4000人死于伦敦烟雾事件。在这一事件中，这样的烟雾笼罩伦敦长达几天的时间。当时，烟雾的浓度很高，人们甚至都看不见自己的脚。燃煤再一次被认为是这次事件的罪魁祸首。伦敦烟雾事件之后，英国在1956年通过了《清洁空气法案》，将**发电厂**和污染型工厂迁出了有大批居民居住的地方。

洛杉矶的烟雾

烟雾污染不仅发生在欧洲，美国的洛杉矶同样也被人们冠以“世界雾都”的称号。1943 年，洛杉矶城外的圣费尔南多谷的天空第一次变成了棕黄色。人们只能躲在家里，避免外出呼吸那些能够刺激喉咙和眼睛的肮脏空气。经过数年的研究，科学家们终于查清了这种棕黄色的烟雾来自于汽车尾气的排放。后来人们将这种烟雾称为**光化学烟雾**。

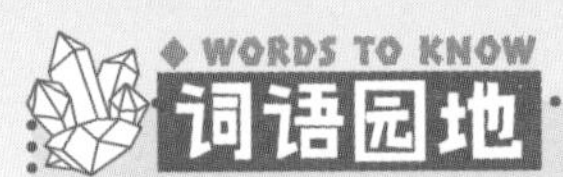

WORDS TO KNOW

词语园地

光化学烟雾：由汽车、工厂等污染源向大气排出的污染物，在阳光的作用下发生化学反应形成的空气污染物。

由于洛杉矶四面环山，污染物很难散去，加之白天加利福尼亚州上方的暖气团像盖子一样压在污染物的上方，因此污染物只能在夜间温度下降时，上升并逐渐消散。这次事件之后，美国的加利福尼亚州出台了很多法律来控制大气污染。

臭氧

你在看电影的时候也许会发现，骑士们穿着各式各样的厚盔甲来保护自己。其实，臭氧就像盔甲一样，只不过它不是金属制作的。大部分臭氧位于距离地球表面 10~50 千米的平流层内，能保护我们免遭太阳光中过量的**紫外线**辐射危害。

◆ WORDS TO KNOW

词语园地

紫外线： 由太阳辐射出的一种看不见的射线。

气溶胶： 一种在压力作用下，固体或液体分散并悬浮在气体中形成的物质，随着气体喷射出来，能形成泡沫。

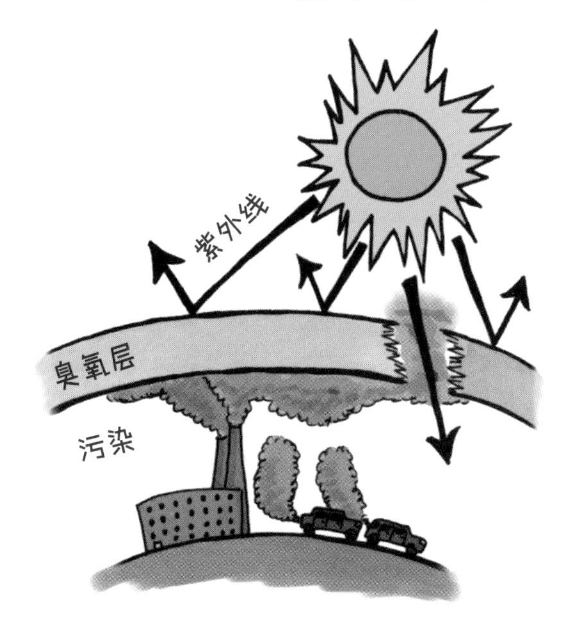

但是，这层臭氧如果跑到对流层中，就会成为空气中的污染物。这是因为，臭氧对植物和我们的肺都有破坏作用，还能够使橡胶开裂。那么，对流层中的臭氧是怎样产生的呢？汽车尾气、工厂排放的烟尘和某些**气溶胶**喷雾都会产生臭氧。在天热的时候，混合着阳光的臭氧会形成臭氧雾。从 20 世纪 70 年代开始，科学家们便开始研究各种化学物质对臭氧层的影响。其中，一类名叫氟氯烃的物质（也称作氟利昂）进入了他们的视野。这种物质在空调、发胶罐这样的物体中能够找到。

科学家们发现，紫外线会将氟氯烃分解成一些有害的气体，例如氯气。氯气则会使保护我们的臭氧层变薄。

1987 年，24 个国家联合签订了旨在保护臭氧层的《关于消耗臭氧层的物质的蒙特利尔议定书》。到 2012 年，已经有将近 200 个国家和地区签署了这项议定书。尽管签订这项议定书的国家承诺不再使用氟氯烃，但科学家们认为，大气层中的氯气要降至正常水平需要至少 50 年的时间。

保持空气清洁

我们在保护空气方面有很多事可以做:

1. 尽可能步行或者骑车上学，劝说你的爸妈少开车。

2. 鼓励你的家人循环利用一些塑料制品、纸制品、玻璃制品和铝制品。这样可以节约能源，并减少空气污染。

3. 告诉你的父母，去银行办事、去餐馆就餐时，尽量不要走自动开关门；停车时，要把发动机和空调关闭。你还能想到在其他什么地方和什么时候应该关闭发动机和空调吗?

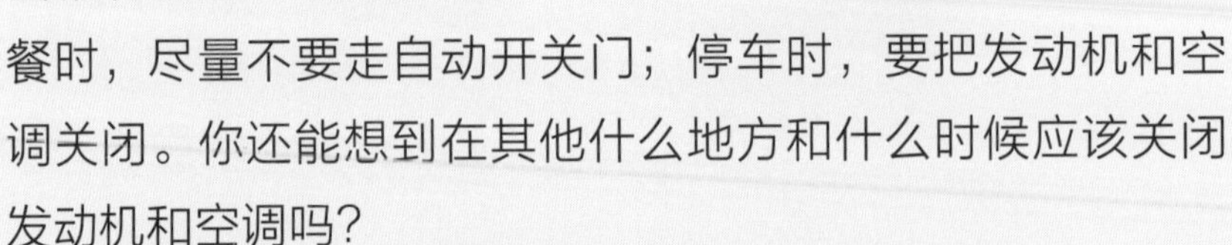

4. 如果你的家里有草坪，最好选用推式除草机，不要使用气动除草机，尽量减少污染物的排放。

观察大发现

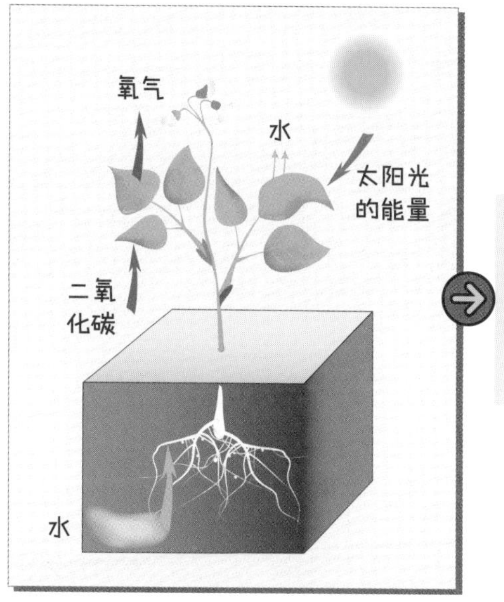

氧气是绿色植物通过光合作用制造出来的。绿色植物的细胞中进行光合作用的场所被称为叶绿体，叶绿体中含有叶绿素，正是叶绿素的存在，绿色植物的叶片才呈现绿色。

大气层的最下层是对流层，各种天气现象就发生在对流层，如云、雨、雪等。我们人类和其他各种生物也生活在对流层的底部。

对流层之上是平流层。平流层顾名思义，这一层的空气流动比较平稳，所以适合动力飞行器的飞行，比如我们平时乘坐的客机就飞在平流层。另外，臭氧层也位于平流层内，在平流层上部。

观察大发现

平流层的上面是中间层，是大气层中最冷的地方。流星的燃烧就发生在这里。

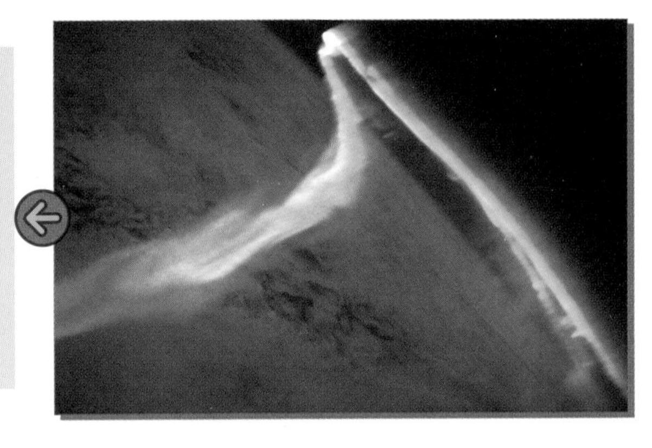

热层位于中间层之上。国际空间站、通信卫星等航天器就在热层运行，极光现象也发生在热层顶部。热层受太阳的影响，处于高度电离的状态，电离层就位于热层。在热层之上就是地球大气层的最外层——散逸层，逐渐融入宇宙空间。

空气是人类一刻也离不开的自然资源。空气中的氧气供人们呼吸，这是空气对人类最大的作用。但是，空气资源正遭受着空气污染的严重威胁。人类活动是产生空气污染物的主要来源，如燃烧化石燃料和使用发胶。

动手做 · MAKE YOUR OWN

绿色出行海报

在这个动手活动中，你将设计一个倡导绿色出行的海报。倡导人们步行、骑车或乘坐公共交通工具出行，以此来减少空气污染。做好之后，你可以向学校或其他公共场所申请，张贴你的海报。

材料和准备工作

- 麦片盒子
- 剪刀
- 杂志
- 马克笔或彩色铅笔
- 胶水

WORDS TO KNOW 词语园地

口号：一个容易记的，用于广告宣传的词语、短语或句子。

1 将麦片盒子沿黏合的地方打开，放平。

2 用剪刀将盒子的边缘部分剪掉，只留下2片长方形的大硬纸板。拿出其中一张，作为你制作海报的材料。

3 想一些吸引人的**口号**，写在海报上，来吸引公众的注意。

4 从杂志上剪下你需要的图片，或者用彩色铅笔或马克笔来装饰你的海报。

试一试：问问你的同学，他们上下学都选择什么交通方式？乘私家车、公交车、地铁，骑自行车还是步行。看看哪种方式最普遍。然后，向你的同学发出绿色出行的倡议。

实验 · EXPERIMENT

清洁空气实验

我们已经知道了许多有关空气污染的知识。现在我们来做个实验，看看你家、学校以及室外的空气是否清洁。在实验中，你将使用凡士林膏吸收空气中的污染物。

材料和准备工作

- 科学日志
- 铅笔
- 卡片（或者从文件夹上裁剪下来的卡片）
- 凡士林膏
- 胶带
- 放大镜

1 在正式开始实验前，先绘制一个科学方法工作表。科学方法就是科学家提出问题，找到答案的方法。找一个笔记本，作为你的科学日志。

科学方法工作表
问题：这项动手活动的目的是什么？你想要发现什么？有哪些问题需要通过这项动手活动找到答案？
工具：动手活动中需要使用什么工具？
方法：如何开展动手活动？
假设或预测：你认为会发生什么？
结果：你真实观察到什么现象？这些现象为什么会发生？

2 你认为哪张卡片上的空气污染物最多？为什么？写下你的假设，这就是你的预测。

3 在4张卡片中的2张上分别写上“实验1（室内）”和“实验2（室内）”的字样。然后在另外2张卡片上分别写上“实验1（户外）”和“实验2（户外）”的字样。把凡士林膏分别涂抹在4张卡片上。

4 将一张卡片贴在玻璃内侧，另一张贴在玻璃外侧，用胶带粘牢。然后把另一组卡片贴在另一个窗户上，也是一张在内，另一张在外，用胶带粘牢。

5 每天用放大镜观察卡片，持续观察一周，将你观察到的结果记录在科学日志上。

想一想：将你观察到的实验结果和你的假设相比较，怎么样？粘在卡片上的颗粒物是非常细小的。你认为室内空气中颗粒物的主要来源是什么？室外空气中颗粒物的主要来源又是什么？

试一试：拿几张新的卡片粘在汽车上或者自行车上，也可以粘在教室窗户的内外。结果有什么不同，想一想为什么。

你知道吗？
DID YOU KNOW？

荷兰科学家发明了一种能净化空气的人行道。这种人行道上喷有氧化钛，能减少空气中一半的污染物。这种人行道能从空气中去除污染物，然后把它们转化成无害的化学物质。

实验·EXPERIMENT

制造氧气的实验

18世纪，一位名叫扬·英根豪斯的荷兰科学家用植物进行了一次水下实验。他想研究植物如何产生氧气。我们进行的这个实验与当年英根豪斯的实验类似，你也能发现植物是如何制造氧气的。

材料和准备工作

- 科学日志
- 铅笔
- 水草
- 2个大罐子（要有盖）
- 自来水

1 在你的科学日志上绘出一个科学方法工作表，并写下你的假设。你认为哪种植物能产生更多的氧气，为什么？

2 将两个罐子里装满水，各放进一株水草，然后盖紧盖子。

3 将一个罐子放在有阳光的窗台上，另一个放在壁橱或阴暗的房间里。

4 一段时间之后，检查一下两个罐子中植物的状态，记录下你的观察结果。

发生了什么？

水中的小气泡就是水草产生的氧气。植物产生氧气，需要光。放在有阳光的房间中的水草比放在阴暗房间中的水草能产生更多的氧气。这是因为放在有阳光的房间中的水草获得了更多的能量。想象一下，如果在实验中使用不含二氧化碳的蒸馏水会怎样？如果把罐子放在人造光源（如日光灯）下会怎样？在人造光源下，植物的光合作用会加速吗？为什么？

活动 · ACTIVITY

挥发性有机化合物调查

前面我们讲过一种叫氟氯烃的化学物质，在人们发现它对大气层的破坏之前，它在我们日常使用的家电以及日用化工产品中很常见。氟氯烃是一种**挥发性有机化合物**（VOC）。当然，我们在日常生活中还会接触到其他各种各样的挥发性有机化合物，例如油漆、油漆稀料、家具抛光剂、酒精、发胶、香水、干洗衣服的洗涤剂、胶水、樟脑球、杀虫剂等。通过下面的活动，你可以知道自己家中有哪些污染环境的挥发性有机化合物。

材料和准备工作

- 科学日志
- 铅笔

WORDS TO KNOW

词语园地

挥发性有机化合物（VOC）：一大类对人体和环境有害的化学物质。

注意：在使用网络时，一定要有大人在身边。

1 在活动开始之前，要在你的科学日志上绘出一个科学方法工作表，然后写下你的假设。你认为家中的哪个房间产生挥发性有机化合物的物品最多，并给出你的理由。

2 在科学日志上根据你家里的房间数划分出相应的栏，并通过观察在相应的栏中写下相应物品的名称。

3 在你的观察统计完成后，可以绘制一幅柱状图来反映你的观察结果。

房间1	房间2	房间3	房间4

想一想： 你的观察结果和你的预测一致吗？哪个房间产生挥发性有机化合物的物品最多？你认为为什么是这样？有哪些对空气无害的产品可以替代这些产生挥发性有机化合物的物品？

保护空气，我们在行动

空气是人类必需的一种自然资源。空气中的氧气是人类生存所需要的，空气质量的优劣对人类的身体健康也有很大影响。我们都生活在空气中，可见空气最关乎人们的切身利益。下面是一些保护空气的小妙招。保护空气，从我做起！

1 如果你家离学校不远，尽量步行或骑车上学。如果你家离学校较远，尽量搭乘公共交通工具。

2 做到节约用电。离开房间时，不要忘记关灯。电器不用的时候，也要随手关闭。尽量少使用空调、电暖气等家用电器。

3 爱护植物。植物能制造氧气，还能清新空气。爱护植物，有助于保护空气。比如，不践踏草坪、不滥折树枝花草，等等。

4 制作宣传保护空气的宣传材料，如前面动手环节中做的海报，倡导人们改变生活习惯，保护空气。

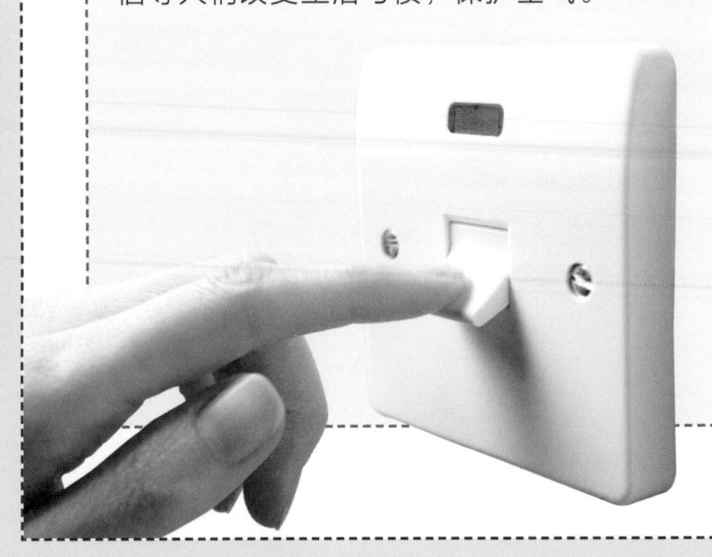

第二章

奇妙的水

Wonderful Water

奇妙的水

你有小名吗？我们的地球就有小名，那就是“蓝色星球”。地球之所以被称为“蓝色星球”，是因为地球大约 70% 的表面都被水覆盖。大部分的水位于海洋中，包括太平洋、大西洋、印度洋和北冰洋。

普通的水是无色、无味的液体，没有它，任何生命都不能存活。我们每天需要喝水来维持生命；我们可以在水中游泳、嬉戏；我们可以乘船在水上航行；我们还可以用水来发电。

也许你会认为地球上的水太多了，根本用不完，但实际上能够被人利用的水只占其中很小的一部分，大部分的水是咸水。如果把地球上的水都装在 4 升的容器中，那么能供我们使用的水有多少呢？只有 1 汤勺那么多！

地球上只有约 3% 的水是淡水。这些淡水才是你在外面玩得满头大汗之后，回到家里想要喝的水。但不是所有的淡水都能被我们轻易地利用。很多淡水储存在地下深处或**冰川**和冰盖里。

WORDS TO KNOW
词语园地

冰川：一大片的雪和冰被称为冰川。

水循环

地球上的水处于不断地循环之中。正是因为水在不断地循环中，所以地球的水资源总量在 20 亿年的时间中能保持相对平衡和稳定。也许你现在喝下的水，几千年前曾经在古埃及的金字塔旁流过。

开心一刻 · JUST FOR LAUGHS

问：水流最擅长什么运动？

答：跑步。

水循环就发生在你身边。太阳加热水**分子**，驱动了水循环。来自太阳的热量使水分子之间的**键**断开，使得水由液体变为气体，也就是水蒸气。这就是水循环的开始。当然，水也会从固体转化为液体，例如冰雪融化。

在水循环的过程中，地球上的水体，例如湖泊、池塘吸收太阳能。一些水**蒸发**到空气中。绝大部分的水蒸气来源于海水的蒸发，因为海洋覆盖了地球大部分的表面。

水蒸气进入大气，遇冷就会**凝结**成水滴，在空中形成云。当空中的水滴足够重时，我们出门就要打伞，穿雨靴了。这些水滴会落到地面形成雨或雪，具体是什么取决于温度。这被称为**降水**。

WORDS TO KNOW

词语园地

水循环： 水从大地到云中，再落回大地，这样一个循环往复的运动就是水循环。

分子： 组成物质的一种微小粒子，通常由原子组成。

键： 将两个粒子连结在一起的一种力。

蒸发： 物质由液体变为气体的过程。

凝结： 物质由气体变为液体的过程。

降水： 大气中的水通过雨、雪、冰雹、雨夹雪等形式，降落到地面的过程。

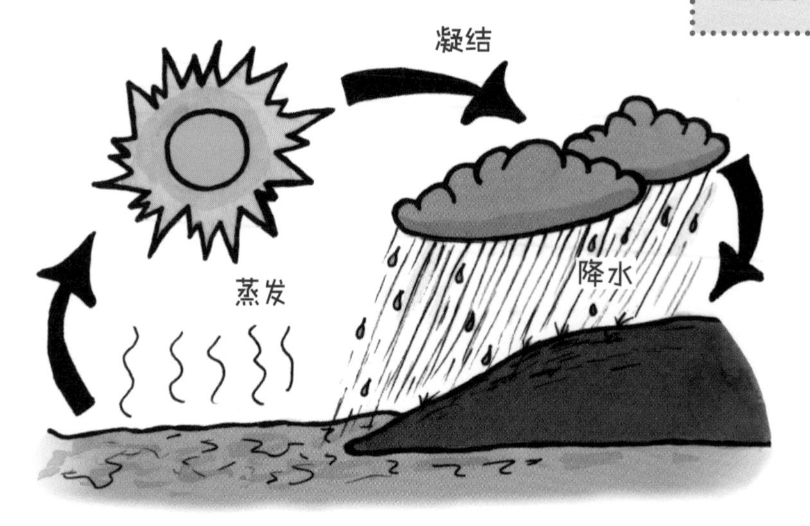

一个美国人平均每天要使用320~400升的水！这些水大部分消耗在种植水果和制作衣服上。

水降落到地表，然后流入河流和海洋。有些水流入湖泊、池塘，还有一些则穿过土壤和岩石流到地下深处，形成地下水。水在地下可以储存很长时间。

关于水的神话传说

> WORDS TO KNOW
> **词语园地**
>
> 干旱：长期不降水或只有微量降水的现象。

很久以前，人们不知道为什么会下雨，为什么会出现**干旱**。为了解释这些神秘现象，人们开始编出各种神话传说。今天，我们都知道为什么会下雨，为什么会发生干旱，因而会觉得这些神话故事很有趣。

澳大利亚原住居民中就流传着这么一个神话传说：有一只大青蛙，在干旱季节不想忍受饥渴，于是喝干了所有能找到的水。这惹恼了其他动物，于是它们想尽一切办法让青蛙笑。青蛙只要一笑，口中的水就会流出来，足够大家用了。最后，这只青蛙化成了一块神石。

你和水

你知道吗？水占据了你体重的一半以上。如果没有水，你的身体就无法正常工作了。不仅人类需要水，动植物和其他一切生命都需要水。植物需要水进行光合作用，以维持生命。我们吃的蔬菜和水果都来自植物，可以说植物是人类重要的食物来源。

水污染

我们每天都要喝水。如果我们发现杯中的水很脏，肯定不会喝。喝了就会有害健康。

尽管**水处理厂**可以将水净化，供我们饮用，但水污染仍然是个迫在眉睫的问题。水污染物主要来自于**杀虫剂**、**化肥**以及废物的排放，这些污染物严重影响了生态系统。例如，当含有化肥的废水排入自然水体中时，**藻类**就会大量繁殖，它们会把水中的氧气耗尽，造成其他水生植物和鱼类的大量死亡。

水处理厂： 将天然水净化处理，以供人们使用的地方。

杀虫剂： 用来杀灭害虫的一类化学物质。

化肥： 施放在土地上，用来帮助农作物生长得更好的一类物质。

藻类： 生活在水中的一类微小有机体，看起来像植物，但没有根、茎和叶。

当人们往水里倾倒垃圾时，水就被污染了。然而，自然界不能像变魔术那样让这些污染物消失，而且不是所有的物质都很容易分解。所以，水中的垃圾会年复一年地污染着水体。

酸雨

酸雨是含有像二氧化硫、一氧化氮这样的化学物质的一种降水。这些无色的气体和液体进入空气中，然后随着雨雪降落到地面。酸性气体可由火山喷发、森林大火等自然因素产生，人类燃烧化石燃料也是产生酸性气体的主要途径。

当酸雨降落到地面时，地面上的植物就会遭到破坏，甚至死亡。植物是**食物链**中的重要一环。植物的大量死亡会带来什么严重后果呢？以植物为食的动物会没有足够的食物，它们的生存会受到严重的威胁。

当酸雨降落到水体中时，也会发生同样严重的后果。尽管水体表面看起来仍然清澈，但实际情况是已经被污染得很严重了。当水中的酸性物质达到一定浓度后，水中的生物就会大量死亡。在加拿大的新斯科舍省，科学家估计由于酸雨的危害，水中四分之一的鱼类已经死亡。

WORDS TO KNOW
词语园地

酸雨：被酸性物质污染了的降水。

食物链：在自然环境中，各种生物通过捕食与被捕食关系形成的一种链状联系，被形象地称为食物链。

观察大发现

从太空中看，我们的地球是一个蓝色的星球。这是因为地球大约70%的表面都被水覆盖。这些水大部分位于大洋中，只有一小部分是能够被人们利用的淡水。

在淡水中，大部分是人类利用起来比较困难的。这些淡水储存在地下深处或冰盖和冰川中。图中这些固体淡水主要分布在高山和两极地区。

古时候，由于人类的知识有限，解释不了降雨、海浪等关于水的现象，因此世界各地的人们就编造了许多关于水的神话。在古代中国，人们认为水是由龙王控制的，下雨、海浪、洪水涨落都归龙王管，因此人们建了许多龙王庙，祭祀龙王，祈求风调雨顺。

在古希腊神话中，波塞冬是海神，掌管着大海。古希腊人认为，海水涨落、大海中的风浪都是海神波塞冬的力量。由于当时人们对抗自然的能力有限，因此在他们看来大海是狂暴的。在古希腊神话中，海神波塞冬也被描述为一个脾气十分暴躁的神。

水资源对人们来说十分重要。人类生存需要喝水。水可以用来发电、灌溉、清洁。江河、海洋、运河等各种水体还是人类运输的重要通道。

除了人类排放污水、倾倒垃圾、使用农药这些活动能够污染水资源，工业生产向大气中排放酸性气体也会造成水污染。这些酸性气体与大气中的水滴结合在一起，会形成酸雨。酸雨能污染水体、土地，破坏建筑和古迹，还会对动植物造成伤害。

活动 • ACTIVITY

计算你每天用多少水

在下面的活动中，计算一下你每天使用多少水。这个总用水量我们一般称之为水足迹。

材料和准备工作

- 科学日志
- 铅笔
- 直尺
- 空水壶
- 水龙头
- 秒表

1 在你的科学日志上绘出一个科学方法工作表。你认为每天你大约用多少水？你的家人中谁用水比较多？

2 将科学方法工作表分为5栏，并照下列样式在每一栏中填写。

刷牙	洗脸	淋浴	冲厕所	洗碗筷
估计：	估计：	估计：	估计：	估计：
实际：	实际：	实际：	实际：	实际：

3 打开水龙头，用秒表计时，看看多长时间可以将空水壶装满。这个水壶就是你的计量工具。然后给出你的预测，填在相应的表格里。

4 用秒表记录你用水做事的时间，例如记录你刷牙的时间。

5 将水壶放在水龙头下，按照你刷牙用的时间往里灌水。看看在你刷牙的时间里，如果不关水龙头将会消耗多少水。与你估计的数值相比较，看看你的预测值是否准确。

想一想： 你的实际用水量超过你的预测值了吗？如果是的话，那么你能想出节约用水的方法吗？你用过的水是否还可以重复利用呢？用过的水用来浇花或者刷碗怎么样？

行动起来，节约用水

下面的做法可以节约水资源，并保持水资源的清洁。

1. 当你刷牙时，可以先把水龙头关上。
2. 当碗、盘装满后，再使用洗碗机。
3. 在花园里收集雨水。
4. 饮用烧开的自来水，尽量不要喝瓶装水。
5. 不要将油污倒入下水道和排水沟，可以用塑料瓶收集后当“固体垃圾”处理。
6. 如果去海滩或湖边度假，不要乱丢垃圾，离开时要记着带走你的垃圾。

活动·ACTIVITY

水体调查

水资源对人类至关重要。但是，人类活动已经对水资源造成了严重的污染。调查一下你居住地区的水体，看看它们是否被污染。

注意：外出来到自然水域附近的时候，一定要有大人在身边。

材料和准备工作

- 科学日志
- 铅笔

1 找一个阳光明媚的日子，拿着你的科学日志，在大人的陪同下到室外调查。

2 在你的科学日志中按下面的样式做一个科学方法工作表。

3 来到你居住地区的一处水体附近，如河流、池塘、湖泊、水库等，观察水体的颜色、气味，看看里面有哪些杂物，杂物的量有多少，再留意一下水域附近的植被和人造设施，如工厂、居民区等。在你的科学方法工作表中记录下你的观察结果。

想一想：你家附近的水体质量如何？水体附近的人造设施对水体质量有什么影响？是不是水体附近植被情况更好的，水体质量也更好呢？发动你的同学、朋友也来做相同的工作，并与他们交流。

水体	颜色	气味	杂物种类	杂物的量（杂物占水体表面面积的比例）	附近的植被	附近的人造设施

实验 · EXPERIMENT

脱水实验

人可以一个月不吃饭，但是最多只能 5~7 天不喝水。在这个实验中，你将发现如果你的身体失水的话，会有什么后果。

注意：在这个实验中要用到小刀，因此要有一个大人帮你完成实验。

材料和准备工作

- 苹果
- 削皮刀
- 水果刀
- 科学日志
- 铅笔
- 细绳
- 剪刀
- 塑料容器

1 将苹果削皮，然后放在一个塑料容器中。

2 将苹果切成块，用铅笔在科学日志上临摹一幅苹果的图画。

3 在苹果块上扎一个小洞，把细绳穿过小洞，并吊起苹果块。

4 仔细观察，随着时间的推移会发生什么现象？每天观察并记录 1~2 次。看看苹果晾成干大概需要多长时间。

5 当苹果块彻底晾成干后，再临摹一幅苹果的图画，与之前的临摹图作比较。

想一想：如果把两个苹果块各自放在凉快的房间和温暖的房间里，实验结果会有什么不同？如果把两个苹果块各自放在阳光下直射和背阴的地方，实验结果又会有什么不同？

实验 · EXPERIMENT

水的净化实验

随着地球上的水不断地从海洋到天空，再回到陆地和海洋，水中的岩石、盐和沙子在这个过程中都被净化掉了。在这个实验中，你将了解到水是如何通过水循环得到净化的。

材料和准备工作

- 科学日志
- 铅笔
- 1 升水
- 大碗
- 汤勺
- 2 杯土壤或沙子（475 毫升）
- 玻璃杯
- 保鲜膜
- 石头
- 有阳光的地方
- 食用色素或酱油

1 在你的科学日志上绘出一个科学方法工作表，并写下你的假设。你觉得这些水能否被净化？

2 将 2 杯土壤倒入大碗中，加入水，并不断搅拌。

3 将空玻璃杯放入大碗的中央，杯口要高于大碗中的水面，但要低于碗口。

4 将大碗放在一个阳光直射的地方，并严密覆盖一层保鲜膜。然后，将一块石头放在保鲜膜上，石头要正好放在玻璃杯的中心位置上。

过去： 在 1972 年美国的《清洁水法案》出台之前，美国的河流被垃圾严重污染。

现在： 今天，美国各条河流的水质有了明显的改善。很多曾经污染严重的河流已经恢复了清澈。

5 几个小时后，观察一下玻璃杯，看看里面出现了什么。

6 再做一次这个实验。这一次把土壤换成食用色素或酱油，将它们倒入盛着水的大碗中。

想一想：你能想出两个自然界中存在的凝结例子吗？在这个实验中，如果不覆盖这层保鲜膜，你认为实验结果还会是这样吗？

发生了什么？

当来自太阳的能量将碗里的水加热时，液态水就变成了水蒸气。这一过程就是蒸发。水蒸气上升，接触到保鲜膜，然后凝结成水滴。水滴再落回玻璃杯。这就是水循环。

节水的淋浴

每年，一个普通美国家庭要用掉 76000~121000 升的水。能有这么多的水被人使用，不是因为水多，而是要归功于一项发明——这就是由一位叫彼得·布鲁因的科学家发明的循环水淋浴装置。布鲁因的淋浴装置能回收并净化 70% 的洗澡水。人们希望这项发明能够为干旱地区和灾区的人们带去福音。

认识水足迹

在前面的动手活动中，我们提到了水足迹的概念。什么是水足迹呢？水足迹就是日常生活中全体社会成员使用的商品和服务，在生产它们的过程中消耗的全部水量。水足迹反映了一个国家、一个地区或一个人的水资源消耗和污染。

产品	水足迹
1 千克牛肉	15500 升
1 千克鸡肉	3900 升
1 个汉堡	2400 升
1 升牛奶	1000 升
1 千克玉米	900 升
1 杯咖啡	140 升

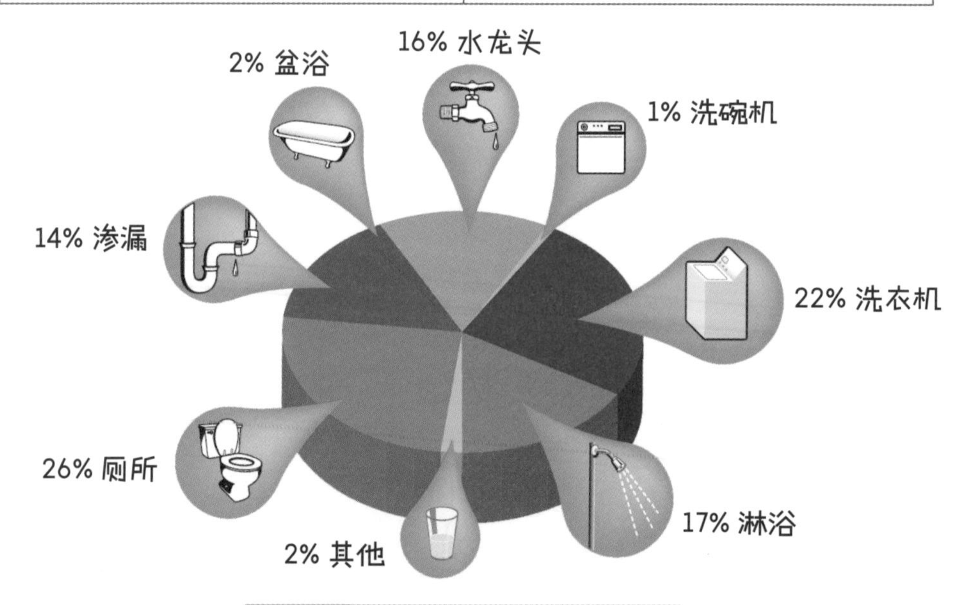

家庭日常生活用水的水足迹比例

第三章

强大的土壤

Super Soil

强大的土壤

在我们的脚下就有一种十分重要的自然资源。有时候，它会被公路、人行道和建筑物覆盖。但是，它为四分之一的生物，包括动物和植物，提供了家园。这是一种什么样的自然资源呢？这就是土壤！

或许你会认为土壤就是泥土，但土壤不仅仅是泥土。泥土是你在外面玩耍后，溜回家时在裤子上发现的东西。其实，土壤是肥沃的**有机质**、黏土和岩石块的混合物。

有机质：腐败的动植物遗体，它们为土壤提供了可供生物利用的营养物质。

尽管覆盖土壤的地表只占地球表面积的10%，但是土壤的作用十分重要。土壤中含有**营养物质**和水分，这是能够在土壤上种植农作物的原因，也是土壤能够成为动植物家园的原因。

> WORDS TO KNOW
> **词语园地**
>
> **营养物质**：存在于食物和土壤中的，生物必需的，用来生活和生长的物质。
>
> **侵蚀作用**：岩石或土壤被水和风持续不断剥蚀的作用。

形成几厘米厚的土壤，就需要成千上万年的时间。土壤中95%的物质来源于破碎的岩石、黏土以及沙砾，这些被称为矿物。**侵蚀作用**使得大块的岩石破碎。像树叶、枯树和动物遗体这样的有机质也被分解。这些有机质和矿物混合在一起就形成了土壤。

另外两种自然资源——空气和水则存在于这些矿物之间的空隙中，为动植物的生存提供了必要条件。有一种动物，它没有四肢，我们看不到它的眼睛，但是它能够改良土壤，为其他动植物的生存提供了良好的条件，它被称为“土中的园丁”。你知道它是哪种动物吗？

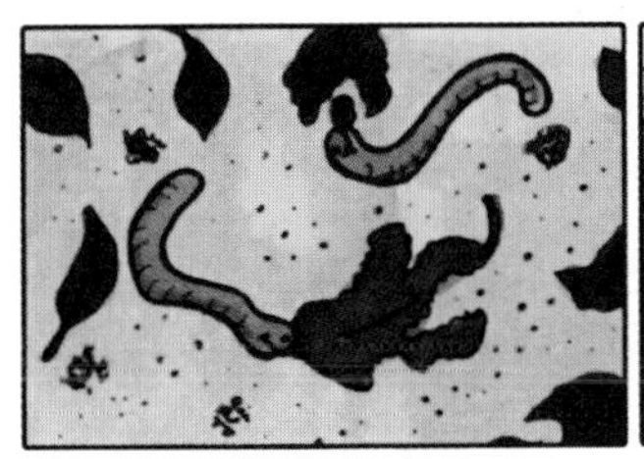
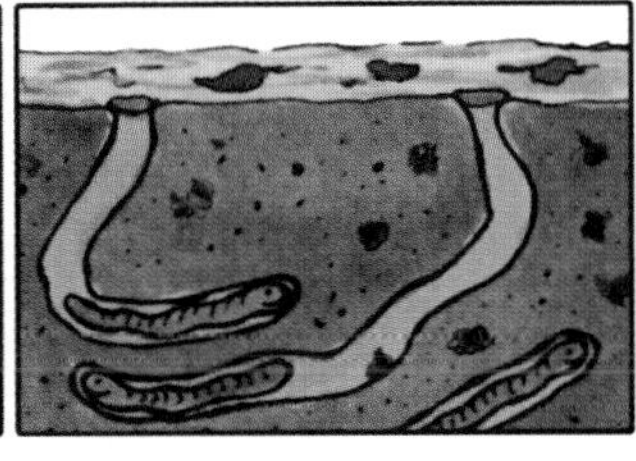

对，就是蚯蚓。蚯蚓不断吞食土壤，然后排出。蚯蚓的排泄物是植物营养的重要来源之一。此外，蚯蚓不断地在土壤中钻洞，也混合了土壤，为水和空气提供了空间。这些都使植物根系的生长更加容易。

土壤的分层

土壤是分层的。最上面的一层是**表层土**，这一层富含营养物质，可以为种子的萌发和植物的生根提供条件。植物为生活在表层土中的许多动物提供了食物和遮蔽处。此外，在这里还有一些微生物，充当着**分解者**的角色。它们将动植物的遗体分解，剩下的有机质便是**腐殖质**。

WORDS TO KNOW

词语园地

表层土：土壤的顶层被称为表层土。

分解者：能够分解废物和死亡的动植物遗体的一些生物，如蚂蚁、蚯蚓和真菌。

腐殖质：由腐烂的树叶和其他有机体形成的，土壤的组成成分。

下层土：位于表层土之下的一层土壤。

基岩：位于下层土之下的坚硬岩石层。

腐殖质

分解者

表层土

下层土

基岩

下层土位于表层土的下方，含有很多矿物，但是腐殖质很少。下层土中孔隙较多，含有不少的水分和空气。一些植物的根系就扎入下层土中吸收水分。下层土的下部是**基岩**。

土壤的类型

地球上土壤的类型很多。其中，沙漠中的沙化土壤（简称沙土）覆盖了地球表面的五分之一。沙土干燥多沙，有机质含量非常少，而且不能保存水分。当我们煮完水饺，我们要用**漏勺**将水饺捞起来，这样水就能漏下去。这与沙漠中的情况类似，沙土就像是漏勺，保存不了水。

> WORDS TO KNOW
> **词语园地**
> **漏勺：**一种带有很多孔洞的勺。

另一类是黏土，含有大量的水分，但是通气性很差，因此它是生产瓦片、陶瓷和砖块的优质原料。沙子则用来生产玻璃、水泥和可以增加坚硬度的混凝土。目前，世界最高的砖结构建筑物是美国纽约的克莱斯勒大厦，整幢建筑上不承受载重的墙面都是用砖块砌成的。

> **开心一刻·JUST FOR LAUGHS**
> **问：**哪种竹子不生长在土壤中？
> **答：**爆竹。

由火山灰形成的土壤轻而且松软，矿物含量高。这类土壤被称为壤土，含大量的水、空气和营养物质丰富的有机质，非常适合种植农作物。

奥尔多·利奥波德

奥尔多·利奥波德是美国著名的环保人士，他曾在文章中强调人类与土地和谐共处的重要性。1935 年，他参与成立了荒野协会。这个协会的宗旨是保护野外环境。

土壤污染

土壤对人类的意义重大，但是它正面临着污染的威胁。农业废物，如大量使用的杀虫剂和工业排放的有害物质，如铅和汞，都在污染着土壤。雨水则可以将路面上的盐和油污带入土壤。

◆ WORDS TO KNOW

词语园地

地下水： 保存在地表以下的缝隙和空间中的水。

垃圾填埋场： 通常为一片面积巨大的土地，用来填埋垃圾。

当污染物最终进入土壤后，破坏性的连锁反应就开始了。生长在土壤中的植物以及**地下水**都会受到污染，这直接威胁那些以植物为食的动物。生长在被污染的土壤中的水果则会对人体造成危害。

你知道吗？

DID YOU KNOW ?

垃圾填埋场中的垃圾在土壤中分解后，会释放一种叫作沼气的温室气体。位于美国加利福尼亚州的美国海军陆战队米拉玛尔航空站，正在实施一项利用来自附近垃圾填埋场的沼气发电的工程。这不仅可以解决沼气污染空气的问题，还可以减少因发电而消耗的不可再生资源的数量。

土壤侵蚀

根据科学家的调查，肥沃的土壤消失的速度，远远高于土壤形成的速度。

土壤侵蚀是一个自然过程，但是人类的**过度放牧**和**森林采伐**活动会破坏土壤中生长的树木和其他植物。由于没有植被的保护，土壤更容易被侵蚀，更容易被风吹走，被流水冲走。随着时间的推移，土壤中的营养成分越来越少，什么也不能在土壤中生存了。这时，土壤会逐渐沙化，最终变成沙漠。这就是**土地荒漠化**。每年都有大量的可耕作土地沦为荒漠，面积相当于美国的宾夕法尼亚州。

WORDS TO KNOW
词语园地

过度放牧：人类饲养的牲畜将一个地方的植物吃得一干二净，从而导致生态环境恶化，这种行为就是过度放牧。

森林采伐：将某地所有树木砍光，或者烧光，以清理出一片土地，这种行为就是森林采伐。

土地荒漠化：可耕种的土地变成荒漠的现象。

沉积物：由风或者流水带来的石块、沙子、泥土等，堆积在某地形成的物质。

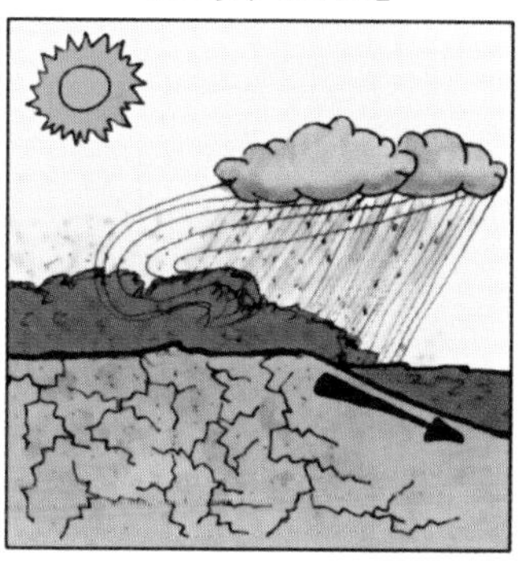

土壤侵蚀还会污染江河和溪流。当植被越来越少时，土壤和被污染的水体可以很容易地移动到任何地方。污染物随着河流入海，会危害海洋栖息地。在温暖的水域，如佛罗里达半岛附近的海域，这些**沉积物**将珊瑚礁覆盖住，阻挡了阳光照射到珊瑚礁上。没有阳光，珊瑚和水草就没法生存了。

风沙侵蚀区

最为严重的一次土壤侵蚀事件发生在20世纪30年代美国中西部的几个州。这场强烈的沙尘暴摧毁了这几个州的农田，形成了风沙侵蚀区。在沙尘暴发生前的几年，农民们开垦草地，年复一年地种植同样的农作物。这就阻止了新的营养物质进入土壤。

没有了草和营养物质，干旱和沙尘暴破坏了表层土，许多人因此失去了农场。经历这次教训后，人们开始在土地上种植多种多样的农作物，还种植了防护林，以阻挡风沙的侵袭。

WORDS TO KNOW
词语园地

堆肥： 将食物残渣、蔬菜叶等回收，经过堆制发生腐烂分解，从而制成富含有机质的肥料。

保护土壤

如果没有土壤，我们在哪儿种庄稼来填饱肚子呢？下面是一些保护土壤的创造性措施。

★不要使用化学杀虫剂。

★在公园和学校组织捡拾垃圾的公益活动。

★将厨余垃圾**堆肥**处理，减少垃圾量。

★在菜园里进行轮种，并施用堆肥。

★使用可循环利用的饭盒，减少一次性餐具的使用量。

★每年在相关的纪念日参加植树活动，如3月12日的植树节、6月5日的世界环境日、6月17日的防治荒漠化日等。

土壤是一种很常见的自然资源。土壤并不等同于泥土，土壤是黏土、岩石块和有机质的混合物。地球表面只有十分之一的部分覆盖土壤。

土壤最大的特点是能保持营养物质、空气和水分，因此土壤是最适合植物生长和动物生存的。人类在土壤中种植农作物，以获取食物并满足其他需求。

黏土是一种类型的土壤。黏土中含有丰富的水，却只含少量的空气。黏土常被用来烧制砖块、陶瓷等。

沙土是另一种类型的土壤。沙土粒之间有较大的空隙，含有丰富的空气，但是不能存水。沙土经常出现在干旱的地区。人类对土地不合理的开发利用，如过度放牧和滥砍滥伐，都会导致土壤沙化，也就是土地荒漠化。

如果土壤中生长的植被较少，那么土壤就容易被风和水侵蚀。侵蚀作用导致的土壤流失被称为水土流失。水土流失会产生很大的危害，例如，破坏耕地；污染水体；堵塞航道；抬高河床，引发洪水等。

动手做·MAKE YOUR OWN

迷你堆肥箱

堆肥是一种有机质，可以添加到土壤里，作为植物生长的肥料。你可以尝试自己制作一个堆肥箱。所用的肥料来源可以是报纸碎屑，或者是吃剩下的瓜果蔬菜。但是，不要用肉、牛奶或食用油制作堆肥，因为这些食物降解得很慢，影响堆肥的生产进度。

材料和准备工作

- 装牛奶的硬纸盒
- 剪刀
- 纸
- 胶带
- 蜡笔或马克笔
- 废报纸或剩下的瓜果蔬菜
- 土壤
- 铝箔
- 水

1 将装牛奶的硬纸盒剪去顶部。当然你可以在牛奶盒的外面糊上一层白纸，用蜡笔或马克笔做一些装饰。

2 收集一些堆肥原料，如废报纸碎片、土豆皮和苹果核。把它们倒入牛奶盒，然后盖上一层土壤。

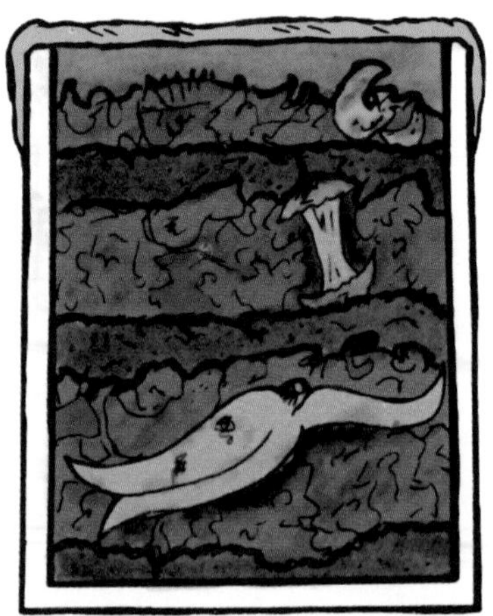

3 重复上面的步骤，一层土壤，一层堆肥原料。当装满牛奶盒的四分之三时，在牛奶盒的顶部覆盖一层铝箔，以防止水分蒸发。

4 每天搅拌一次。如果发现堆肥干了，就倒入少量的水。记录下你每天观察到的现象。堆肥的过程要持续 4 个星期左右。

发生了什么？

一些真菌作为分解者分解了这些有机质。每天你搅拌堆肥的目的是让空气渗透到混合物的每个部分。

土壤侵蚀模型

当人们为了开垦农田，将一片土地上的树木全部砍伐掉时，土壤会怎样呢？当一片草原上的草全部被牛羊啃光后，又会发生什么呢？土壤需要植物来保持水土，防风固沙。如果没有植物，土壤将会受到侵蚀。现在我们做一个模型，来看看土壤侵蚀的过程。

材料和准备工作

- 科学日志
- 铅笔
- 塑料调色皿
- 土壤
- 雪糕棍
- 鹅卵石
- 苔藓或草
- 量杯
- 水

1 在科学日志上绘出一个科学方法工作表，写下你的假设。你认为插着雪糕棍“树木”的塑料调色皿里的土壤、种着草的塑料调色皿里的土壤、没有种植植物的塑料调色皿里的土壤，哪个更容易受到侵蚀呢？为什么？

2 在调色皿中平整地铺上一层土壤，并用手拍实。

3 将雪糕棍、苔藓、草和鹅卵石放进土壤中，用手指在土壤表面划出几条沟作为流水的通道。

4 慢慢地将半杯水（大约120毫升）倒入土壤，观察发生了什么？看看有多少水流入沟中。

5 将上述步骤重复一遍。这一次土壤中不放任何东西。看看有什么现象发生。

想一想：如果在土壤中混入沙子，会有怎样的结果？如果将调色皿的一端垫在一本书上，又会有什么现象发生呢？

实验 • EXPERIMENT

幼苗实验

植物的生长需要阳光、水分和健康的土壤。下面你将准备6个小花盆，来观察哪种土壤最适合植物生长，并探索原因。

材料和准备工作

- 科学日志
- 3枚鸡蛋
- 不溶于水的马克笔
- 纸制鸡蛋包装盒
- 表层土、沙子和黏土各60立方厘米（大约四分之一杯）
- 种子
- 水

1 在科学日志上绘出一个科学方法工作表，并写下你的假设。

2 将3枚鸡蛋从中间敲裂，蛋清和蛋黄可以用来做菜，剩下的鸡蛋壳就是你种植植物的小花盆。将它们冲洗干净，千万不要弄碎了。

3 用马克笔在其中2个蛋壳上标上“表层土”，再在另外2个蛋壳上标上“沙子”，在剩下的2个蛋壳上标上“黏土”。当然，你也可以用彩笔在蛋壳上做些装饰。

4 将6个蛋壳放在鸡蛋包装盒中。根据刚才做的标记分别装入相应的土壤。

5 将植物种子种进土壤，并按照说明浇水。

6 连续观察几周，看看哪种土壤中的植物生长得最好。

试一试： 将6株幼苗移栽到院子里。蛋壳会自然分解，并为土壤增加营养。

实验 • EXPERIMENT

荒漠化实验

世界上有超过 9 亿人生活的地方受到土地荒漠化的影响。在下面这个实验中，我们将看到土地荒漠化是如何影响土壤温度的。

材料和准备工作

- 2 个塑料桶
- 沙子
- 温度计
- 科学日志
- 铅笔

1 往两个桶中放入等量的沙子。

2 将其中一个桶放在背阴处，并将温度计插入沙子中，测量沙子的温度。

3 将另一个桶放在阳光下，并将温度计插入沙子中，测量沙子的温度。

4 30 分钟后，再次读出两个桶中沙子的温度。之后每 30 分钟读一次温度，进行 3 次，并记录结果。

5 将你的测量结果做成线形图，这可能需要你父母的帮助。

你知道吗？ DID YOU KNOW?

在美国，每个州都有州花。不仅如此，每个州还有自己的州土。

对比和比较

在科学研究中，你经常想找出事物的相同点和不同点，这时你就要用到对比和比较。对比找出的是事物的不同点，而比较能发现事物的相同点。此外，通过对比和比较还能发现规律和变化趋势，从而得出科学结论。

列表格是进行对比和比较常用的方法。通过表格，你可以将你想对比和比较的事物有序地进行安排，这样能更直观地发现它们的相同点和不同点，对于发现变化趋势和规律也更为有效。

在“幼苗实验”中，我们就可以绘制一个表格，把每个蛋壳中栽在不同土壤中的幼苗有序地安排在一列，将实验结果对应地安排在另一列。这样我们可以直观地对比不同的处理所对应的结果，进而发现哪种土壤最适合植物生长。

土壤	幼苗生长情况
表层土 1	
表层土 2	
黏土 1	
黏土 2	
沙子 1	
沙子 2	

全能的矿物

Mighty Minerals

全能的矿物

你玩的足球、你的身体、妈妈为你烤面包的面包机，这三样毫不相干的东西有一个共同点，你知道是什么吗？它们都是由矿物组成的。实际上，地球上几乎所有的东西，从瓜果蔬菜到你家门前的道路，甚至你本人，离开了矿物都不会存在。

矿物是一种自然形成的固体物质，没有生命。你能找到的所有矿物都有特定的**晶体**结构。岩石是由两种或两种以上的矿物组成的集合体。岩石的结构取决于构成它的矿物的种类及排列方式。

◆ WORDS TO KNOW
词语园地

晶体：由组成它的分子按照一定的几何样式重复排列而形成的固体物质。

许多矿物是经过亿万年的时间，在**地壳**中经受了高温高压形成的。地球上有 5000 多种矿物，它们都是宝贵的自然资源。矿物可以分为金属矿物和非金属矿物。

金属矿物

有一类矿物，它们具有光鲜亮丽的外表，还能够导电导热。这就是金属矿物，例如铜、金和银。金属矿物富集在**矿石**中，有一些矿石可能只含有一种金属，例如金矿石和银矿石。但大多数矿石中富集了多种金属矿物，例如**铁**矿石和锡矿石。

WORDS TO KNOW
词语园地

地壳： 固体地球的最外层。

矿石： 一种天然形成的含有金属或其他矿物的岩石。

铁： 一种坚硬的，能够被磁铁吸引的金属。

导体： 能够传递电流或热等的物体。

铜： 从公元前 9000 年起，铜就被用来制造武器、工具和首饰。今天，像螺钉、门窗合页，甚至屋顶的制造都需要铜。此外，由于铜是电和热的良**导体**，因此还被用来制作电线这样的电气元件。也许，现在你的衣服兜里就有铜质的东西。没错，我们使用的 5 角硬币中就含有铜。而在古代，铜是铸钱的主要原料。

每天要新生产几百万个锡罐（即马口铁罐）。虽然称为锡罐，但基本上是用钢制成的，而钢的成分主要是铁。锡则被镀在罐子的外层，这是为了防止铁被锈蚀。

铁能清除海面的油污?

当海上的运油船发生泄漏时，后果会怎样？大量原油泄漏出来，会对海洋鸟类、鱼类，以及其他海洋生物造成致命的危害。来自美国麻省理工学院的科学家希望能将原油与一种含铁的微小疏水粒子混合在一起，这样如果发生原油泄漏事故，用磁铁就能将原油与水分离。

金：金对人类来说有特殊的意义。最有名的金制品问世于公元前1223年，是古埃及法老图坦卡蒙木乃伊上佩戴着的黄金面具。到了公元前564年，黄金开始被用来制造货币。在19世纪50年代，有人在美国加利福尼亚州的河谷中发现了黄金，从而引发了当时的淘金热。

今天，金在制药、计算机技术以及航天卫星领域有着广泛的应用。未来，金还可以被用来净化水。一位名叫迈克尔·王的科学家研制出了一种含金的粒子，这种粒子能将地下水中有毒的化学物质分解。

非金属矿物

非金属矿物不像金属矿物那样有光泽，但是它们的应用领域也很广。生产建筑上用的砖头、玻璃以及地板砖都需要用到非金属矿物。盐和石膏就是常见的非金属矿物。

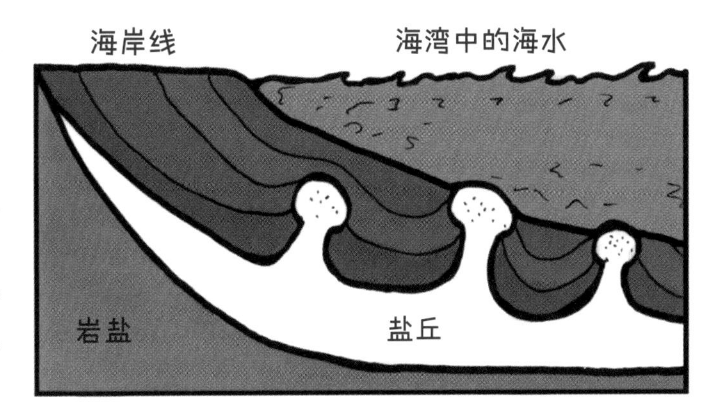

盐： 盐主要从岩盐中提取。盐矿床可以储存在很深的地下，也可以在地表附近找到。在美国的得克萨斯州和路易斯安那州的海湾地区，沉积了大量形如蘑菇的岩盐，这就是盐丘。这些盐丘已经有数百万年的历史了，这证明那里曾经受到海洋的冲刷。

但是，盐最主要的来源却是海洋。如果我们把海水中的盐都提取出来，那么这些盐的量简直多得惊人——可以覆盖地球上所有的陆地，厚度有 40 层楼那么高！

人们用盐来调味，把盐撒到路面上融化冰雪。还可以用盐制取氯气，氯气可以用在清洁工业产品、药物、手机，甚至是水中呼吸机中。

石膏： 石膏是一种美丽、质地柔软的矿物，并且用途广泛。当人们的手臂和腿受伤后，医生会为受伤的手臂和腿绑上石膏。这时，医生会将绷带浸入由石膏制成的胶状物中，几小时后，石膏就凝固了。

还有一种雪花石膏也很常见。数千年前，艺术家就用雪花石膏制作雕塑、棋子以及各种各样的工艺品。古希腊人和古罗马人由于喜欢雪花石膏那酷似大理石的外表，还用它来制作花瓶。

宝石

钻石、红宝石、翡翠都是常见的宝石。大部分宝石深埋在地下，形成于数十亿年前。宝石经过切割和打磨，可以做成首饰，例如项链、戒指等。在首饰店中，你能看到各种颜色、大小和形状的宝石。

宝石之所以深受人们的喜爱，是因为它们漂亮而且坚固。钻石是我们已经知道的最硬的物质，不仅可以当作装饰物，还可以用来钻孔和切割。

提取金属

有时候，一些像钻石和黄金这样的矿物存在于地表附近。但是，在通常情况下，我们需要将矿物从地下开采出来。如何开采呢？

矿井是一系列通往地下的通道，这些通道一直延伸到沉积着矿物的区域——矿脉。从矿脉开采出矿石后，就要将矿石中的矿物提取出来。从矿石中**提取**金属，有时需要高温或者通电。

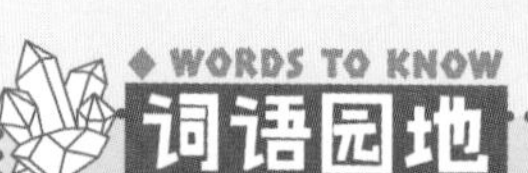
WORDS TO KNOW 词语园地

提取： 通过一定的方法，将某种物质从另一种物质中分离出来的过程。

一些大型矿井每天产生的矿石废渣可以堆得像埃及金字塔一样高。开矿会导致什么后果？开矿会留下巨大的矿坑，破坏野生动植物的栖息地，而且残留的矿石废渣还会污染水源。正因为如此，许多国家都制定了法律，保护土地以及那里的动物，恢复被开矿破坏的土地。

观察大发现

每一种矿物都有特定的晶体结构。具有晶体结构，是矿物区别于非矿物物质的特征。

金属矿物是一类有光泽，能导电导热的矿物。铜是一种常见的金属矿物。以前，人们常用铜来铸造钱币，制造武器和器皿。

金是一种贵金属，自古以来，就常常被铸造成钱币和各种贵重的器具。现在，金属金依然作为财富的象征，被储藏起来。此外，金属金还被用来制作药物、电子元件、各种首饰、装饰物等。

与金属矿物不同，非金属矿物没有光泽。盐就是最常见的非金属矿物。我们的日常生活离不开盐。不摄入盐，人类就无法生存。此外，盐还被用于杀菌、融雪、防腐等。

石膏是一种质地柔软的非金属矿物。我们日常生活中最常用到的石膏，应该是在人们四肢受伤之后，医生给打的石膏绷带。石膏还常被用来制作工艺品，也是一种常用的建筑材料。

宝石也是矿物，如红宝石、水晶、钻石等。宝石最常见的用途就是被用来制作首饰和装饰物。此外，宝石还可用于切割、研磨等。

动手做·MAKE YOUR OWN

培养晶体

矿物具有晶体结构。这意味着组成矿物的分子按照一定的几何样式排列，并不断重复。我们生活中会遇到很多晶体，例如糖、盐、雪花。这个动手项目将告诉你怎样用明矾粉末培养晶体。

材料和准备工作

- 4个浅塑料碗
- 热水
- 明矾粉末
- 汤匙
- 食用色素

1 向每个碗中倒一些热水，然后将明矾粉末加入热水中，搅拌。起初，明矾粉末会溶解于水中，也就是说它们与水混合在一起，看不见了。一边搅拌，一边再往里加入明矾粉末，直到再也无法溶解为止。这些无法溶解的明矾粉末会沉在碗底。

2 向其中3个碗中加入食用色素，然后静置几个小时，之后观察结果。

试一试：将明矾换成食盐，培养晶体，然后和明矾晶体对比一下。如果用冷水做这个动手项目，效果会如何?

减少矿物资源的浪费

从手表、首饰，到牙膏、洗衣粉，我们每天都在消耗矿物。现在，我们可以做一些事情来减少这种不可再生资源的浪费。

★循环利用一些物品，这样能减少对矿物的需求。

★将电脑、手机等废旧电子产品送到指定的回收站，重复利用，不要随意丢弃。

★购买质量好的产品，这样你可以使用足够长的时间，也减少了丢弃废物的数量。

动手做·MAKE YOUR OWN

古埃及的工匠们能够熟练地利用黄金制作各种工艺品。现在，你也可以用蜡笔或马克笔来制作图坦卡蒙的黄金面具。

材料和准备工作

- 互联网
- 纸张（21 厘米 ×27 厘米）
- 黄、蓝、黑、灰和红色的马克笔或蜡笔
- 剪刀
- 打孔器
- 细绳

1 上网搜索埃及法老图坦卡蒙面具的图案。上网时，一定要有大人在身旁。

2 将你的设计在纸上画出来。注意要根据自己脸形来设计面具。

3 给面具涂上颜色，并小心翼翼地裁剪下来。

4 将面具戴在脸上，以确定眼孔的位置。然后剪出眼孔。

5 在面具的两侧各打一个孔，然后拴上细绳。这样你的面具就可以戴在脸上了。

试一试： 为了使面具更加精美，可以在你的面具上涂上一层荧光粉或者贴上亮片。

过去： 在石器时代（大约结束于 4000 年前），人们的工具几乎都是由石头做的。

现在： 今天，平均一个美国人一年要使用大约 17332 千克的各种矿物。

动手做 · MAKE YOUR OWN

岩石饼干

岩石一般含有两种或两种以上的矿物。如果没有岩石，我们就没有制作玻璃的石灰岩，没有盖楼的花岗岩，也没有制作雕塑的大理岩。下面你将自己制作可以吃的岩石饼干，然后看看它和自然界中的岩石有什么不同。

注意：一定要找个大人和你一起完成这项活动。

材料和准备工作

- 可放入微波炉的搅拌碗
- 量杯
- 微波炉
- 抹刀
- 1 杯花生黄油或者大豆黄油（240 毫升）
- 半杯蜂蜜(120 毫升）
- 三分之一杯葡萄干（80 毫升）
- 四分之一杯椰肉（60 毫升）
- 三分之一杯小红莓（80 毫升）
- 四分之一杯巧克力条或薯条（60 毫升）
- 烤盘
- 蜡纸
- 盘子
- 冰箱
- 纸和铅笔
- 牙签
- 一些岩石和矿物

1 将花生黄油和蜂蜜混合，放在微波炉里加热，直到花生黄油熔化。

2 将剩余的食物材料倒入混合液体中搅拌均匀，搅成一个团。

3 在烤盘上铺一层蜡纸，防止食材粘在烤盘上。用手蘸些水，将食材团搓成一个个小球，放在烤盘上。

4 烤好饼干后，将其中的 4 个放在盘子中，然后将剩余的放在冰箱里，留着以后食用。

矿物的种类	矿物的数量	矿物素描图

5 在纸上画出表格，将表格分为 3 栏，分别注明“矿物的种类”“矿物的数量”“矿物素描图”。

6 检查一下盘中的饼干，然后填写表格。每一行对应一块饼干。

想一想：你做的岩石饼干和真正的岩石及矿物有什么区别？又有什么相似的地方？试着用牙签将岩石饼干上的“矿物”剥离，你能做到吗？

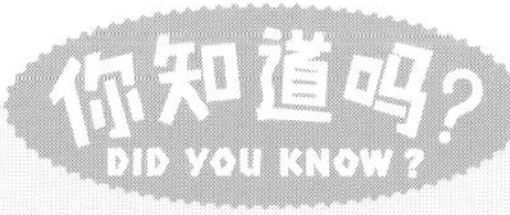

在伊拉克和埃及发现了公元前 3000 年的铁器。如今，人们对铁的使用量是其他金属的 20 多倍。好在地壳中的铁含量很高，约占地壳质量的 5%。

活动・ACTIVITY

寻找矿物

你可以在自己的家里寻找矿物。你认为哪个房间里的矿物最多？你可以在网上查阅资料，确定家里各种物品所含有的矿物。

注意：上网时要有大人在身边。

材料和准备工作

- 科学日志
- 铅笔
- 直尺
- 矿物统计表

1 在科学日志上绘制一张科学方法工作表，然后写出你的假设。你认为哪个房间里的矿物种类最多，为什么？

2 在每一个房间里仔细观察，统计和记录那些包含矿物的物品。

3 在网上查阅资料，确定每件物品里包含什么矿物，然后记录下来。

4 统计结束后，利用你的观察结果，以房间为横轴，房间里所包含的矿物的种类数为纵轴，做一个线形图。

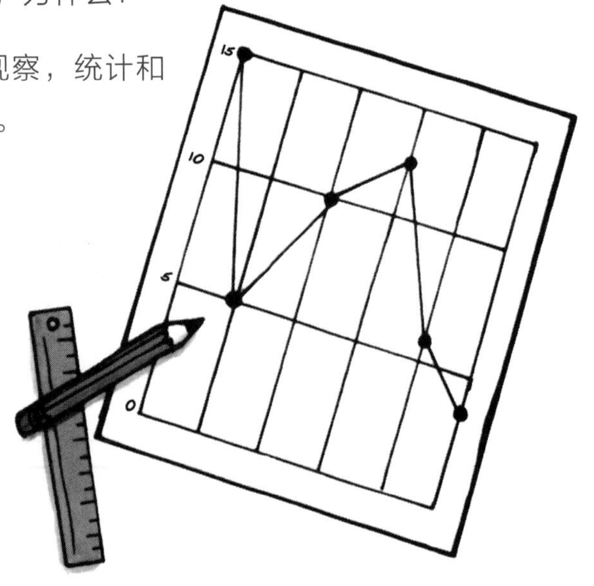

想一想：你的统计结果和你的假设一致吗？试着在学校做同样的统计记录，和家里统计的结果进行比较，看看结果的差异。此外，还可以试着统计你最喜欢的两项运动，看看每项运动都用到了什么矿物。哪项运动使用的矿物多一些？

动手做 · MAKE YOUR OWN

当你使用天然杀虫剂时，你不必担心它会对人体健康造成伤害。现在，我们来自己制作天然杀虫剂吧！

注意：由于要用到开水和小刀，因此需大人协助你完成。

材料和准备工作

- 塑胶手套
- 4 瓣大蒜
- 6~8 粒红辣椒
- 切菜板和刀
- 碗
- 1 升开水
- 洗洁精
- 保鲜膜
- 漏斗
- 干净的喷壶
- 手提式过滤器

1 带上塑胶手套，以免大蒜和辣椒汁沾到手上。当然还要留心，不能让大蒜和辣椒汁溅到眼睛里。

2 让大人帮忙，将大蒜和辣椒切碎。然后倒入碗中，加入开水。

3 往碗里倒一点洗洁精，然后覆盖上保鲜膜。放置一夜。

4 第二天，将漏斗插在喷壶上。将过滤器放到漏斗上面，将碗中的液体通过过滤器和漏斗倒入喷壶中。在进行这一步时，要在水池中操作。

5 每天早上将自制的天然杀虫剂喷洒在你家的植物上，可以有效地防止害虫的侵袭。不用的时候，可以将它放置在阴凉处保存。

试一试：在小区的花园中进行如下实验。将花园中一半的植物喷上自制的天然杀虫剂，另一半植物不喷。观察结果。

西奥多 · 罗斯福

西奥多 · 罗斯福是美国第 26 任总统，他创建了美国第一个国家级野生动物保护区，在任期内还设立了许多国家级纪念地，如科罗拉多大峡谷保护区。

结晶

在前面的动手环节中，我们培养了晶体。我们培养晶体的过程就是结晶。简单地说，结晶就是形成晶体的过程。

结晶的方法

1. 蒸发结晶。蒸发结晶时，要蒸发溶剂（就像前面培养晶体的动手项目中的水），过一段时间，溶解在里面的物质就会跑出来，形成结晶。

2. 蒸发浓缩冷却结晶。首先要加热溶液，之后再降低溶液的温度，这时一些溶解了的物质就会从溶液中跑出来，形成结晶。

结晶的应用

结晶的应用由来已久。盐就是用结晶的方式制备出来的。结晶还常用于分离纯化各种物质，在化工、制药等领域有广泛应用。

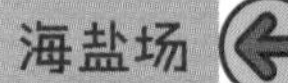

第五章

惊人的能源

Exciting Energy

惊人的能源

不论你是在家里使用电灯，还是在学校使用电脑，或者在院子里跑步，你都在使用能源。在这一章中，你将认识我们每天使用的各种能源，这些能源有些可以再生，有些则不可再生。煤、石油和天然气被称为化石燃料，是不可再生的。这是因为这些化石燃料的形成需要亿万年的时间，在我们的有生之年是不可更新的了。但是太阳能、风能、水能则是取之不尽、用之不竭的，可以循环利用，因此属于可再生能源。

化石燃料

今天你开了几次灯？你知道让灯泡发光的电是从哪来的吗？实际上，我们使用的电大部分来源于化石燃料的燃烧。那么，化石燃料是怎样形成的呢？

大约3亿年前，那时的地球要比现在炎热和潮湿得多。长着巨大树木的沼泽覆盖了地球的大部分表面。当动物或植物在沼泽中死亡后，它们很快会被沙子、泥土以及矿物覆盖。经过亿万年的地质变迁，覆盖物越来越厚。在温度和压力的作用下，这些动植物遗体就变成了化石燃料。

煤： 煤一般埋藏在地下深处，处于两个岩层之间。煤曾经被用于炼铜以及室内取暖。在19世纪，人们烧煤来为工厂、火车和轮船里的蒸汽机提供动力。今天，美国全国使用的电，一半来源于煤的燃烧。

为了获取煤炭资源，人们就要开矿井。在19世纪的英国和美国，8岁大的孩子每天要在煤矿中工作18个小时。煤矿工人还面临各种危险，例如瓦斯爆炸和透水事故。直到1902年，美国才通过法律，禁止煤矿雇佣14岁以下的童工。

石油：在6000年前，人们就已经开始使用石油了。古埃及人用石油治疗刀伤，美洲原住民则用石油的提取物驱蚊。他们发现的石油往往是从某些特定区域的地下自行冒出的。有时，他们也会从湖泊和溪流中提取石油。

今天，石油公司通过钻透岩石开采石油。他们将石油抽到地表，然后通过管道输送或油轮运输。从石油中提取的化合物叫作石油化工产品，可以制成各种日用品，在你的家中就能找到它们，例如塑料和洗衣粉。

气候变化

地球大气能够吸收太阳的热量，从而使地表变得温暖。有一种被称为二氧化碳的温室气体，能够留存地表吸收的太阳热量从而使地表变暖。由于人们燃烧化石燃料，从而导致大量的温室气体被排放到大气中。它们会使地表的热量很难散去，导致地表逐渐升温，这被称为**全球变暖**。

WORDS TO KNOW
词语园地

全球变暖：地表的平均温度升高，温度升高的幅度足以导致全球气候变化，这被称为全球变暖。

过去： 就在几十年前，被修剪掉的草木枝叶、剩饭剩菜以及粪便还被视为垃圾。

现在： 来自生物或曾经活着的生物的物质被称为生物质。今天人们发现这些有机废物其实是可以循环利用的。因此，人们将它们变废为宝，加工处理后当作燃料来发电，取暖，给植物施肥。

地表平均温度哪怕只升高 1 摄氏度都会带来很严重的后果，会导致冰川和冰盖融化。1850 年，人们在美国蒙大拿州的冰川国家公园中还能找到 150 条冰川，如今只能找到 25 条了。这就是**气候变化**带来的恶果。

可再生能源

气候变化： 某地区长时间的、普遍的气候模式的变化。

一些科学家认为，如果我们继续使用化石燃料，不久它们便会被消耗殆尽。石油大概还能供人们开采 50 年，天然气还可供人们开采 70 年，煤还能开采 150 年。科学家和工程师们正在寻求开发新的可再生资源，将它们转化为能源，例如太阳能和风能。

太阳能： 太阳能是来自太阳的辐射能。太阳是我们最重要的能量来源。太阳光从太阳到达地球只需要 8 分钟。如果没有太阳，地球上就不会有生命。

太阳是一个旋转着的气体星球——75% 是氢气，25% 是氦气。这些气体协同作用，使得太阳发光放热。

人们通过**热力收集系统**和**太阳能电池板**来收集太阳能。热力收集系统一般装有巨大的镜子和**透镜**，来收集太阳能并将它们储存起来，再转化为热或电。15 世纪，达·芬奇就指出可以利用透镜聚焦太阳光来烧水。

◆ WORDS TO KNOW

词语园地

热力收集系统： 储存太阳能，并将太阳能转化为热能的一系列装置。

太阳能电池板： 一种将太阳能直接转化为电能的装置。

透镜： 一种有着弯曲面的玻璃块，能够聚焦或发散通过它的太阳光。

太阳能电池板与热力收集系统不同，它直接将太阳能转化为电能。太阳能电池板可以为一些小型用电装置提供电力，例如计算器，也可以实现大规模供电。在中国台湾，就有一个能够容纳 50000 人的体育馆，它的电力全部来自 8844 个太阳能电池板。

约翰·缪尔

约翰·缪尔是一名美国作家和自然主义者。在他的努力下，美国建立了第一座国家公园——约塞米蒂国家公园。因此，他被誉为“美国国家公园之父”。

风能： 早在几千年前，人们就利用风能抽水和航行了。今天，我们通过**涡轮机**利用风能。当风吹过时，涡轮机的叶片就开始转动，与涡轮机连接的杆带动**发电机**运转，将风能转化为电能。一台大型风力涡轮机（简称风轮机）所产生的电可以满足300个家庭的需求。

通常情况下，在一个区域内建设多台风轮机一起工作，这里就被称为风力发电场（简称风电场）。位于美国得克萨斯州的罗

WORDS TO KNOW
词语园地

涡轮机： 一种带有扇叶的装置，在水、空气、蒸汽的驱动下可以旋转。

发电机： 一种将其他能量转化为电能的装置。

潮汐： 海水每天定期涨落的现象。

你知道吗？
DID YOU KNOW？

你喜欢在海浪里玩耍吗？其实波浪也是一种能源，而且取之不尽，用之不竭。潮汐发电站利用**潮汐**来发电，潮汐就是波浪的一种。在加拿大芬迪湾的潮汐发电站里建有水下涡轮机，这里每年的发电量可以满足10万个家庭的需求。

斯科风电场是世界上最大的风电场之一，占地面积是美国纽约曼哈顿区的几倍。这里有 627 台涡轮机，它们的发电量可以满足 25 万个家庭的使用需求。

水能： 水能来自于运动中的水，水电站利用涡轮机将水能转化为电能。在美国的加利福尼亚州、俄勒冈州和华盛顿州都建有世界顶级规模的水电站。

中国的三峡大坝是世界上规模最大的水利枢纽之一，它每年的发电量是美国胡佛大坝的 8 倍。

尽管水能是可以再生的，但建设水电站也有不好的一面，因为控制水流的大坝会破坏附近的生态系统。

蹬踏发电

在丹麦哥本哈根的一家酒店里，顾客可以通过蹬自行车为酒店的主电力网供电。酒店这样做的目的在于既让顾客锻炼身体，又让他们为环保出一份力。

地热能

越接近地心，温度就越高。**地热**这种能源来自地球地表以下的部分。我们知道，地壳是固体地球的最外层，地壳之下是地幔。地幔中的部分岩石处于熔融状态，被称为**岩浆**。

有时候，来自地下深处的热能会从地下冒出来。例如，当火山喷发时，大量的岩浆会从火山口喷涌而出。你泡过**温泉**吗？温泉就是沿着岩石裂隙上涌并流出的地下热水。在有些地区，温泉间歇性地从地下喷出，这就是**间歇泉**。美国黄石国家公园的老忠实泉是美国最著名的间歇泉之一。

◆ WORDS TO KNOW
词语园地

地热：一种来自地球表面以下的可再生的热能。

岩浆：位于地球表面以下的滚烫的，处于熔融状态的岩石。

温泉：被岩浆或热岩石加热的地下水，沿着岩石裂隙上涌形成的泉水。温泉一般分布在有活火山的地区。

间歇泉：间歇性喷发的温泉或热泉。

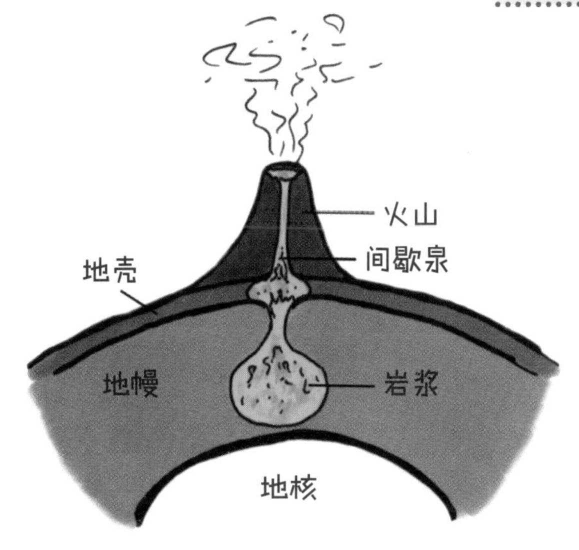

在一些国家，人们利用地热为室内取暖。此外，地热还被用来发电。在冰岛，大约分布着 25 座活火山和大量的间歇泉。因此，冰岛大约 88% 的家庭利用地热取暖。

观察大发现

煤是人们使用时间最长、最广泛的一种化石燃料，在冶金、交通运输、取暖等领域有广泛应用。但由于燃烧煤会产生温室气体和大气污染物，另外煤炭开采本身也会破坏环境，因此人类对煤的使用已经造成了很大的环境问题。

石油已经成为现代最重要的能源物质和化工原料，常被用于制造像汽油、柴油、塑料、沥青这样的石油化工产品。人类对石油的使用也是现今地球出现各种环境问题的原因之一。

天然气相比于煤和石油来说，更清洁一些，燃烧天然气只产生二氧化碳和水。但是天然气一旦不完全燃烧，就会产生一氧化碳。人吸入一氧化碳是很危险的，甚至可以致命。天然气常被用作燃料和化工原料。我们家中使用的燃气，有一种就是天然气。

波浪也是一种能源，而且属于可再生能源。在水下建设涡轮机，利用波浪驱动涡轮机运转，从而驱动发电机将波浪的机械能转化为电能。

在风力、水力发电机等发电设备中，某种能量驱动涡轮机运转，从而带动发电机运转将这种能量转化为电能。涡轮机就是一种带有叶片的，能被风、水、蒸汽等驱动的装置。像这种大型涡轮机，还被应用于航空、航海等领域。

地热能是来自地球内部的一种热能。地热可以熔化岩石、加热地下水。温泉就是我们经常利用的一种地热产物。地热也是一种可再生能源，可以用来发电、供暖等，但是地热能在世界各地的分布是很不均匀的。

动手做·MAKE YOUR OWN

迷你涡轮机

旋转的涡轮机可以用来发电，那么如何驱动涡轮机旋转呢？

材料和准备工作

- 两根木签子
- 软木塞
- 塑料文件夹
- 剪刀
- 防水胶
- 塑料容器
- 水

1 把木签子穿过软木塞，就像串羊肉串一样。

2 根据木塞的长度，用剪刀剪出 6 片塑料条，然后纵向对折，涂上防水胶，等间距地粘在木塞上。

3 在塑料容器的两端打两个孔，然后将木签子插入孔中。

想一想： 向木塞上倒水会有什么现象发生？水的多少会影响结果吗？如果在木签子伸出容器的任意一端系上一个物体，会有什么现象发生？

减少能源消耗

在我们使用的能源中，大部分是不可再生、不可替代的能源。因此我们要想方设法地节约能源。下面的做法值得推广。

★离开房间时把灯关上。

★洗完衣服，让衣服自然晾干，尽量少用烘干机。

★如果外出到离你家不远的地方，尽量步行或骑车。

★天冷时，与其使用电暖气或空调，不如多穿一件毛衣。

★夏天，尽量开窗通风或使用扇子，少用空调。

实验·EXPERIMENT

太阳能聚焦镜实验

按照当年达·芬奇设计的太阳能聚焦镜草图完成下面的实验，你将看到太阳能是怎样被利用的。

材料和准备工作

- 科学日志
- 铅笔
- 3 个空的玻璃罐
- 黑纸
- 剪刀
- 3 根橡皮筋
- 一面镜子
- 温度计

1 在科学日志上绘制一个科学方法工作表，写下你的假设。镜子是否对收集太阳能有帮助？为什么？

2 根据玻璃罐的高度，剪出 3 张黑纸。用黑纸是因为黑色物体收集到的热能最多。

3 把黑纸用橡皮筋固定在玻璃罐上。

4 将其中一个玻璃罐放在阴凉处，另外两个放在阳光下。

5 将镜子放在其中一个放在阳光下的玻璃罐旁边，通过镜面反射把阳光照射到玻璃罐上。随着阳光照射角度的变化，每 30 分钟调整一次镜面的方向。

6 30 分钟后，用温度计分别测量 3 个玻璃罐的温度，记录下结果。1 小时之后再测量一次。这 3 个玻璃罐的温度会有差异吗？可以将你测量的结果绘成统计图。

想一想：如果玻璃罐不用黑纸遮住，结果会不同吗？为什么？

动手做 · MAKE YOUR OWN

设计一辆风力小汽车

每年，汽车制造商都会推出一些环保型新车。现在，你也可以设计并制作一个环保型汽车的模型。

材料和准备工作

- 直尺和铅笔
- 剪刀
- 文件夹
- 胶带和胶水
- 4~6 根塑料吸管
- 4 块同样大小的圆形糖果（中间有孔，用来制作车轮）
- 废纸
- 废布条
- 纸杯
- 鸡蛋包装盒
- 电风扇
- 秒表

1 用直尺、铅笔和剪刀从文件夹上剪出一个长 15 厘米、宽 10 厘米的长方形，这就是汽车的车身。

2 将 2 根吸管粘在车身的两端，在吸管的两端安装上圆糖，当作汽车轮子。然后把圆糖粘好，让车轮不会掉下来，并保证车轮能够自由转动。

3 怎么用废纸、废布、纸杯和鸡蛋包装盒制作风斗呢？想出一些设计方案，然后做出来，安在你的汽车上。

4 将电风扇放在你新做好的汽车前面，在开动电风扇之前，在地上画一道终点线。

5 打开电风扇，并用秒表计时，看看这辆风力小汽车用多长时间能开到终点。

6 调整你的风斗，进行多次试验，看看哪种设计最好。

试一试：你还能找到制作车轮更好的材料吗？试试使用更重的材料做车身，或者在车身上增加重物，看看会不会影响汽车的速度。

动手做 · MAKE YOUR OWN

太阳能烤炉

也许你还没有尝试过用纸盒和太阳光加工食物。在这个动手活动中，你将制作一个太阳能烤炉，以后你就可以用它来热饭了。

材料和准备工作

- 比萨饼盒
- 铅笔
- 剪刀
- 直尺
- 铝箔
- 胶水
- 保鲜膜
- 透明胶带
- 2 片全麦饼干
- 2 颗棉花糖
- 巧克力
- 铝盘
- 饮料吸管

1 在比萨饼盒顶部画一个 20 厘米 ×13 厘米的长方形。

2 用剪刀将长方形的三条边剪开，留下一边与盒子相连，这就是可以开关的烤炉盖。

3 把铝箔覆盖在炉子内部，并用胶水粘好。

4 在烤炉盖的开口处覆盖一层保鲜膜，并用透明胶带粘好。

5 将全麦饼干、棉花糖、巧克力摆放在铝盘中，这样就可以开始烤制夹心饼干了。打开烤炉盖，将铝盘放在烤炉中央。

6 将烤炉放在一个平坦的、阳光直射的地方。随着太阳位置的变化，随时调整烤炉盖的角度，使阳光照射在你的夹心饼干上。将饮料吸管粘在烤炉盖上，作为烤炉盖的支架。

7 过一段时间，你会发现你的夹心饼干烤好了。快来品尝吧！

试一试：你可以尝试一下，用黑色的纸覆盖烤炉内部，并将比萨饼盒的所有缝隙都用胶条封住，看看加热效果是不是更好呢？另外，你能想到其他保温的方法吗？

新能源

人类对石油、煤这样的化石燃料的开发利用由来已久，由此带来的环境问题也已经很严重。再加上这些不可再生资源已经不能再让人类使用很长时间，所以对新能源的开发利用刻不容缓。

生物质能

生物质能是贮存在动植物等生物体内的能量。借助一些方法，比如燃烧，可以将这种能量释放出来。树木就是一种可提供生物质能的资源。有时，一些生物质的废弃物也能作为生物质能的来源。一些生物原料还可以转变为燃料，这样生产出来的燃料被称为生物燃料，比如酒精、沼气。

生物质能是一种可再生能源，而且使用廉价。但是利用生物质能会产生污染物，而且产生的能量有限。

玉米秸秆就是一种生物质能的来源。利用玉米秸秆生产燃料乙醇，已成为一种新的能源利用方式。

核能

人类主要利用金属铀来制造核能。铀原子分裂会释放大量的能量，这个过程叫作核裂变。

利用核裂变很容易就产生大量的能量，而且在能量的产生过程中基本不会产生大气污染。据统计，核电站正常运行的时候，一年给居民带来的放射性影响，还不到一次X光所受的剂量。

核电站

第六章

节约地球上的资源

Conserving Earth's Resources

节约地球上的资源

在我们这个星球上有很多自然资源。但是，我们已经知道，不是所有的自然资源都是取之不尽、用之不竭的。即便是可再生资源，也日益受到环境污染的威胁。面对日益减少的自然资源，我们能做些什么来保护它们呢？科学家、工程师和像你一样的普通人正在行动。

科学家和工程师目前正在寻找变废为宝的方法，来将那些以前我们所认为的垃圾利用起来。此外，他们还不断地利用可再生能源制造出新的、**环保**的产品。作为普通人，我们可以从生活中的点滴小事做起，来节约资源。例如刷牙时，将水龙头关上，以及回收利用废水。

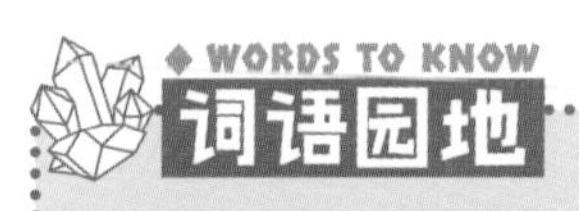

环保：对环境没有破坏作用的一种性质。

新能源交通工具

你听说过使用电池的汽车和使用太阳能的飞机吗？这些新能源交通工具已经被研制出来，它们将让我们体验到**环保技术**的快速发展。

汽车可以使用汽油，也可以使用电能，还可以是混合动力的——既使用汽油，也使用电能。作出选择，使用哪种汽车很重要。目前，世界上大约有 8 亿辆汽车。国际能源署预计，到 2035 年，地球上将有 17 亿辆汽车。汽车对石油的消耗将会导致大量的温室气体排入大气。如果未来增加的每辆汽车都是烧汽油的，那么这意味着今后对不可再生资源的需求量会大幅增加。

环保技术：保护环境或开发利用可再生资源的技术。

替代能源：那些通过其他方式产生的新能源，使用这种能源不消耗更多的自然资源或者不对环境产生破坏。

生物燃料：一种由生物质制得的能源，靠燃烧释放能量。

即使你还不能开车，你也能帮着保护环境。如果你生活在城市中，那么你可以乘坐公交车出行。在美国，已经有 66000 多辆城市公交车使用了可再生的**替代能源**，如**生物燃料**。这些燃料是由植物油或动物脂肪制成的。

出租车和飞机也已经开始使用新能源。美国纽约从2013年开始引入电动出租车，出租车司机每天只需要1~1.5小时就可以给他们的新能源汽车充满电。

开心一刻·JUST FOR LAUGHS

问：不用火和电怎样才能把水烧开？

答：用太阳能。

在不久的将来，你也许会坐着电动出租车来到机场搭乘太阳能飞机。2013年，一架太阳能飞机——“阳光动力”号成功环绕美国飞行，这意味着飞机不使用化石燃料也可以连续飞行。2015年3月，“阳光动力”2号太阳能飞机也开始了它的环球飞行。

像这样的新发明、新技术使人们逐步摆脱对不可再生资源的依赖，促进了可再生资源利用方案的开发。如果有一大堆垃圾摆在我们面前，我们要去思考如何利用它们，变废为宝。也许你的一个想法就能改变世界的面貌，改善地球的环境。

蕾切尔·卡逊

蕾切尔·卡逊是美国一名环保科学家，1962年她的著作《寂静的春天》将环保问题直接揭露了出来。这本书引发了人们对环境污染的思考。也正是因为她的这本书，科学家们才逐步认识了一些对环境产生危害的化学物质，打开了现代环保技术开发的大门。

选择

各国政府已经认识到很多自然资源是不可再生的，因此纷纷采取行动并制定法律来保护空气、水和土壤，使它们免受污染的侵袭。这些法律保护了自然资源，维持了生物多样性。

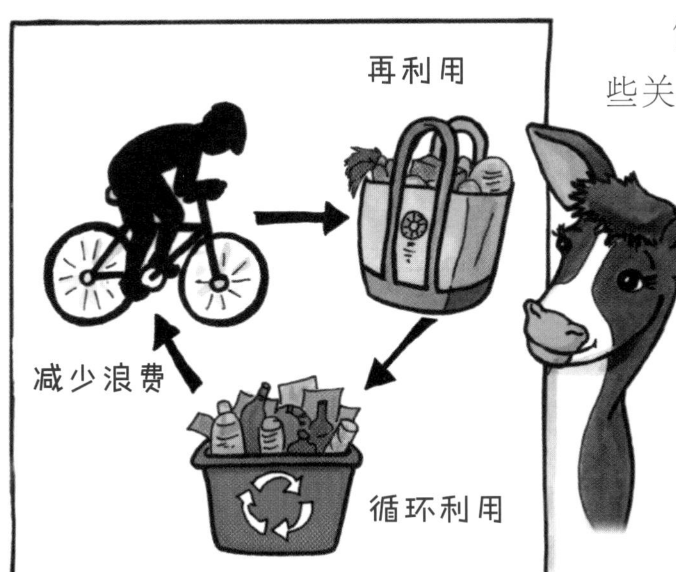

你可以留意一下那些关注环境问题的人，他们总是倡导环保的生活方式。此外，一些广告也鼓励人们改变习惯和行为来节约资源。像“为了我们的地球，请节约资源”这样的口号，也清晰地向人们传递着环保的理念。

WORDS TO KNOW
词语园地

可持续： 人们以不将自然资源消耗殆尽的方式利用自然资源，既满足当代人的需要，也为子孙后代考虑，这种行为被称为可持续。

废物管理： 废物的收集、运输和管理。

农民在市场上销售以**可持续**方式种植的蔬菜；而**废物管理**系统则可以使人们减少废物排放，重复利用产品，并循环利用废物，变废为宝。这些做法都是人们保护自然资源、爱护环境的选择。

循环利用

我们产生的大部分垃圾都要被送到垃圾填埋场，在那里垃圾会被填埋。也许你曾经把一个易拉罐当作垃圾扔掉。但你知道吗，这种易拉罐被埋入地下后需要大约 100 年才能被降解，而塑料制品可能要几百年的时间才会被降解。泡沫塑料几百万年可能都不会被降解。

想一想，生产这些产品需要消耗多少自然资源，把它们丢弃又会对其他自然资源产生多大的不利影响。垃圾填埋场会污染土壤，从而威胁到动植物的生存。

实际上，很多垃圾的最终归宿不一定是垃圾填埋场。你可以变废为宝，将它们循环利用。循环利用到底是什么意思呢？就是用旧东西去制造新东西。

三箭头标识

20 世纪 70 年代，为了纪念第一个世界地球日，加里 · 安德森设计了一个循环利用的标识。这个标识由 3 个首尾相接的箭头组成，分别代表减少资源浪费、再利用和循环利用。如今你可以在很多地方看到这个标识，如各种纸质包装、塑料包装以及金属罐上。

用瓶子盖的建筑

在中国台湾，有一座用 150 万个塑料瓶盖起的 9 层建筑，这就是环保型高效炼钢电炉（ECOARC）展示馆。下雨时，雨水可以被收集利用；晴天时，这些被收集的雨水从建筑的外部流下来，可以调节室内温度，起到空调的作用。

其实，循环利用不是近几十年才兴起的一种做法。几千年前，我们的祖先就懂得循环利用自然资源了。古希腊人和维京人曾经将旧的兵器熔化，再锻造成新的。之所以循环利用，是由于金属太难开采了，那时金属可是稀罕物。

在北美洲的历史上，拓荒者几乎将所有的东西都循环利用。例如，马车的车板可以被改造成房屋的门，木桶可以当椅子坐，破布片可以被做成棉被。二战期间，人们收集金属碎片，甚至是口香糖的铝箔包装纸，以满足战争的需要。

路边垃圾回收箱从 20 世纪 80 年代开始在美国出现。目前，大约有 1.39 亿美国人将家中可回收利用的废弃物分类投入路边的回收箱中。一个典型的回收箱，应该有专门回收废报纸、厨余垃圾、塑料废物和金属罐的垃圾箱。当垃圾车将这些垃圾运走后，它们就进入回收工厂，在那再被分类为纸张、塑料、玻璃和金属。

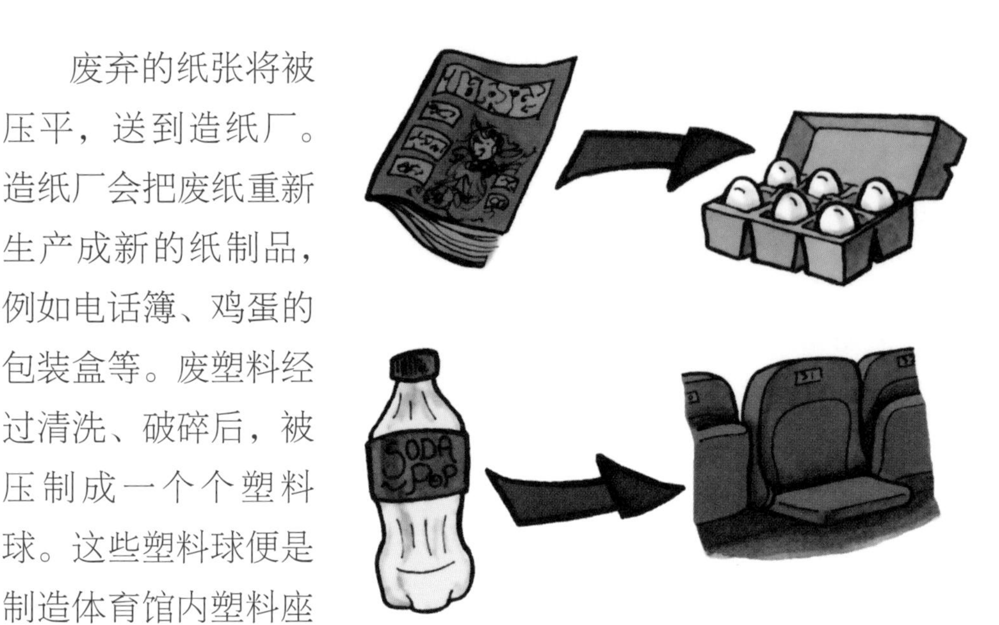

废弃的纸张将被压平，送到造纸厂。造纸厂会把废纸重新生产成新的纸制品，例如电话簿、鸡蛋的包装盒等。废塑料经过清洗、破碎后，被压制成一个个塑料球。这些塑料球便是制造体育馆内塑料座椅的材料。废玻璃被破碎、熔化后，制成新的玻璃瓶。金属被再次熔化，制成新的易拉罐。

无论你循环利用什么，你都将为环境保护作出一份贡献。当你循环利用废弃物时，你也就节约了自然资源。用循环材料制作产品可以减少能源的消耗，减少废弃物的排放和填埋量。

WORDS TO KNOW
词语园地

源头削减： 通过减少购买量，来减少浪费的一种方法。

更多的循环利用新点子

其实，除了将废弃物扔到分类回收的垃圾箱里，还有很多循环利用的新点子。我们可以根据需求购买商品，减少购物量，这自然就减少了垃圾排放量。这种做法叫作**源头削减**。

每次购物之前，想一想要买的东西自己是否真的需要。即便要购买，我们也要选择那些包装简单或无包装的商品，或

者是用循环材料包装的产品。例如，香皂的包装要比洗手液的少，冷冻浓缩果汁消耗的自然资源就比一桶普通果汁少。

当商店向你提供塑料购物袋时，要委婉拒绝。尽量使用布袋购物，即便是塑料袋，也尽量多次使用。这将大大减少白色垃圾带来的污染。

此外，还有一些商品没必要投到分类回收的垃圾箱内。一些盒子或塑料容器可以用来制作有趣的手工，比如这本书中你制作的很多东西。其实这种废弃物利用的生活方式，不仅仅我们可以做到。美国西雅图的一些工程师就用废旧的集装箱建起了一座咖啡小屋；在巴拉圭的一个村庄里，人们用废旧材料制作乐器，并组建了一个儿童乐队。

你可以试一试！

你可以试着做下列事情，来节约自然资源，保护环境。一个小小的改变将使我们这个世界大为不同。

★不玩的玩具，可以和其他小朋友交换，或者捐献给慈善机构。

★有些坏了的物品，你可以尝试自己修理或者找父母帮忙。

★选择公共交通或者和朋友拼车出行。

★吃饭时，尽量不要留下剩饭剩菜。

★不要使用一次性餐具。

★尽量吃当地产的食物。因为外地的食物需要经过长距离运输，这会消耗大量自然资源，也会产生大量温室气体。

观察大发现

为了节约自然资源，减少对环境的破坏，现在有些汽车使用新能源代替原来的汽油、柴油燃料。这些就是新能源汽车。现在，新能源汽车常常利用电力或燃烧燃料乙醇等获取动力，也有使用油电、气电混合动力的。

“太阳神”号无人驾驶太阳能飞机

节约自然资源，保护环境，需要全体社会成员的共同努力。循环利用废物就是一个很重要的方面。很多废物，如废纸、矿泉水瓶、易拉罐等，都能循环利用，再次被制作成有用的产品。我们在日常生活中能做到的就是垃圾的分类投放，这样做既能减少进入环境的污染物，又能减少自然资源的消耗。

再利用也是节约自然资源、保护环境的一种有效的办法。减少一次性餐盒、购物袋等的使用，选择可以多次使用的布购物袋、菜篮子等，既可以减少污染，又能减少自然资源的浪费。

动手做·MAKE YOUR OWN

用废旧T恤做布购物袋

为了保护环境，很多地方都已经禁止使用一次性塑料购物袋。你可以用旧T恤做一个方便又可多次使用的布购物袋。

注意：在这个动手活动中要用到电熨斗，一定要找大人帮你完成。

材料和准备工作

- 剪刀
- 旧T恤
- 蜡笔
- 电熨斗和烫衣板
- 旧毛巾
- 直尺
- 铅笔
- 针和线

1 将T恤的袖子和领子剪掉。

2 用蜡笔在T恤上画一些你喜欢的图案。

3 请大人帮忙，将T恤平放在熨衣板上，在上面铺一条旧毛巾，然后用电熨斗熨平，使你画的图案固定在T恤上。

4 T恤晾凉后，把它的里面翻出来，并在T恤的下部画一条直线，这条线就是缝合线。

5 用针沿着缝合线缝好，然后再翻过来，这样一个布购物袋就做好了。

过去：1976年，平均一个美国人一年只消耗7升的瓶装水。

现在：今天，平均一个美国人一年要消耗136升的瓶装水。

动手做 · MAKE YOUR OWN

造纸

你想过将废纸屑收集起来自己造新纸吗？下面我们来体验一下吧，这十分有趣。

注意：在这个动手活动中，你要用到开水和搅拌机，因此要找个大人帮你完成。

材料和准备工作

- 废报纸或废纸屑
- 大玻璃碗
- 热水
- 搅拌机
- 食用色素
- 种子或树叶
- 大的平底盆（至少8厘米深）
- 一片纱窗
- 量杯
- 2条毛巾
- 擀面杖

1 将报纸或纸屑撕成碎片放进碗里，倒入热水浸泡1小时。

2 将浸泡后的纸屑倒入搅拌机，搅拌成糊状。然后倒入一滴食用色素，加入种子和树叶，这是为了给你的纸张染色，并增加纤维物质。这就是造纸用的纸浆了。

3 将一片纱窗平铺在平底盆的底部，然后倒入一些水，水深约3厘米。将大约240毫升的纸浆倒在纱窗上，纸浆要分布均匀。

4 等到纸浆干涸凝固后，将纱窗轻轻地挑起来，平放在一条毛巾上，再在上面覆盖另外一条毛巾。用擀面杖轻轻按压，将剩余的水分挤出来。

5 将纸浆和纱窗放在一个干燥平整的地方彻底晾干（需要放置一夜），然后将你造的纸轻轻地从纱窗上揭下来。

试一试： 用草和树叶也能造纸。你需要将草和树叶在加入小苏打的开水中浸泡至少1小时，然后按照上面的步骤操作。你可以骄傲地告诉你的朋友，你用的纸是你自己做的，而且不用砍伐树木。

动手做 · MAKE YOUR OWN

用废弃塑料制作一个房屋模型

我们已经了解了一些再利用废弃物的方法。下面你可以试试用废弃物建一座小房子。

材料和准备工作

- 塑料、纸张、金属等可循环利用的废弃物
- 纸
- 铅笔
- 胶带
- 胶水
- 细绳

1 查看一下你家的垃圾，将它们分类成纸张、塑料和金属。

2 在纸上画出房子的设计草图。在这个过程中，一定要想一想下面这些问题：你的房子用来做什么？你的房子如何取暖或散热？房子需要的能量从何而来？如何采光？

3 用细绳、胶带或胶水固定住材料，开始建造你的房屋模型。

试一试： 还有没有其他可以利用的材料？有没有其他方式可以使房子的结构更稳固？别忘了装饰一下你亲手制作的新房子。

你知道吗？ DID YOU KNOW?

2012 年，国际海滩清理组织的志愿者共清理出 500 万千克的海洋垃圾，其中就包括废弃塑料袋。但是，塑料袋的生产商认为问题不是出在塑料袋本身，而是人们没能正确处理塑料袋。

垃圾分类

垃圾分类是实现废物循环利用的关键。通过垃圾分类，可以清楚地区分哪些垃圾可以循环利用，哪些不能，为废物处理方式的确定提供了依据。但是在现实生活中，很多人还不知道如何分类。下面我们就来看看，生活中常见的垃圾应该如何分类。

1. 可回收垃圾：主要包括废纸、塑料、玻璃、金属和布料五大类。

废纸：报纸、期刊、图书、各种包装纸等。但是，要注意纸巾和卫生纸不可回收。

塑料：各种塑料袋、塑料泡沫、塑料包装、一次性塑料餐盒餐具、塑料杯子、矿泉水瓶等。

玻璃：各种玻璃瓶、碎玻璃片、镜子等。

金属：易拉罐、罐头盒等。

布料：旧衣服、桌布、书包、鞋等。

2. 不可回收垃圾：主要包括厨余垃圾和其他垃圾。

餐厨垃圾：剩菜剩饭、菜根菜叶、果皮果壳等食品类废物，以及枯枝落叶等园艺废物。

其他垃圾：除上述几类垃圾之外的砖瓦陶瓷、渣土、卫生纸、纸巾等难以回收的废弃物和有毒有害的垃圾。

保护：保障物体安全，防止它受到损害或者遭到破坏的一种行为。

表层土：土壤的顶层被称为表层土。

冰川：一大片的雪和冰被称为冰川。

不可再生资源：那些总有一天会被人类消耗殆尽的自然资源，如石油。

潮汐：每天海水定期涨落的现象。

沉积物：由风或者流水带来的石块、沙子、泥土等，堆积在某地形成的物质。

赤道：将地球平均分割成南北两个半球的分界线。但这是一条实际不存在的线。

臭氧层：一个位于平流层中的大气圈层，其中的臭氧气体能够吸收大部分的太阳辐射。

大气层：覆盖在地球表面或其他行星表面的气体圈层。

导体：能够传递电流或热等的物体。

地壳：固体地球的最外层。

地热：一种来自地球表面以下的可再生的热能。

地下水：保存在地表以下的缝隙和空间中的水。

堆肥：将食物残渣或蔬菜叶回收，经过堆制发生腐烂分解，从而制成富含有机质的肥料。

二氧化碳：人体产生的一种废气，是空气中常见的一种温室气体。

发电厂：产生电力的地方。

发电机：一种将其他能量转化为电能的装置。

废弃物：人类不想要的物质，往往对环境有害。

废物管理：废物的收集、运输和管理。

分解者：能够分解废物和死亡的动植物遗体的一些生物，如蚂蚁、蚯蚓和真菌。

分子：组成物质的一种微小粒子，通常由原子组成。

腐殖质：由腐烂的树叶和其他有机体形成的，土壤的组成成分。

干旱：长期不降水或只有微量降水的现象。

工厂：生产商品的地方。

工业：将原材料加工成产品的产业。

工业革命：18 世纪中后期在英国开始发生的，以机器代替人力制造产品的一段时期。

工业社会：利用机器生产商品的社会发展阶段。

光合作用：植物在阳光的作用下，将吸入的二氧化碳和水转化为生长所需的物质——糖类，并释放氧气的过程。

光化学烟雾：由汽车、工厂等污染源向大气排出的污染物，在阳光的作用下发生化学反应形成的空气污染物。

轨道：在太空中，一个天体环绕另一个天体运行的路径。

过度放牧：人类饲养的牲畜将一个地方的植物吃得一干二净，从而导致生态环境恶化，这种行为就是过度放牧。

化肥：施放在土地上，用来帮助农作物生长得更好的一类物质。

化石燃料：由古代植物和动物的遗体形成的自然资源，如煤、石油、天然气。

环保：对环境没有破坏作用的一种性质。

环保技术：保护环境或开发利用可再生资源源的技术。

环保主义者：为保持地球健康发展而工作的人士。

环境：自然界中的万事万物统称为环境，既有生物，也有非生物，包括动物、植物、岩石、土壤、水等。

挥发性有机化合物（VOC）：一大类对人体和环境有害的化学物质。

基岩：位于下层土之下的坚硬岩石层。

间歇泉：间歇性喷发的温泉或热泉。

键：将两个粒子连结在一起的一种力。

降水：大气中的水通过雨、雪、冰雹、雨夹雪等形式，降落到地面的过程。

节约：避免浪费使用某物的一种行为。

晶体：由组成它的分子按照一定的几何样式重复排列而形成的固体物质。

可持续：人们以不将自然资源消耗殆尽的方式利用自然资源，既满足当代人的需要，也为子孙后代考虑，这种行为被称为可持续。

可再生资源：那些能够在自然界中不断形成的自然资源，如空气和水。

口号：一个容易记的，用于广告宣传的词语、短语或句子。

矿石：一种天然形成的含有金属或其他矿物的岩石。

矿物：自然界中一些无生命的物质，既不是动物，也不是植物，如黄金、盐、铜等，是组成岩石的基本单位。

垃圾填埋场：通常为一片面积巨大的土地，用来填埋垃圾。

连锁反应：由于事物彼此之间的联系特别密切，因此其中一个环节发生改变便会导致另一个环节也发生改变，这种现象被称为连锁反应。

漏勺：一种带有很多孔洞的勺。

灭绝：生物物种全部消失，不在存在于世界上的现象。

词汇表

能量：完成某个工作的一种能。

凝结：物质由气体变为液体的过程。

农作物：人们种植的用来食用或其他用途的植物。

栖息地：生物生活和生存的区域。

气候变化：某地区长时间的，普遍的，气候模式的变化。

气溶胶：一种在压力作用下，固体或液体分散并悬浮在气体中形成的物质，随着气体喷射出来，能形成泡沫。

气体：一种能够充满容器的物质，像空气就能充满你的肺。气体没有固定的形状，能够四处扩散，充满整个空间。

侵蚀作用：岩石或土壤被水和风持续不断剥蚀的作用。

全球变暖：地表的平均温度升高，温度升高的幅度足以导致全球气候变化，这被称为全球变暖。

热力收集系统：储存太阳能，并将其转化为热能的一系列装置。

森林采伐：将某地所有树木砍光，或者烧光，以清理出一片土地，这种行为就是森林采伐。

杀虫剂：用来杀灭害虫的一类化学物质。

商品：用来销售或使用的物品。

社会：有组织的人群总称。

生态系统：生物以及它们生存的环境组成生态系统。其中，生物包括各种动物、植物、微生物等；非生物物质包括土壤、岩石、水等。

生物多样性：指一个地区拥有的多种多样的动植物，它形成了一个稳定的生态系统和基因库。

生物燃料：一种由生物质制得的能源，靠燃烧释放能量。

牲畜：人们饲养的用于食用或其他用途的动物。

石油：一种黑色浓稠的液体，在地下经过亿万年的岁月形成。石油可以用来生产许多产品，如汽油等燃料。

食物链：在自然环境中，各种生物通过捕食与被捕食关系形成的一种链状联系，被形象地称为食物链。

水处理厂：将天然水净化处理，以供人们使用的地方。

水循环：水从大地到云中，再落回大地，这样一个循环往复的运动。

水蒸气：水的气态形式，比如烧开的水冒出的水汽。

酸雨：被酸性物质污染的降水。

太阳能电池板：一种将太阳能直接转化为电能的装置。

提取：通过一定的方法，将某种物质从另一种物质中分离出来的过程。

替代能源：那些通过其他方式产生的新能源，使用这种能源不消耗更多的自然资源或者不对环境产生破坏。

铁：一种坚硬的，能够被磁铁吸引的金属。

通信卫星：在太空中环绕地球运行的一种航天器，用于传输电视、无线电和电话的信号。

透镜：一种有着弯曲面的玻璃块，能够聚焦或发散通过它的太阳光。

土地荒漠化：可耕种的土地变成荒漠的现象。

土壤：覆盖在地球表层的一种物质。植物可以在土壤中生长。

温泉：被岩浆或热岩石加热后的地下水，沿着岩石裂隙上涌形成的泉水。温泉一般分布在有活火山的地区。

涡轮机：一种带有扇叶的装置，在水、空气、蒸汽的驱动下可以旋转。

污染：用化学物质或其他废弃物使环境变脏的行为。

污染物：使空气、水、土壤变脏，破坏环境的物体。

物种：具有相同或相似形态的一种生物，物种内的个体之间相互关联。

下层土：位于表层土之下的一层土壤。

需求量：人们所需要的某物的数量。

循环使用：再次使用某物的一种行为。

烟雾：和烟或其他污染物混合在一起的雾。

岩浆：位于地球表面以下的滚烫的，处于熔融状态的岩石。

厌氧：不需要氧气就能存活的特性。

营养物质：存在于食物和土壤中的，生物必需的，用来生活和生长的物质。

有机体：所有有生命的物体都是有机体。

有机质：腐败的动植物遗体，它们为土壤提供了可供生物利用的营养物质。

原材料：用来制造某种物品的自然资源。

源头削减：通过减少购买量，来减少浪费的一种方法。

藻类：生活在水中的一类微小的有机体，看起来像植物，但没有根、茎和叶。

蒸发：物质由液体变为气体的过程。

制造业：使用机器在工厂中生产大量产品的行业。

中东地区：位于西亚和北非地区的一些国家，西到利比亚，东到阿富汗。

紫外线：由太阳辐射出的一种看不见的射线。

自然资源：可以供人们以某种方式利用的，自然形成的物质。比如，水、岩石、木材等。

索引
Index

索引

Index

让孩子活学活用科学的实践探索百科

我为科学狂 万物奥秘探索

天地万物自有其存在的奥妙，无论渺小或宏大，普通或罕见，都有正确认知的必要。多重探索水、石头、自然资源、太阳系的多元知识。

我为科学狂 经典科学探索

在这里，经典科学不再是一串串复杂的数字和一个个难懂的原理。多重探索重力、飞行、简单机械、电的多元知识。

我为科学狂 身边科学探索

留心身边寻常的事物和现象，发现小细节里的大秘密。多重探索天气、夜晚科学、固体液体、交通运输的多元知识。

我为科学狂 自然发现探索

大自然包含了无限广阔的天地，也是爱自然的孩子探索的大舞台。多重探索春天、冬天、河流池塘、生命循环的多元知识。

图书在版编目(CIP)数据

自然资源 /(美)安妮塔・安田,(美)辛西娅・莱特・布朗,
(美)尼克・布朗编著;(美)布赖恩・斯通,(美)珍妮弗・凯勒绘图;
王鹏等译．—昆明:晨光出版社,2018.4(2019.5 重印)
(我为科学狂．万物奥秘探索)
ISBN 978-7-5414-9297-6

Ⅰ．①自… Ⅱ．①安… ②辛… ③尼… ④布… ⑤珍… ⑥王…
Ⅲ．①自然资源-少儿读物 Ⅳ．① X37-49

中国版本图书馆 CIP 数据核字(2017)第 296548 号

我为科学狂 万物奥秘探索

自然资源 EXPLORE NATURAL RESOURCES

出 版 人 吉 彤

编　　著 〔美〕安妮塔・安田
绘　　图 〔美〕詹妮弗・凯勒
翻　　译 高 源 尹 超
项目策划 禹田文化
执行策划 叶 静
项目编辑 赵佳明
责任编辑 王林艺
装帧设计 惠 伟
内文设计 邓国宇

出　　版 云南出版集团 晨光出版社
地　　址 昆明市环城西路609号新闻出版大楼
邮　　编 650034
发行电话 (010)88356856 88356858
印　　刷 小森印刷霸州有限公司
经　　销 各地新华书店
版　　次 2018年4月第1版
印　　次 2019年5月第2次印刷
I S B N 978-7-5414-9297-6
开　　本 185mm×260mm 16开
印　　张 30
字　　数 180千字
定　　价 128元(4册)

图片支持 • www.fotoe.com • 微图 • argus 北京千目图片有限公司 www.argusphoto.com

退换声明:若有印刷质量问题,请及时和销售部门(010-88356856)联系退换。

我为科学狂 太阳系

万物奥秘探索

EXPLORE THE SOLAR SYSTEM

〔美〕安妮塔·安田 编著
〔美〕布赖恩·斯通 绘图
郭晓博 翻译

云南出版集团 晨光出版社

推荐序

RECOMMENDATION

这是一套内容和形式都很不错，很适合当下中国少年儿童多元视角、多种模式接触科学的少儿读物，我非常乐意将它推荐给学校和家长。

关于这套书的精彩和独特之处，我想提三点：

首先，每册书不是以某个专有的学科概念为线索逻辑组织的，而是采用了与我们的生活和环境密切相关的时空或要素作为主题线索，如池塘、冬天、春天、夜晚等，这样的组织方式可以使读者感到亲切和熟悉。在这种熟悉的组织框架下，作者巧妙地将科学概念、科学知识融入其中，轻松化解了概念的抽象与生硬。

其次，这套书十分重视科技史的内容，其中不少册将科技史作为一个重要的逻辑组织线索，如交通运输、飞行等册。这种融入科技史的做法，不仅让读者对当下的科技发展有所了解，还能让他们明白科技是如何影响人类文明进程的，有利于科学与其他学科的融会贯通。

再次，这套书将科学知识的学习与思考求证的科学实验、体验感受等动手活动交织在一起，每册都安排了一定数量的科学活动，操作简单易行，真正做到了动手动脑学科学。另外，这套书在普及科学知识的基础上，还对科学研究方法、科学思考方式等科学意识进行了提炼，告诉了读者什么是预测，什么是实验，以及如何在分析数据的基础上得出结论等，对于提升科学素养大有裨益。

至于这套书呈现形式的多彩，无需我多说，读者们打开书就能领略到了！

郁京华

科学（3～6年级）课程标准研制组组长、南京师范大学教科院教授

太阳系的奇妙探索

太阳是什么？

到木星旅行的路途有多远？

我们未来会生活在火星上吗？

抬头看看天空中的太阳，很难想象它竟然仅仅是我们在夜空中看到的繁星之一。这本书将向你介绍行星、月球、其他围绕太阳运动的天体，以及它们所在的宇宙。26 个有趣的动手项目让你化身天文学家，自己探索太阳系。

在这本书中与历史和科学相结合的动手项目里，你可以自己研究日食、月相、木星环，还有宇航服。谁为恒星取名？什么是银河系？为什么会有夜晚？……在实践中寻找这些问题的答案时，不管你是制作了太阳系的模型，还是玩了奔向月球的登陆游戏，你都会乐在其中。这些动手项目都很容易操作，几乎不需要大人的监督，用的也主要是一些日常生活中常见的物品和可再利用的东西。

有趣的动手项目和笑话、趣闻、轶事相结合，让你在轻松的氛围中完成对太阳系的探索，而且这场探索还很震撼！

目录
CONTENTS

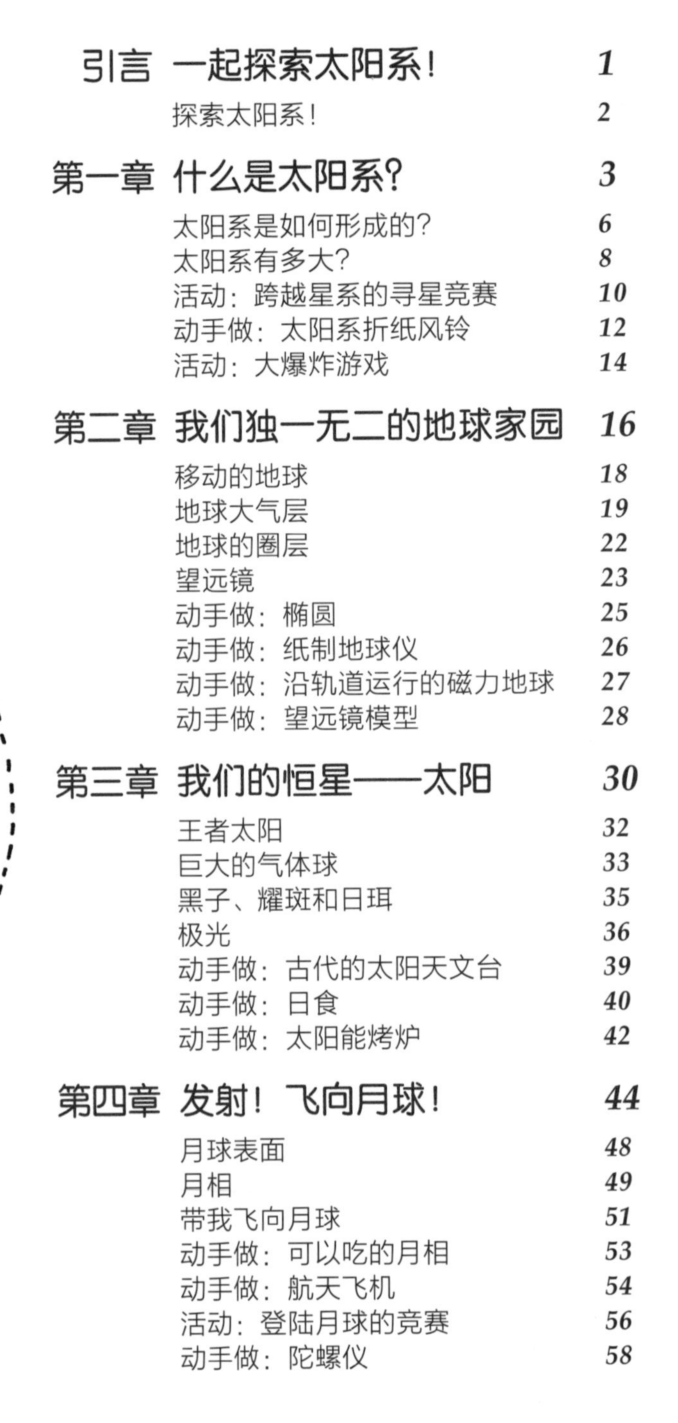

我为科学狂 太阳系

万物奥秘探索

EXPLORE THE SOLAR SYSTEM

引言 一起探索太阳系！

你在熬夜到很晚的时候，抬头仰望过星空吗？也许你正在和家人享受野外露营的美好时光。太阳落山后，就轮到月亮登场了。月亮的银白色光芒洒向了漆黑的夜空。没准儿运气好，你还能看到一颗卫星呢。

☆☆☆☆☆☆☆☆☆☆☆

其实，在很久以前，人们就开始注视夜空，想弄明白关于它的奥秘。这些星星是在水晶球里悬浮着吗？有可能建造一架长梯，直达天空吗？古人没有功能强大的望远镜和探测器。他们编出了许多关于太空的故事。他们觉得自己看到了隆隆的战车和神秘的生物，他们把天空想象成已经去世的国王生活的世界。

全世界的人们都利用星星为自己指路。又有谁知道，观察天空可能是一场回到过去的旅行？太阳系是一个奇妙的地方，而我们的家园——地球就位列其中。太阳系是如何出现的？它有多大？

它包含的最大和最小的物体是什么？在这本书中，你将开启太阳系大探险。太阳系是一个形成于数十亿年前的奇妙世界！你能猜到吗？不止你周围的所有东西都来自星体的一部分，就连你自己也是！

探索太阳系！

伽利略的望远镜

这本书会为你解答许多疑惑，还会跟你分享一些令人称奇的事实。你会了解到有关行星、宇航员、航天飞机、陨星、星座，以及古老的天文台的知识。一些古老的天文台至今仍然矗立着。你会认识一些非常有趣的人物，如哥白尼、伽利略，还有卡罗琳·赫歇尔，其中哥白尼发现了我们太阳系的中心，而伽利略是将科学仪器对准天空，研究太空的先行者之一，卡罗琳·赫歇尔则是宫廷御用天文学家的第一位女性助理。

此外，我们还会做一些有趣的科学项目，玩一些游戏，进行一些科学实践，讲讲笑话。准备好了吗？让我们出发吧！

词语园地 WORDS TO KNOW

卫星： 围绕着地球，或其他行星运动的天体或航天器（这种的一般叫作人造卫星）。

望远镜： 一种用于观察遥远物体的工具。

探测器： 这里指用于探索外层空间的航天器，如宇宙飞船或人造卫星。

太阳系： 地球所在的恒星系统，包含了围绕太阳运动的八大行星以及它们的卫星。此外，还包含一些更小的天体，如小行星、流星体、彗星和矮行星。

第一章

什么是太阳系？

What Is the Solar System?

什么是太阳系？

我们的太阳系只是银河系中一个很小的恒星系统。在一个星系中，有上亿个，甚至上万亿个恒星和恒星系统！据科学家估计，在整个宇宙中大约有1000亿个星系。

词语园地
WORDS TO KNOW

银河系：太阳系所在的星系。

星系：恒星系统的集合。

宇宙：遍布各处的一切东西组成了宇宙。

行星：太空中围绕太阳这样的恒星运动，并且不会自己发光的天体。

☆☆☆☆☆☆☆☆☆☆☆

毫无疑问，宇宙极其巨大，而且似乎会永远存在下去。假设今天是银河系的成员们拍合影的日子。太阳系的成员们一起拍了一张“班级”合影。站在中间的是太阳，它是距离我们居住的行星——地球最近的恒星。如果地球是太阳系中除太阳以外唯一存在的成员，那么这肯定是一个小班级。实际上，太阳系虽然小却五脏俱全，其中有包括地球在内的8颗行星。

一个有着 46 亿岁年龄的小班级

离太阳最近的是 4 颗小型岩石质行星，它们分别是水星、金星、地球和火星。你可以把这些行星想象成太阳的密友。它们被称为类地行星，或内行星。排在后面的是 4 颗气态巨行星，或者叫类木行星，它们分别是木星、土星、天王星和海王星。它们都比地球大得多。

那么站在“教室”门口的是谁呢？是冥王星，一个远离地球的冰冻世界。天文学家认为，冥王星是一颗矮行星。

坐在前排的是太阳系中个头比较小的，包括卫星、小行星、流星体和彗星。

词语园地 WORDS TO KNOW

类地行星： 岩石质的行星，如水星、金星、地球和火星。

类木行星： 主要由气体构成的一类行星，如木星、土星、天王星和海王星。

矮行星： 位于太阳系外围的小型行星。

小行星： 围绕太阳这样的恒星运动的小型岩石质天体。

流星体： 围绕太阳这样的恒星运动的微小岩石质天体，大小要小于小行星。

彗星： 由岩石、冰块和尘埃构成的，围绕太阳这样的恒星运行的天体。

问： 如果 26 个字母在外太空，ABC 跑地球来了，外太空还有多少个字母？

答： 20 个。因为 ABC 是坐 UFO 来地球的。

那么，为什么这些行星会聚集在太阳系中呢？因为它们都有一个非常重要的共性。水星、金星、地球、火星、木星、土星、天王星、海王星，以及太阳系中其他更小的天体，都处于太阳引力的拉拽之下。每个行星都有自己的轨道，这是行星围绕太阳运动的路径。太阳的引力拉拽着行星，而行星自己的运动则使它们远离太阳。这非常像是太空中进行的一场奇妙的拔河比赛。

既然所有的成员都到齐了，我们就可以合影了。“好，现在全班一起喊，茄子！”

太阳系是如何形成的？

46亿岁生日快乐！

今天，我们来为太阳系做一个生日蛋糕。我们需要许多蜡烛，得有46亿根。这就是科学家们所认为的太阳系的年龄。在太阳系诞生伊始，人类还没有出现。这意味着没有人能够记录下当时发生了什么。没有记者，没有相机，当然也没有人能够将这个大事件写下来。科学家们能够做什么呢？当然是研究和收集资料啦。

过去： 托勒密（公元90—168）是古希腊的一位科学家，他为太空描绘出一幅图景。他认为太阳和其他所有的行星都围绕地球运动。

现在： 我们知道太阳位于太阳系的中心，太阳系中所有的行星都围绕太阳运动，而不是围绕地球。

星云： 位于恒星之间的，巨大的气体和尘埃云团。

尼古拉·哥白尼

尼古拉·哥白尼（1473—1543）是波兰的一位天文学家，他的思想在当时很不受人们的欢迎。他写了一本书，他在书中说太阳才是太阳系的中心。这种太阳系模型的说法被称为“日心说”。在之前几千年的时间里，人们一直认为地球是宇宙的中心。这种说法被称为“地心说”。哥白尼的书在许多地方都被列为禁书，因为他的观点被认为是很危险的。他的书被禁了 292 年之后终于得到认可。如今在月球上还有一座环形山，就是以他的名字命名的。

像拼一幅巨大的拼图一样，科学家们拼出了太阳系的历史，但我们还没有得到全部的拼图碎片。

在太阳系诞生的时候，有一块巨大的尘埃和气体云，被称为星云。这种尘埃与你家床底下的尘土可不一样，它们在不停地旋转。最后，星云由于引力的作用开始坍缩。

引力拉拽着尘埃和气体粒子，直到它们聚集成团。经过了很长很长的时间，我们称之

小北斗位于小熊座中，是北极星的“家园”。当你面向北极星时，你便面向了北方。北极星在许多地区的文明中都是一颗非常重要的恒星。水手和旅行的人都靠它来指路。

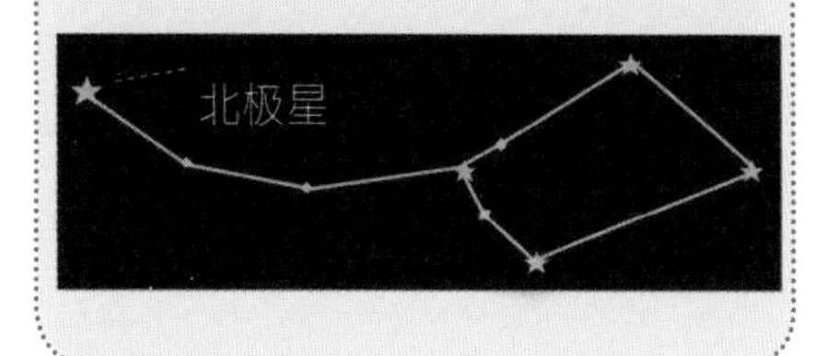

为“太阳”的恒星就诞生了。在太阳的形成过程中，并非所有的尘埃和气体都被使用殆尽。剩余的物质会继续旋转和自转，大块的岩石之间还会发生相互碰撞。一些岩石聚集在一起形成了行星、卫星、小行星，以及彗星。固态的、岩石状的行星距离太阳比较近，我们现在知道它们是水星、金星、地球和火星。另外一些行星则形成于离太阳较远的地方，它们距离太阳系的外层空间更近。这些行星是木星、土星、天王星和海王星。

太阳系有多大?

如果你准备在太阳系中旅行，那么这和你们全家一起自驾游可不一样。你不可能简单地依靠导航系统寻找方向。首先，当计算机询问你旅行的目的地时，你就不知道该在搜索栏中输入什么。

在14世纪和15世纪，有一种被称为“黑死病”的可怕疾病夺去了许多人的生命。当时，人们并不知道是老鼠传播了这种疾病。人们非常害怕，就试着去猜测这种病发生的原因。一些人甚至认为，行星在太空中异常的位置预示了某种不幸，导致了“黑死病”的发生。真是想不到!

行星的诗篇 PLANET poem

用下面一句简单的话，就可以记住全部八大行星：水金地火木土天，海王就在最外边。这句话包含了八大行星名称的第一个字，顺序从距离太阳最近的行星开始，分别是水星、金星、地球、火星、木星、土星、天王星和海王星。

为什么呢？因为没有人知道太阳系到底有多大，或者它的边缘在哪里。也许边缘就在太阳引力达不到的地方，但我们并不确定那里到底是不是太阳系的尽头。

天文单位：在宇宙中使用的测量单位。1AU 等于日地平均距离，约为 1.5 亿千米。

我们在地球上使用的距离测量单位是千米。但在太空中使用这个测量单位，就像用谷粒丈量地球的大小一样。天文学家在太阳系中测量距离时使用的是天文单位（AU），因为它更方便。1AU 的长度等于日地平均距离，约为 1.5 亿千米。想象一下，太阳是距离我们最近的恒星。如果你以约每小时 96 千米的速度飞驰，那也得花 176 年才能到达太阳！如果你尽力走得更远，那么你能想象得出到时自己会有多老吗？冥王星距离太阳约 40AU。有这么多要去一探究竟的地方，我们最好赶紧启程吧！

活动 ACTIVITY

跨越星系的寻星竞赛

在下面的游戏中，宇宙被搅成一团了。你需要找出行星，并将属于太阳系的行星放回原位。能够猜对谜语，同时找到隐藏其中的行星的人将是游戏的获胜者。

材料和准备工作

- 纸张
- 彩色马克笔
- 一群小伙伴

1 画出或是打印出太阳系中的每一颗行星，以及其他天体，如太阳和别的星体。

2 在纸条上写下已知的线索，把它们放在桌子上。如果你愿意的话，也可以写下富有个性的线索。

3 每张行星图片都要藏在一个可以通过某条线索发现的物品旁边。找个大人帮你藏好图片。

4 图片藏好以后，要确保线索都摊开在桌面上，这样每个人都可以看到，然后开始寻星之旅。猜出了谜语，同时找出藏起来的太阳、月亮、恒星，或是找出行星数目最多的人或团队，将是获胜者！

小贴士

你可以自己写线索。你可以把天文学家、宇航员，以及彗星、小行星、流星体、恒星和星座也写上去。

下面是一些关于线索的例子：

★我是距离地球最近的恒星。你可以在自己身上戴的，用于保护眼睛的物品旁边找到我。

答案：太阳

★我运动得非常快。你可以在自己脚上穿的物品里找到我。

答案：水星

★我是太阳系中最热的行星。你可以在用于保暖的物品下面找到我。

答案：金星

★我身上有盛开的鲜花。你可以在花园里找到我。

答案：地球

★我的名字写在巧克力棒上。你可以在厨房里找到我。

答案：火星

★我是希腊众神中的一位。一位王室成员把我戴在了头上。你可以在一个化妆盒里找找。

答案：木星

★我周身色彩斑斓。你可以在珠宝盒中找到我。

答案：土星

★我侧着身子旋转。你可以在车库找到我。

答案：天王星

★我是希腊神话中的海神。你可以在浴盆里找到我。

答案：海王星

★我的名字和一位著名的迪士尼动画人物相同。你可以在电视附近找到我。

答案：冥王星（音译名是普鲁托）

★我的数量达到了数十亿。你可以在台灯附近找找。

答案：恒星

★我不是由奶酪做成的。你可以在冰箱里找找。

答案：月亮

苏联宇航员尤里·加加林，是第一位进入太空的人，他在1961年进入了太空。

动手做 MAKE YOUR OWN

太阳系折纸风铃

太阳系中的所有成员都环绕太阳运行。它们运行的路线被称为轨道。每颗行星的轨道都是不同的。就像是奥林匹克运动会上的跑步运动员一样，每颗行星都有自己独立的“跑道”。行星之间不会交换轨道，因为太阳的引力会让它们待在自己的轨道中。如果没有太阳引力的吸引，这些行星就会像碰碰车一样被甩入宇宙空间。想象一下这样的场景吧！

材料和准备工作

- 彩色的轻质纸
- 衣架
- 细绳

1 将一张约15厘米见方的纸自上向下对折，用力压出折痕。自左向右再次对折，同样压出折痕。然后将纸展开，放平。

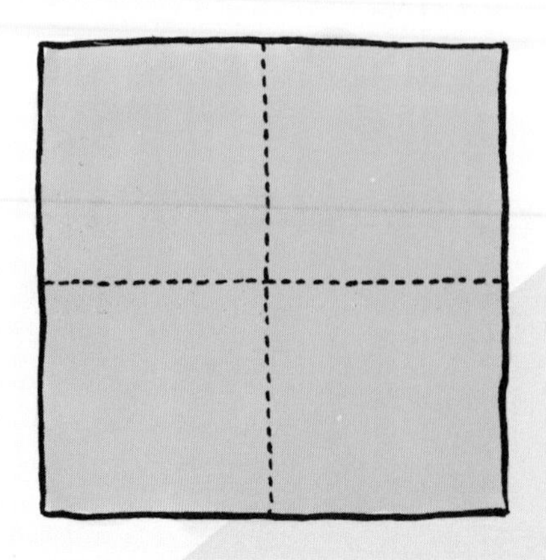

2 沿着对角线折出一个三角形，然后展开。沿另外一条对角线再次折出一个三角形，展开，放平。将纸沿着折痕向内和向下折叠，折成一个三角形，如图所示。

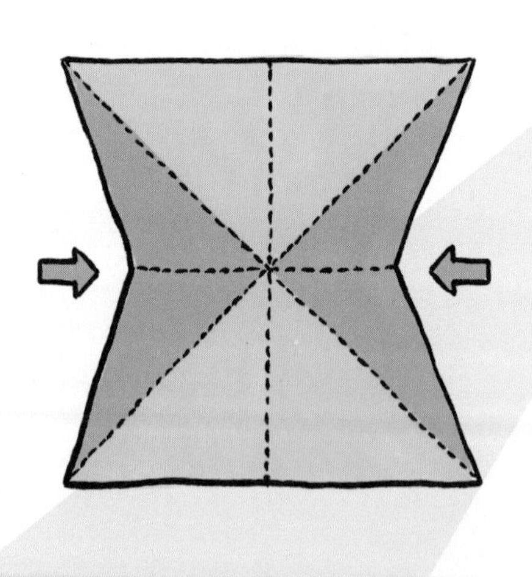

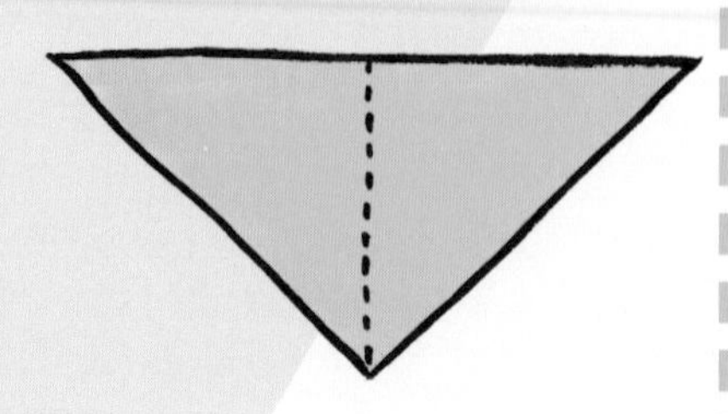

3 将三角形的右边向左折起，并向下压，对齐折叠；将三角形的左边向右折起，并向下压，对齐折叠，折出一个菱形。翻过来，重复同样的操作。

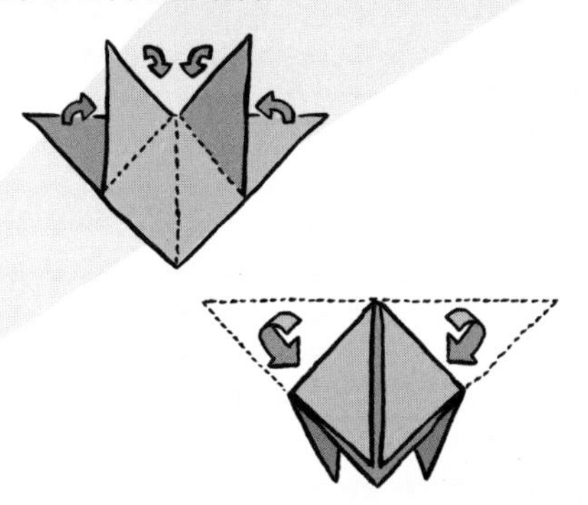

4 将一侧的角折到中间，再将底部的角向上折，压出折痕。另外一侧的角也重复同样的操作。将底部的角插入折出的空隙中。

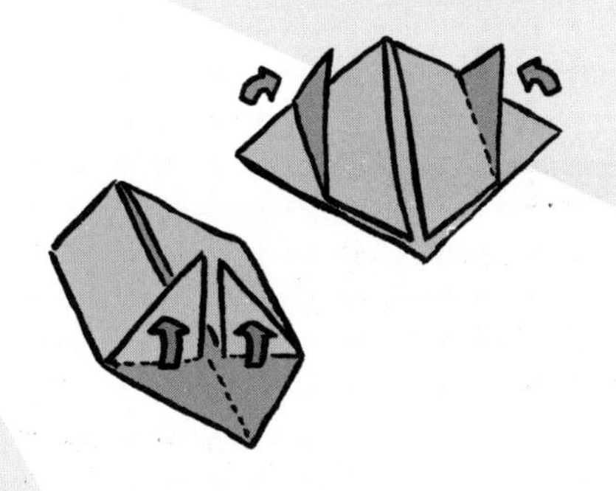

5 将纸翻过来，重复步骤 4。然后借助铅笔，或者你的手指，再次用力按压所有的折痕。

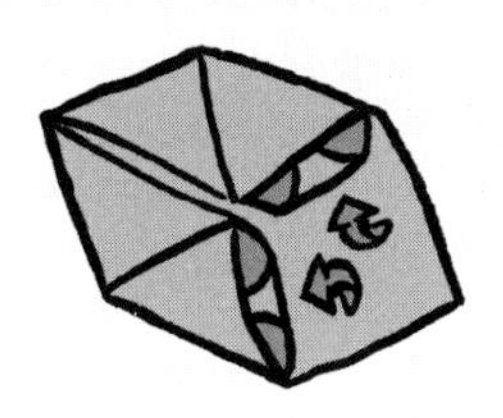

6 找到顶部的开口。把空气从开口吹进去，让你的手工纸行星扩大成一个盒子。然后再做 7 个这样的盒子。

7 把一段细绳系到每一颗行星上，然后把它们挂到衣架上，让它们与太阳之间有一定的距离。现在，准备把你的风铃挂起来吧。

变一变： 你可以使用更大或是更小的正方形纸，这样就可以做出不同大小的行星。也可以给行星涂上颜色，或者粘上亮片、羽毛等其他装饰物来点缀行星。同样也可以在你做的行星上画上或贴上它们各自的图案。用彩色的纱线装饰衣架，或者用纱线遮住挂钩也可以。除了手工纸以外，你还可以用纸巾来做行星，也可以在里面填上棉球。用绳子加固每个行星的顶部。

活动 ACTIVITY

大爆炸游戏

没有人确切地知道，宇宙是如何形成的。一些科学家相信，在宇宙形成的时候发生了一场很大的爆炸。这就是著名的大爆炸理论。爆炸产生了用来形成恒星和星系的空间与物质。

材料和准备工作

- 一个较大的开阔空间
- 标识界限的物品，如粉笔或蜡笔
- 一大群人

1 用粉笔或蜡笔清晰地标识出“宇宙界限”。一个人扮演“大爆炸”先生，其他人在做游戏的房间中散开。

2 “大爆炸”先生大声喊出：“我是‘大爆炸’。宇宙将要形成了，你们要加入吗？”

3 “大爆炸”先生开始追逐参与游戏的人，后者要四处跑开，或是偷偷溜走。一旦他们被“大爆炸”先生抓到，他们就成为“大爆炸”先生的一部分。“大爆炸”先生与被抓到的人要手牵手，去抓更多的人。

4 当所有的人都被抓到以后，大家就互相牵着手挤在一起。然后大家开始数数，当数到“3”时，大声喊出“大爆炸”这三个字，并且绕着场地转圈，形成恒星、行星和卫星。

像天文学家一样观察星星

古代的天文学家研究星星，并且留下了观测记录。为了开始你自己的观察，你需要选一个可以观看夜空的地方。你能看到什么？把你看到的记下来。你需要留意的是：月亮是什么形状的？星星会组成图案吗？你是否能看到好几个图案？你能看到一些移动的天体吗？

知识
加油站

像天文学家那样探索太空

科学家是那些从事科学研究的人。天文学家是科学家的一种，他们研究的领域是地球以外的世界。你也可以像天文学家一样去探索太空，发现各种奥秘。

提出问题

天文学家的研究工作是从科学问题开始的。科学问题就是能通过收集各种信息而解决的问题。科学问题包括你进行研究的目的是什么？你想要发现什么？你要解决什么问题？只有带着“问题”去看、去做，才更有目的性。

提出预测

预测是对科学研究结果的一种假设。科学研究其实就是一个“证明—得出结论”的过程。在开始你的太空探索之前，你要根据已有的知识和信息提出一些预测，作出一些假设，然后去证明，验证你的预测是否正确。

制定方法

根据你的科学问题和你的假设，你要找出最合适的方法来验证你的假设，解决问题，这也就是你在太空探索中都要做什么。比如，你要观察哪些天体，怎么观察，用什么工具观察，你要得到什么数据或结果。在天文研究中，确定观察地点也很重要。

结果和结论

探索太空的结果包括观察结果和实验数据。得出这些结果，就要对它们进行分析，查找相关资料，看看它们反映了什么规律。探索太空你需要一张星图，你可以在天文图书中找到，也可以在网络上查到。

对结果进行分析，发现的规律或者趋势就是结论。完成结果分析，得到结论后，你要做的就是用你的结论去验证你之前提出的假设。这时你就像天文学家那样解决一个科学问题了！

第二章

我们独一无二的地球家园

There's No Place Like Earth

我们独一无二的地球家园

太阳系中距离太阳第三近的行星是地球。它是最大的类地行星。地球是唯一一个没有从希腊或罗马神话中得名的行星，在英语里地球这个词“earth”的意思就是“土地、土壤”。没有人知道是谁为地球取的名字。

词语园地 WORDS TO KNOW

物种： 有亲缘关系，可以产生有繁殖能力后代的一群生物。

☆☆☆☆☆☆☆☆☆☆

如果你可以重新为地球取名的话，你很可能想把它称作“难以置信的星球”。为什么呢？因为地球是我们已知的唯一一个能够支持生命存活的星球。这里有着多姿多彩的生命，就连科学家都不知道地球上到底有多少物种。也许是百万，乃至千万种！大部分生命形态已经被人类发现了，它们中的一些甚至非常微小。

STAR PLAYER 星星档案

南十字座是全天星座中最小的一个，在南半球可以很清楚地看到。南半球就是地球上赤道以南的区域。欧洲的水手们通过南十字座辨认方向。一些国家，如巴西和澳大利亚，都在自己国家的国旗上使用了南十字座的图案。

生命能够在地球上存在，是因为地球与太阳之间的关系。太阳光需要 8 分钟的时间到达地球。地球与太阳之间的距离，就像是帐篷与篝火之间合适的距离，这样地球上既不太热，也不太冷。

地球的表面也使地球与众不同。地球是唯一一颗表面有水的行星。事实上，地球表面大约 70% 的部分都被水覆盖。地球也因此有了“蓝色星球”的昵称。这就是我们令人称奇的地球家园。

词语园地 WORDS TO KNOW

南半球：地球位于赤道以南的部分。

宇航员：在太空中航行或工作的人。

移动的地球

你知道你自己其实是一名宇航员吗？事实上，地球上的每一个人都是宇航员。那么火箭在哪里？它就在我们脚下。当然说的是地球啦！我们的地球并非静止不动，而是以约每小时 1600 千米的速度自转。我们感觉不到地球在动，是因为地球的自转非常平稳，同时地球的引力又将我们束缚在地球上。但是我们在天空中却可以看到地球运动所产生的效应。当我们在地球上所处的区域朝向太阳时，就是白天；背向太阳时，就是黑夜。

你也许认为太阳每天早上都会升起，其实这只是因为你待在运动着的地球上。地球完整地自转一圈需要大约 24 小时，也就是一整天。

想不到 OUT OF THIS WORLD

地球以大约每小时 10.5 万千米的速度围绕太阳运动。将这个速度与最快的喷气式飞机相比，地球的速度是喷气式飞机的 32 倍。真是想不到！

地球同时也在以另一种方式运动着：围绕太阳运动。四季更替并不是由地球与太阳之间的距离变化导致的，而是源于地球自身的倾斜。地球自转时有一定的倾斜角，这种倾斜相对于太阳的位置，在一年中不断变化着，由此产生了四季。地球上哪个区域朝向太阳，取决于地球处于一年中的哪个时间段。当北极向着太阳倾斜时，北半球正值夏季；当北极背离太阳倾斜时，北半球则正值冬季。地球围绕太阳转一圈需要约 365 天，或者说是 1 年。

地球大气层

地球被一层看不见的覆盖物包裹着，这就是大气层。大气层是地球的保护层，一直延伸到太空。其他行星也有大气层，但没有一颗行星的大气层能够支持生命的存在。而地球大气层却含有供我们呼吸的氧气。

词语园地 WORDS TO KNOW

北半球：地球位于赤道以北的部分。

大气层：围绕在行星周围的气体混合物。

伽利略·伽利莱

伽利略·伽利莱（1564—1642）在1609年制作了一架望远镜。他是最早用望远镜研究宇宙的人之一，他的望远镜可以将物体放大12倍。现代的望远镜，像哈勃空间望远镜，放大倍数远不止如此。伽利略也是世界上第一位看到土星环和围绕木星的4颗卫星的人。他非常确定地球并不是宇宙的中心。罗马教皇对伽利略传播这些思想非常愤怒，并且下令逮捕了他。伽利略被圈禁在自己的住处度过了余生。

没有了大气层，人类、其他动物和植物都无法生存。地球并不是一直都有这么多的氧气。在生命出现的早期，地球大气中才开始出现氧气。地球大气中存在这么多的氧气，都是地球上植物的功劳。以后你要是和植物们说话，记得和它们说声“谢谢”！

化石燃料：由古代动植物遗体形成的燃料。

我们的大气层非常脆弱。人类活动，如砍伐大量树木和燃烧化石燃料，都会对大气层造成损害。

词语园地
WORDS TO KNOW

温室气体： 使地球大气升温的气体。

全球变暖： 地球平均气温不断升高的现象。

臭氧层： 地球大气层中的一层，其中包含臭氧，能够阻挡来自太阳的紫外线。

化石燃料，如煤、石油和天然气，是自然存在的物质。当人类燃烧化石燃料时，就会产生一类名为“温室气体”的气体，它会带来环境问题。温室气体可以导致地球的平均温度上升，这被称为全球变暖。

另外有一些气体会破坏臭氧层，造成臭氧层空洞。臭氧层是地球大气层中非常稀薄的一层，能够保护我们免受太阳过量有害的紫外线伤害。

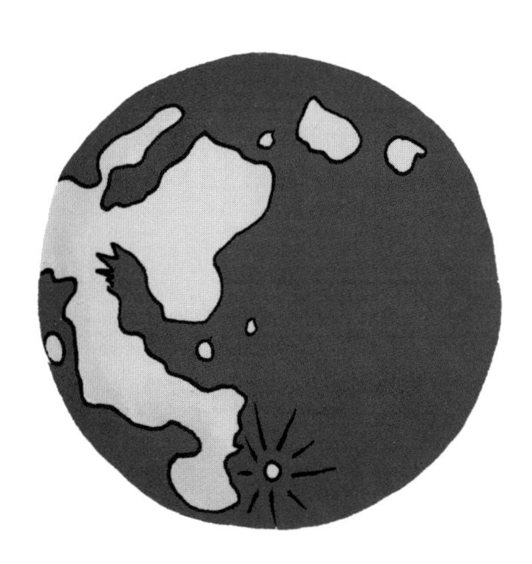

全球变暖对于每个人来说都非常重要，因为我们生活在同一片大气层中。我们可以通过减少能源的使用，为应对全球变暖作出自己的一份贡献。

古往今来
THEN AND NOW

过去： 长久以来，人们对地球的形状有许多看法。古埃及人认为地球是方的，古巴比伦人则相信地球是中空的，而古印度人则把地球想象成为铺在巨象身上的一块平地。

现在： 现在我们知道地球是圆的，中部向外突出一些，就像一个南瓜。卫星图像显示，地球中部的直径比穿过两极的直径长43千米。哈哈，我们的地球有一个啤酒肚！

地球的圈层

当你在外面又跑又跳时，你肯定认为地球是一个固体，像岩石一样的固体。但是固体并不足以描述整个地球。地壳的运动和变化又该怎么解释呢？是的，你说得对。你脚下的地球是活力十足的！

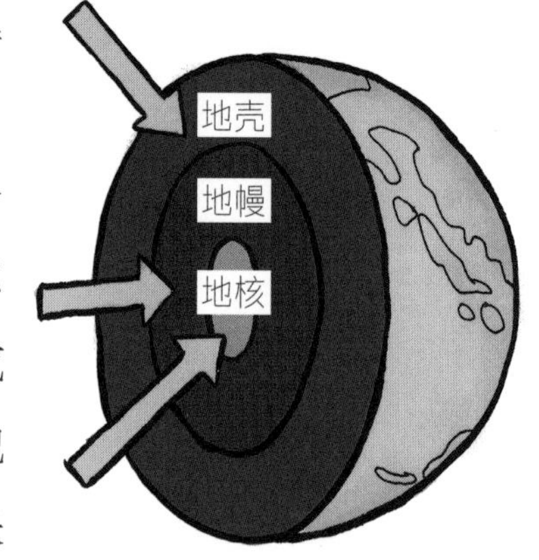

地球有 3 个主要的圈层，它们分别是地壳、地幔和地核。地壳就像你的皮肤一样，它是由坚硬的岩石构成的。地壳在大陆以下的部分最厚。地壳就像拼图游戏一样，由不同的板块构成，这些板块被称为构造板块。地球上有几个主要的板块，

词语园地 WORDS TO KNOW

地壳：地球内部由内向外的最外层。

地幔：位于地壳和地核之间的地球内部分层。

地核：富含铁元素的地球中心层。

构造板块：构成地壳的分块板块，会发生运动。

泛大陆：3 亿—2 亿年前存在于地球上的一块超级大陆。

小望远镜：一种小型望远镜，可以拿在手里。

太空中的第1 SPACE FIRSTS

第一只真正实现遨游太空的小狗叫莱卡，它于 1957 年 11 月乘坐苏联的“人造地球卫星”2 号进入太空。

它们都在不停地运动着。这意味着地球并不一直是它现在看上去的样子。

曾经，地球上所有的板块都连在一起，形成了一片巨大的陆地，被称为泛大陆。大约 1.8 亿年前，泛大陆开始分裂，并且慢慢地彼此远离。现在，地球上有 6 块大的陆地，被称为大陆，它们分别是非洲大陆、南极大陆、大洋洲大陆、亚欧大陆（欧洲和亚洲是连在一起的）、北美大陆和南美大陆。

如今，这些大陆仍在漂移。构造板块漂浮在被称为“地幔”的炽热、熔融的岩石圈顶部。板块发生碰撞的地方，就会产生地震、火山爆发和造山运动。在地幔之下是地核。地核外围有一层炽热的岩浆。如果你能到地核旅游，你就会发现那里有一个直径 2400 千米的铁球，几乎和月亮一样大了。

望远镜

人们总是凝望天空，想知道那里有什么。人们观测太阳、月亮、恒星和肉眼可见的行星，如水星、金星、火星、木星和土星。人们还学会了预测季节和月相。在过去的几百年里，人们一直认为地球是宇宙的中心。直到 17 世纪，这个观点才受到了极大的挑战。1608 年，一位名为汉斯·利珀希的荷兰眼镜匠将他的惊人发现记录了下来。他透过 2 枚透镜进行观察，把遥远的图像变得看上去非常近。小望远镜便由此诞生了！

观察大发现

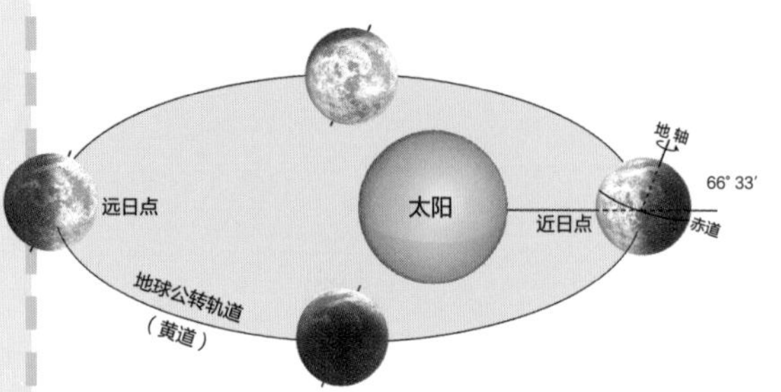

地球绕太阳的公转产生了季节变化，地球的自转引起了昼夜更替。地球自身合适的大小，及地球与太阳之间的合适距离，使得地球成为太阳系中唯一有生命存在的星球。

大气层是包围在地球表面的一层空气。大气层自下而上分为对流层、平流层、中间层、热层和散逸层。我们就生活在对流层的底部。

按照板块构造学说，地壳是由六大板块组成的。它们在地幔上漂移，有的板块边界在拉伸，有的板块边界则在碰撞。正是这些板块运动造就了我们地球今天的地貌。

1608 年，荷兰眼镜匠汉斯 · 利珀希发明了小望远镜。现在，天文爱好者和天文学家用多种多样的天文望远镜遥望浩瀚的宇宙。

动手做 MAKE YOUR OWN

椭圆

椭圆有着曲线的外形。你会在本书的其他动手活动中用到这个椭圆模板。

1 将一张纸放在卡纸板上。然后把两枚图钉按在纸上，彼此相隔一定距离。图钉之间的距离将决定你的椭圆有多长。

材料和准备工作

- 纸
- 卡纸板
- 图钉
- 细绳
- 铅笔
- 剪刀

2 将细绳的一端系在其中一枚图钉上。将细绳松散放置，再将细绳的另一端系在另外一枚图钉上。细绳的松散程度将决定你的椭圆有多宽。

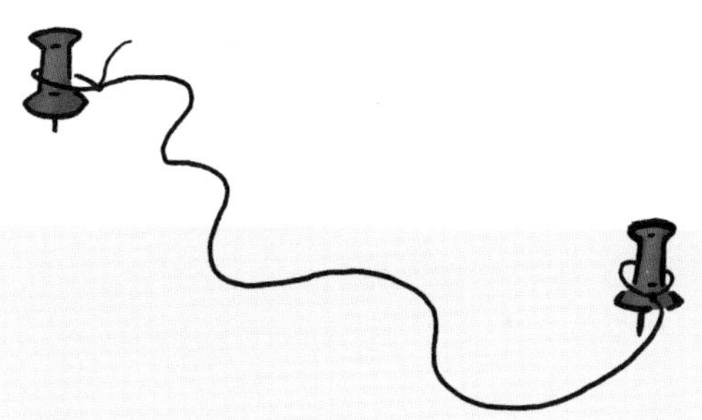

3 在图钉之间，用铅笔顶着细绳画出椭圆，画的时候需要保持细绳紧绷。先画出一边，再画出另外一边。

4 拔出图钉，把椭圆剪下来。

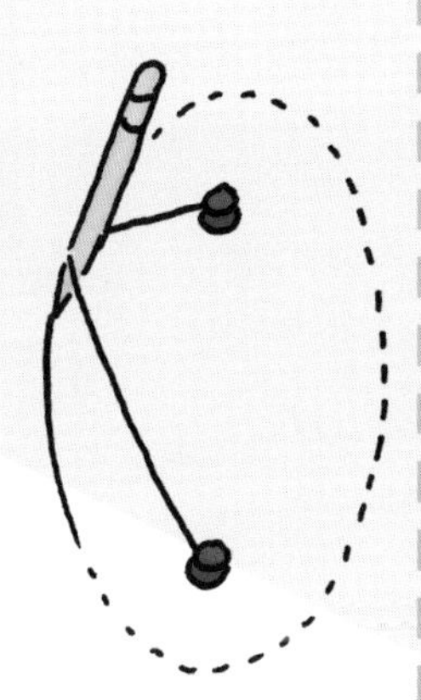

小贴士

你可以用橡皮筋代替细绳。将橡皮筋剪开，就可以得到一根有弹性的长橡胶绳了。

动手做 MAKE YOUR OWN

纸制地球仪

1 把球或是吹起来的气球放在一个稳定的底座上，比如碗里，这样它就不会滚来滚去。

2 在另外一个碗里把面粉和水混合在一起，形成糊状物。糊状物要稠一些，这样它就不会太湿漉漉的。

3 将报纸剪成或是撕成长条状。把纸条在糊状物里蘸一下，然后将纸条重叠着贴在球或气球上，这样就做出一个地球仪。完成后把地球仪晾干。

4 地球仪晾干后，请大人帮忙把外面的纸条部分切开一个缝，取出里面的球或气球。（如果你用的是泡沫塑料，那么请忽略这一步。）然后，给整个地球仪涂上浅蓝色，并晾干。

5 在地图册或是网上找到世界地图，参照世界地图在地球仪上画出各个大陆。用深绿色表示大陆，再用其他颜色画出细节部分。在地球仪上标出你生活的地方。

材料和准备工作

- 泡沫塑料球或气球
- 2 个碗
- 面粉
- 水
- 报纸
- 剪刀
- 笔刷
- 蓝色和绿色的颜料

动手做 MAKE YOUR OWN

沿轨道运行的磁力地球

17 世纪早期，一位名叫约翰尼斯 · 开普勒的德国天文学家研究了行星的运行轨道。之前，人们认为所有的行星都沿完美的圆形轨道运动。但开普勒的研究却揭示行星的运动轨道是椭圆，并非完美的圆形。

小贴士

日历背后的磁条就是一个很不错的磁体来源。

材料和准备工作

- 椭圆模板
- 纸板
- 彩色铅笔
- 纸
- 胶水
- 2 根磁条
- 剪刀

1 参照椭圆模板，在纸板上画出一个大椭圆。在椭圆中间偏左的地方选一个点，画出一个圈代表太阳，你可以给它涂上黄色。

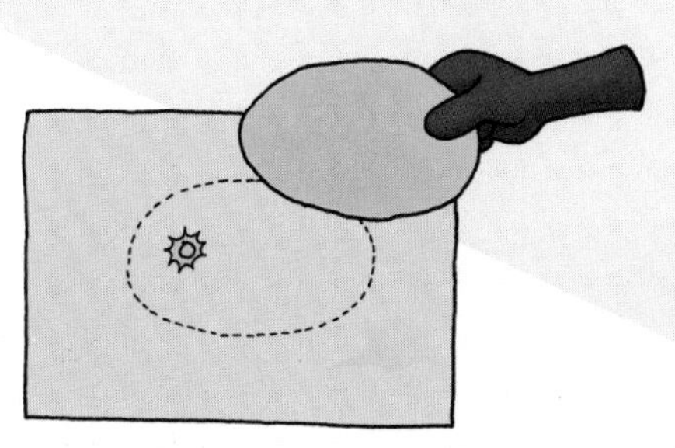

2 从纸上剪出一个小圆代表地球，给它涂上蓝色。然后用胶水把代表地球的圆和磁条粘在一起，并放在椭圆上。

3 把另外一根磁条放到距离“地球”足够近的地方，使地球能够沿着围绕太阳的轨道运动。磁条不要离“地球”太近，以免“地球”脱离自己的轨道。

变一变：你也可以画出其他行星的轨道。

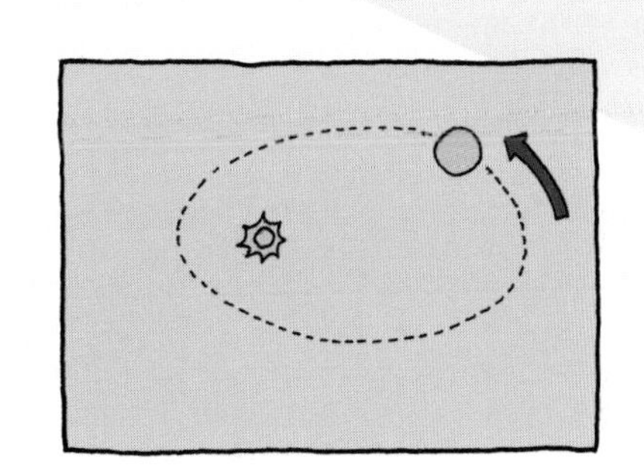

动手做 MAKE YOUR OWN

望远镜模型

伽利略制作了一架折射望远镜。光线到达望远镜的远端，穿过透镜。这个凸透镜使光线发生弯曲，让它们在某点聚焦。目镜将光束放大，同时使物像看上去更大了。

1 从纸上剪下两个圆，作为伽利略在望远镜上使用的镜片。其中一个比另一个略小些。

2 将小圆放在桌子上。这个圆就是目镜。

3 将橡皮泥粘在三根吸管的一端。再把吸管间隔均匀地立在小圆的周边，粘橡皮泥端朝下。

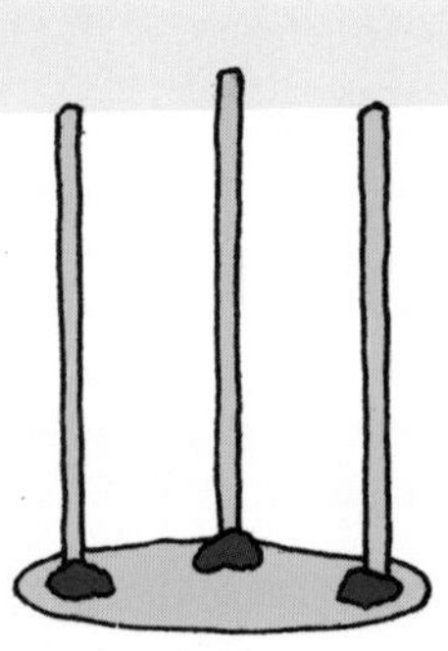

4 将另外一根吸管剪成三等分，然后用橡皮泥把它们粘成一个三角形。

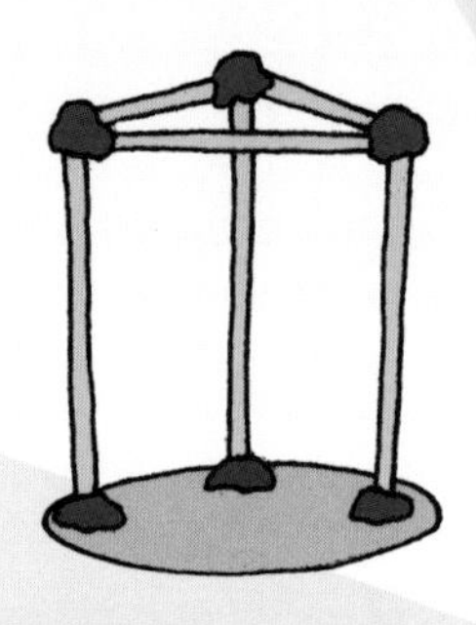

5 把这个三角形安装在竖起的吸管上。这个三角形就代表望远镜的焦点。

6 重复第三步，再把另外三根吸管粘到三角形的三个顶点上。

7 最后，把大圆粘上，这个圆代表的就是远端的凸透镜。

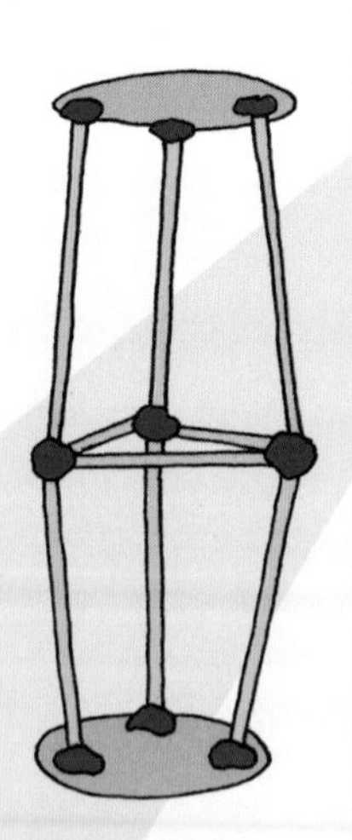

材料和准备工作

- 重磅纸
- 剪刀
- 吸管
- 橡皮泥

变一变： 你可以给自己增加点难度，在你的望远镜中安装更重一些的“镜片”，并且让它保持平衡。

知识加油站

关于地球的一些事实

地球是我们在宇宙中唯一的家园。我们好像对它很熟悉了，到底是不是这样呢？自己看看吧！

1. 许多人认为地球是个球体，其实严格意义上说地球是个椭圆球。

2. 许多人认为地球表面是个完美的弧形，但是如果去除地球表面的水体，地球表面实际上是坑坑洼洼、起伏很大的。

3. 许多人认为地球围绕太阳以圆形轨道运转，太阳就位于地球轨道的圆心位置。其实，地球围绕太阳运行的轨道是个椭圆，而太阳则位于椭圆的一个焦点上。

4. 许多人认为地球的卫星——月球是绕着地球一圈一圈运行的。其实，随着地球的公转，月球绕地球的旋转轨道是一个波浪状的不规则圆。

第三章

我们的恒星——太阳

Our Star, the Sun

它是比天空中所有其他天体都亮得多的炽热发光体。希腊人称它为“赫利俄斯”，罗马人叫它“索尔”，印加人称它“伊蒂”。我们中国人称呼它为“太阳”。太阳为地球带来了光和热，是万物生长的源泉。如果没有太阳，地球会变成什么样呢？我们居住的行星将会成为宇宙中一块死气沉沉的大岩石。

现在我们已经知道，太阳是距离地球最近的恒星。这也是为什么它看上去比其他恒星更大的原因。太阳距离我们大约 1.5 亿千米。距离我们第二近的恒星是比邻星，它发出的光需要 4 年多才能到达地球，而太阳光到达地球只需要 8 分钟。

词语园地 WORDS TO KNOW

比邻星： 距离地球第二近的恒星。

王者太阳

从古至今，人们都知道太阳非常重要，他们修建了天文台来研究太阳的运动规律。太阳天文台是一种与日历类似的东西。人们在它上面标记一些重要的事件，如一年中最长或最短的一天，等等。一年中，白昼最长的一天被称为夏至，白昼最短的一天被称为冬至。这些信息可以用于农作物的种植和收割。

太阳发光发热的能力并不被古代的人们所理解。他们把太阳当神一样顶礼膜拜。在一些地方，你如果不认为太阳是神的话，就会惹上麻烦。2500 多年前，古希腊有一位名为阿那克萨戈拉的哲学家说，太阳仅仅是一个大火球，结果他就被驱逐出了雅典。

古埃及人相信，他们的王——法老就是太阳神。法国的国王路易十四就自称太阳王。现在，一些企业和体育运动队都用太阳作为力量的象征。

为什么不把你自己和太阳也联系起来呢？毕竟，它是太阳系中最庞大的天体。太

词语园地 WORDS TO KNOW

夏至：一年当中白昼最长的一天，在北半球为 6 月 21 日前后。

冬至：一年当中白昼最短的一天，在北半球为 12 月 21 日前后。

哲学家：思考和回答世间万物规律的人。

日冕层：太阳大气最外面的一层。

光球层：包括太阳在内的恒星中最为明亮、最容易看到的一层，是我们可以看到的恒星表面。所有的恒星都有光球层。

阳比地球重大约 30 万倍。地球是如此之小，如果太阳是个陶罐，那么它能装得下 100 万个地球。太阳是太阳系中当之无愧的王者。

问：天空很晴朗，为什么没有太阳？

答：因为是晚上。

巨大的气体球

与大多数恒星一样，太阳也是一个非常非常热的气体球。它不像地球那样有着固体的圈层，也不像海洋一样呈现为液体，它是由气体组成的。我们的地球上有不同种类的岩石，同样的，太阳上的气体也与地球上的空气有着很大的区别。

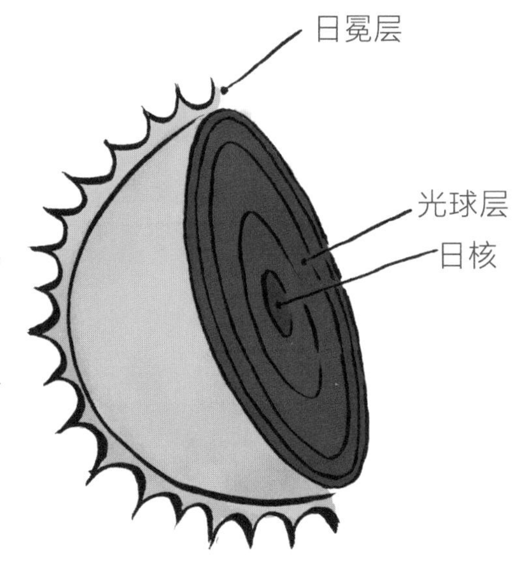

事实上，太阳由几个气体层组成，每一层都有着自己独特的名字。最外面的气体层叫作日冕层。日冕层看上去像一个光环，非常非常热，温度高达 200 万摄氏度！靠近太阳中心区域的是光球层。这是

想不到 OUT OF THIS WORLD

对于古代中国的占星家来说，预测日食是生死攸关的大事。2000 多年前，有两位占星家预言将要发生日食。但是他们预测错了，并因此丢掉了性命！在古代中国，对于帝王来说，发生日食被认为意味着健康和成功。所以当日食没有如期出现时，古代中国的皇帝们就不太高兴了！真是想不到！

太阳中最为明亮的一层。太阳的中心区域被称为日核。日核就像是一个温度极高的烤箱。在那里，太阳的温度可以超过 1500 万摄氏度。而地球上记录的最高温度才仅仅是 58 摄氏度。

太阳是我们的太阳系中唯一能够发出可见光的天体。太阳能够发光，缘于它的中心区——日核里正在进行的核反应，而核反应能产生能量。在太阳内部参与核反应的是氢气，它的原子以非常快的速度四处弹跳，并且互相碰撞。它们在碰撞时就以某种方式聚合在一起，变成另外一种气体——氦气。这个过程会产生热，并且使太阳发光。日核中产生的大多数能量会穿透太阳的各个圈层，一直到达光球层，然后以热和光的形式向宇宙空间扩散。地球只接收到了太阳能量中非常微小的一部分。

词语园地 WORDS TO KNOW

日核：太阳的中心区，太阳的能量来源于此。

核反应：当原子融合或分裂时，会释放出大量能量，这一过程被称为核反应。

氢气：一种无色的气体，在宇宙中数量最多。

原子：宇宙中构成万物的微小粒子。原子就像非常小的积木块，或沙堆中的沙砾一样。

氦气：在太阳的核反应中产生的一种无色气体。

太空中的第1 SPACE FIRSTS

伊卡洛斯是古希腊神话中的第一位太空旅行者。他和他的父亲是希腊一个偏远海岛上的囚犯。在仔细观察了海岛上的小鸟后，他的父亲用蜡和羽毛制作了翅膀，这样他们就可以飞起来，逃离这个海岛了。起飞后，伊卡洛斯的父亲警告他不要飞得离太阳太近，否则翅膀上的蜡就会被烤化。但他没有听从父亲的劝告，飞到了离太阳很近的地方，结果他翅膀上的蜡化掉了，最后他掉进了大海里。

黑子、耀斑和日珥

太阳一直在不停地旋转着，就像地球一样，这被称为自转。但太阳的自转并不稳定,因为它不是固体。许多令人惊异的现象，如太阳黑子，就缘于太阳的不稳定自转。黑子是太阳上的大风暴。伽利略从他自制的望远镜中看到了太阳黑子，但他并没有作出解释。太阳黑子看上去就像是太阳表面上的一块黑斑，它们没有太阳表面其他部位那么热，而且它们大多数都比地球大很多倍。太阳黑子可以持续存在几个小时，甚至几个月。太阳上的气体向宇宙空间更大的喷发现象被称为太阳耀斑。太阳大气还可以形成巨大的环状物，被称为日珥。

太阳黑子、耀斑和日珥都可以对地球产生影响。有研究表明，黑子数量较少可以导致地球温度下降。太阳耀斑里的粒子可以干扰地球上的无线电波和移动通信，甚至会对人造卫星产生损害。太阳耀斑还会为地球带来极光盛景。

词语园地 WORDS TO KNOW

太阳黑子： 太阳表面颜色较暗的区域，它的温度低于周围的区域。

太阳耀斑： 太阳表面突然发生的能量爆发。

日珥： 突出于太阳表面的物质，是由气体构成的喷流或环状物。

粒子： 构成物体的极小微粒。

极光： 在地球的北极和南极附近，夜间可以用肉眼看到的彩色光线。

艾萨克·牛顿

当艾萨克·牛顿爵士（1642—1727）还是孩子的时候，他就做过许多观察记录。他非常喜欢记录在自己身边观察到的东西！长大后，他在学校里学习了数学和天文学。后来，他向人们展示了引力是如何在宇宙中普遍适用的。艾萨克·牛顿通过这个定律预测了恒星以及围绕太阳运行的行星的运动规律。他还建造了世界上第一架反射式望远镜。反射式望远镜用一块曲面镜代替透镜来聚焦光线。

极光

极光是多姿多彩的，呈涡旋状的光线。它们会在地球最北端和最南端的夜空里出现。在北方，这些美丽的光线被称为北极光；在南方，它们被称为南极光。有时候，北极光会向南延伸很远，一直可以延伸到美国南部。

古往今来 THEN AND NOW

过去：古代中国人认为，当天狗正在吞食太阳时，就会出现日食。每当出现日食时，他们就会使劲击打鼓、盆和其他能够发出巨大声响的东西。他们认为，这样的噪声会吓跑天狗，让太阳重新出现。

现在：现在我们知道，当月球挡住了来自太阳的光线时，就会发生日食。而月食则是因为地球从太阳和月球之间穿过时投下的阴影造成的。

人类自古代起，就开始观察和崇拜极光。加拿大北部的因纽特人相信，极光是正在跳舞的动物们的灵魂，而新西兰的毛利人则认为，这炫丽多彩的天空来自于他们祖先点燃的篝火。

在中世纪的欧洲，人们认为极光是一种魔法。当看到极光时，他们相信一些不好的事情就要发生了。

现在，科学家们知道，极光是由太阳风引发的。太阳风是太阳释放出来的气体流，它能散发出无数的微小粒子。这些粒子中的一部分会与地球大气层中的气体分子发生碰撞。这样，每一种气体都会发出不同颜色的光，所以极光看上去就是五颜六色的了。极光可以是绿色、黄色，也会夹杂着红色，有时候还会出现粉色和蓝色。

词语园地 WORDS TO KNOW

引力：一种将天体拉拽到一起的力。正是这种力使我们停留在地球表面。

反射式望远镜：一种利用曲面镜聚光的望远镜。

北极光：在北极附近的天空中出现的彩色光线。

南极光：在南极附近的天空中出现的彩色光线。

日食：当月球运行到太阳和地球之间时，挡住了照向地球的太阳光而发生的天文现象。

月食：当地球在太阳和月球之间经过时，将月球笼罩在自己的阴影中而发生的天文现象。

太阳风：从太阳表面进入宇宙空间的大量微小粒子流。

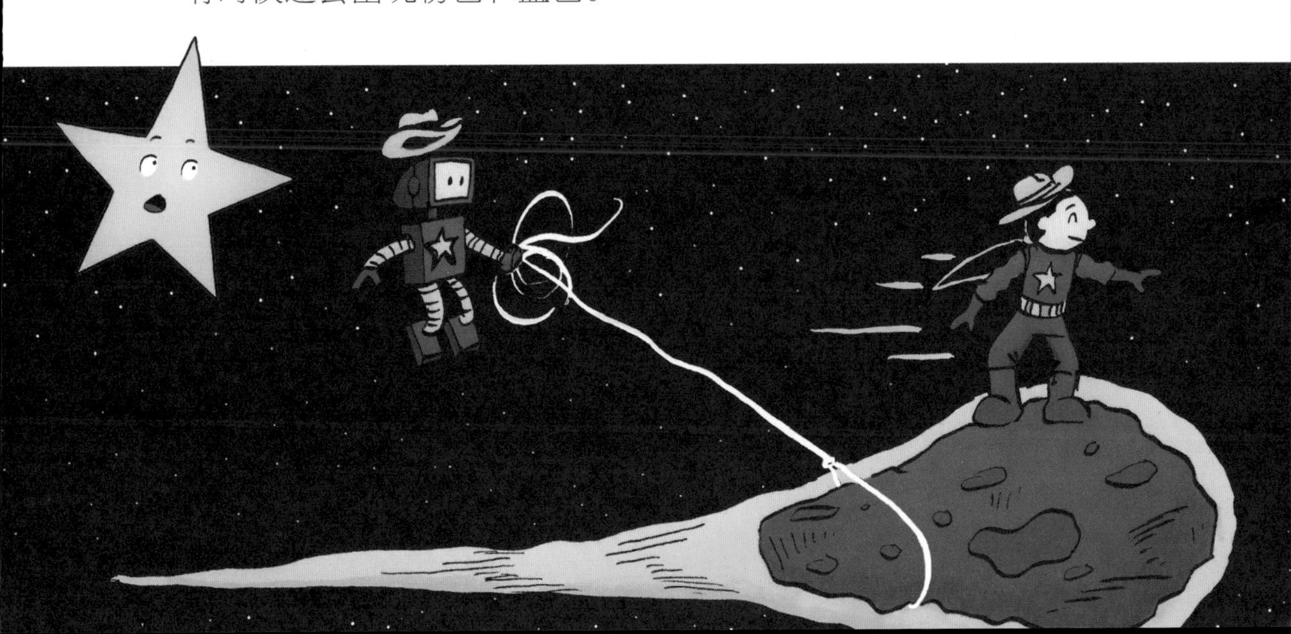

观察大发现

在古代，由于人们认知水平的限制，各个文明都有关于太阳的神话传说。在南美洲的印加帝国，太阳神被认为是很重要的神，印加人自认为是太阳神的后裔。图中所示的就是南美洲安第斯高原上的太阳门。

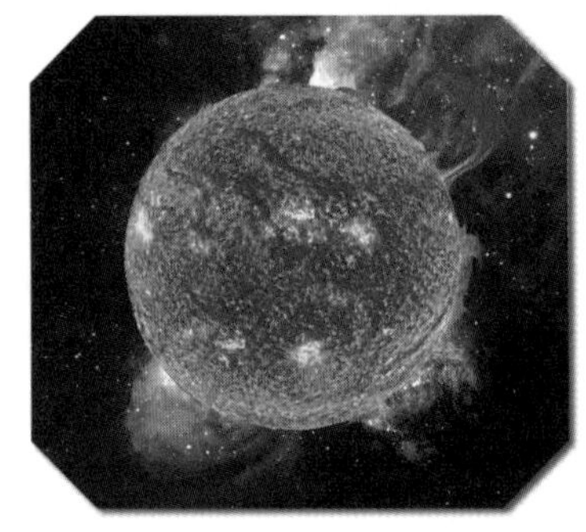

有时太阳的大气在喷发时，会形成巨大的环状物，被称作日珥，就好像是太阳的耳朵。

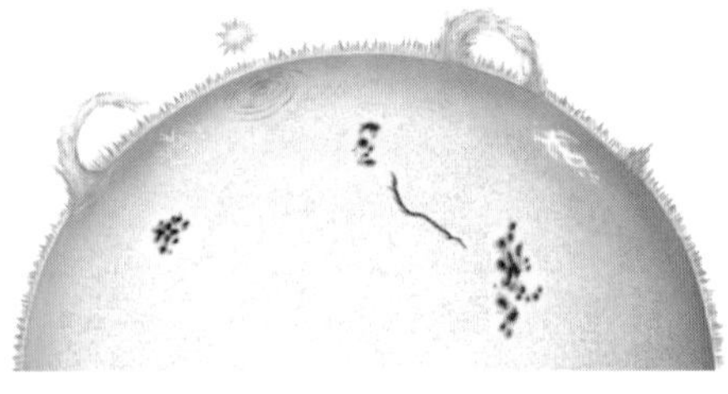

太阳表面有时会出现一些黑斑，这些区域的温度比周围的区域要低得多，这就是太阳黑子。

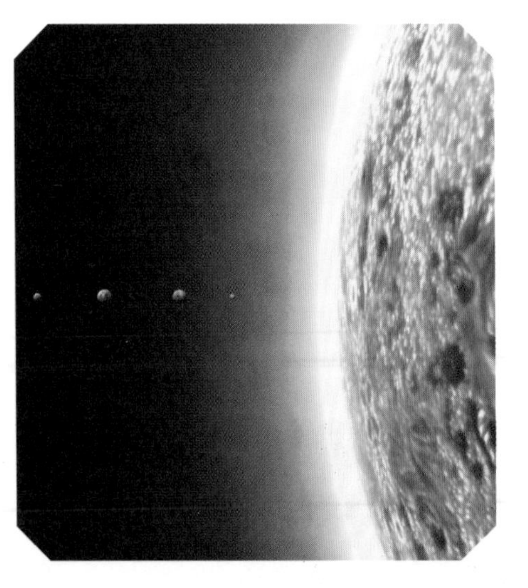

太阳中的大气有时会从太阳表面喷发出来，形成耀斑。太阳耀斑的发生对通信、广播电视信号和卫星导航都有影响。

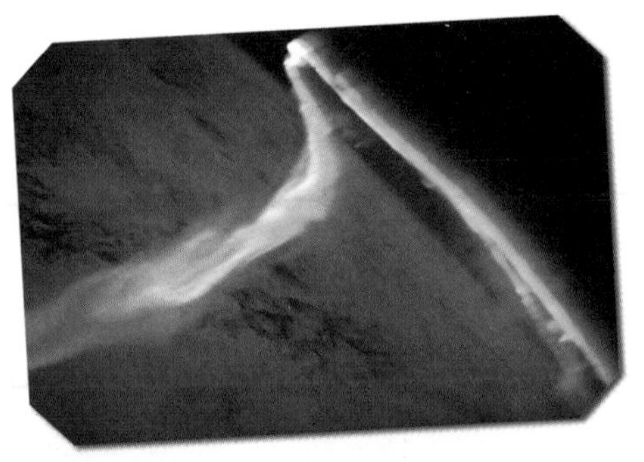

极光是在地球两极地区“舞动”的彩色光带。在古罗马神话中，奥罗拉被认为是掌管北极光的女神。现在，人们已经知道极光是由太阳风引起的。

动手做 MAKE YOUR OWN

古代的太阳天文台

古代的人们通过观察太阳升与落的位置，来确定季节的变换。预测季节的变化，对于确定播种的时间非常重要。在这里，我们要以美国伊利诺伊州的卡霍基亚遗址为原型，做一个太阳天文台的模型。这个遗址又被称为“巨木阵”，由一系列木杆构成，作为一种日历曾为人们所使用。这些木杆会在一年中的某个特殊时刻，与升起的朝阳对齐。这个动手活动需要一台烤箱，所以要请大人来帮忙。记住，完成后一定要洗干净自己的手。

材料和准备工作

- 烤箱
- 用来制作米花糖的大米
- 人造奶油或黄油
- 几袋棉花糖
- 深平底锅
- 木勺
- 烘焙盘
- 蜡纸
- 冰箱
- 小刀
- 直尺
- 托盘

1 在网上或书上查找米花糖的做法，按照制作方法制作米花糖。当需要使用烤箱的时候，请大人来帮忙。之后，把大米混合物放置几分钟，将它们晾凉。

2 将蜡纸铺在金属烘焙盘上，然后均匀地撒上大米混合物。

3 将烘焙盘放进冰箱里，使它们冷却，冷却之后米花糖就做好了。需要注意的是，如果米花糖的温度冷却得太低，就很难切开了。用直尺量好大小，均匀地切开米花糖。用这些米花糖代表卡霍基亚太阳阵里的木杆。

4 将米花糖块竖直立在托盘中，摆成一个圆圈。现在，你就可以请朋友们共享美味的“卡霍基亚太阳天文台”大餐了。

提示：可以在每一个米花糖块的底部涂上一点奶油，以便它们能够立起来。

动手做 MAKE YOUR OWN

日食

很久以前，人们并不了解日食。当人们看到日光都消失了，就像一个黑色的圆盘缓慢地盖住了太阳的时候，人们感到非常害怕。这就好像太阳要永远离开地球一样。英文中“eclipse（日食）”这个词来自于希腊语，意思是“抛弃”或“离开”。按照下面的步骤操作，看看日食究竟是怎么发生的。要记住，一定不要直视太阳，因为那样会伤害你的眼睛。

材料和准备工作

- 小盒子（长方形）
- 剪刀
- 黑色或其他颜色的美术纸
- 黄色的纸巾
- 胶水和胶带
- 牙签
- 马克笔

1 在盒子的两端分别剪出一扇“窗户”。然后在盒子顶部的中间部位横着剪出一道缝。

2 用美术纸剪出一个正方形，大小能插入盒子上的缝里就可以了。

3 在这个正方形的中央，画出一个圆，并把它剪下来。用一块黄色的纸巾覆盖住这个圆洞，并粘好，做成一个迷你的“彩色玻璃窗”。然后把做好的“玻璃窗”放到一边。

4 在黑色的美术纸上画出一个圆，比步骤 3 中的圆略小一些，用来代表月亮，剪下这个圆。然后用胶水或胶带在圆上粘上一根牙签。

5 在盒子的两边画上两只狗，代表中国神话传说中吞食太阳的天狗。然后用鲜艳的彩色纸装饰一下盒子。

6 把带有黄色纸巾的纸片插入缝隙中，将盒子一端朝着有光的方向放置，这样可以看到阳光。

7 把“月亮”插在刚才那个纸片前方，朝向光的方向。你可以在太阳前方缓慢地移动“月亮”，来演示从月亮刚开始遮挡太阳到完全遮挡住太阳的过程中，人们看到的“食”的现象。

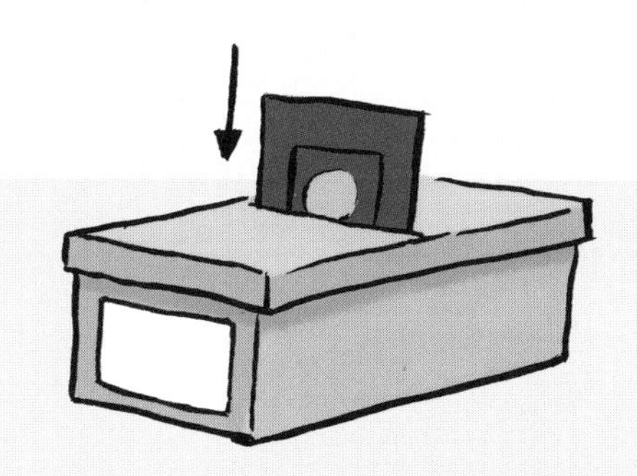

STAR PLAYER 星星档案

天鹅座也被称为“北十字”。在历史上，并非所有的文明都把这个星座看作是一只天鹅。它也被看作是角鹗、朱鹭、雄鹰，甚至是母鸡。朱鹭是来自古埃及的一种鸟。在古希腊神话里，俄耳甫斯是一名音乐家，当他弹起自己的七弦琴时，所有的动物都会跑过来聆听。在他死后，他的七弦琴变成了星座——天琴座，而他也被升到了天上，成为了天琴座附近的天鹅座。

动手做 MAKE YOUR OWN

太阳能烤炉

在野外做饭时并不一定需要篝火，你只需要太阳的能量就可以做饭。这就是太阳的强大之处。你的太阳能烤炉的温度可以达到 135 摄氏度，所以必须要大人在场才可以进行这项动手活动。

1 把锡箔覆盖在比萨饼盒的内部，包括盒盖部分。在盒中间放一个小型烤听。烤听是一种用来烤制食物的带盖或者不带盖的长形铁盒子。

2 在两片全麦饼干中间夹上巧克力和棉花糖，这样就做成了夹心饼干。再把夹心饼干放到烤听中。

3 用保鲜膜包裹好烤听，以保证热量不会散失。然后把这个太阳能烤炉放在阳光下。当巧克力化掉时，夹心饼干就做好了。

4 太阳能烤炉可能达到很高的温度。请大人帮忙，利用防热手套拿出烤听，并剥去保鲜膜。既然你的夹心饼干已经做好了，快和你的小伙伴们一起分享吧！

材料和准备工作

- 比萨饼盒
- 锡箔
- 烤听
- 全麦饼干
- 巧克力
- 棉花糖
- 保鲜膜
- 防热手套

变一变：你也可以用鞋盒，或者其他大小差不多的带盖的盒子。你也不一定必须做夹心饼干，换比萨饼和面包也可以。

知识加油站

古代“天文台”

现在，天文学家可以在天文台借助先进的天文观测仪器，对太空中的天体进行观测。不过，天体观测的历史可以追溯到很久很久以前。许多文明都以某些神秘的方式建造了一些建筑，来表明自己与地球的绕日运行存在着关联。下面，我们就去认识几个古代“天文台”吧！

英国巨石阵

英国南部的巨石阵是英国最重要、最神秘的历史遗迹之一。

以阵列排列的巨石外环是四季的象征，而里面的一圈巨石则被认为具有神奇的功能。巨石阵可追溯至公元前3100年，大部分考古学家认为，它既是天文观测站，也是古代宗教遗迹。

☆英国巨石阵

☆墨西哥的玛雅卡斯蒂略金字塔

玛雅金字塔

卡斯蒂略金字塔修建于1000—1200年。它最神奇的地方是，金字塔里面的斧形锤会在夏至时同日出的方向一致，在冬至时则与日落的方向一致。金字塔底座四边各有91级台阶，加上顶端平台，正好365级——恰好是一年的天数。

秘鲁印加古城马丘比丘山顶的城堡

秘鲁印加古城马丘比丘山顶的城堡被一些人当作印加人祭祀太阳的圣坛。印加人历经几十年，将自己的城市建在高山之巅，就是为了离太阳更近些。城中最著名的是“拴日石”。每到秋分和春分的中午，太阳的光线会直射石柱的顶部，而不会留下任何影子。诸如“三窗庙”“太阳庙”等其他建筑，在夏至日当天也同样与太阳发生了某种独特的神秘联系。

☆马丘比丘山顶的城堡

第四章

发射！飞向月球！

Liftoff！

发射！飞向月球！

夜空中那个明亮醒目的圆球天体就是月球。人类已经把成千上万颗人造卫星送入了太空，但是月球并不是我们发射上去的。月球是地球唯一的自然卫星。月球围绕地球运动，就像地球围绕太阳运动一样。不管地球到哪里，月球总是如影随形。

其他行星也有卫星。一些行星甚至拥有许多颗卫星。但是，月球对于我们来说非常特殊，因为我们的地球只有这一颗卫星，而且它也只属于地球。现在，人类已经登上过月球了，还在月球的表面上跳跃行走，驾驶月球车，收集月岩样品，插上旗帜，甚至还打过高尔夫球。

FOCUS ON 聚焦点

罗伯特·戈达德

在罗伯特·戈达德（1882—1945）17 岁那年，他爬上了自家后院的一棵樱桃树。在那儿，他梦想着能够到火星旅行。后来，经过多年的研究和努力工作，他相信空间飞行是可以实现的。戈达德是发射液体燃料火箭的第一人。在他去世的时候，他一共获得了214 项火箭技术的专利。现在，他被誉为“现代火箭技术之父”。

问：我们什么时候看到的月亮最大？

答：登上月球的时候。

科学家已经研究月球很多年了，但时至今日仍然有许多谜团尚未解开。没有人确定月球是如何形成的。当然，现在也有一些关于月球形成的理论。一个较为流行的理论是，数十亿年前，一个小型行星大小的天体撞上了地球，这次碰撞的力使地球的外壳熔化。炽热的岩石像焰火一样冲到了宇宙中。过了很长时间，这些物质中的一部分聚合到一起，便形成了月球。尽管月球可能来源于地球，但它与我们的地球还是有很

古往今来 THEN AND NOW

过去：古代的人们相信，月亮的变化源于一种魔力。

现在：我们知道月相形成与地球、月球、太阳三者间的相对位置有关，不同时间我们能看到的被照亮的月球部分是不一样的。

大差别。月球的引力比地球的小，这是因为它的大小比地球小得多。月球只有地球的四分之一大，因此它把人拉向月球表面的引力也较小。在月球上，你可以跳得更高，站得更高。但是你需要穿上宇航服，因为那里没有大气，这意味着月球上没有供人们呼吸的空气。

月背漫步

月球只有一面朝向地球，能被我们看到。我们看不见的那一面被称为月背。1959 年，苏联一架名为“月球”3 号的无人探测器第一次飞越了月背。它拍下的照片令人非常震惊。照片显示的月背样子是，一个被猛烈撞击过的坑坑洼洼的表面。

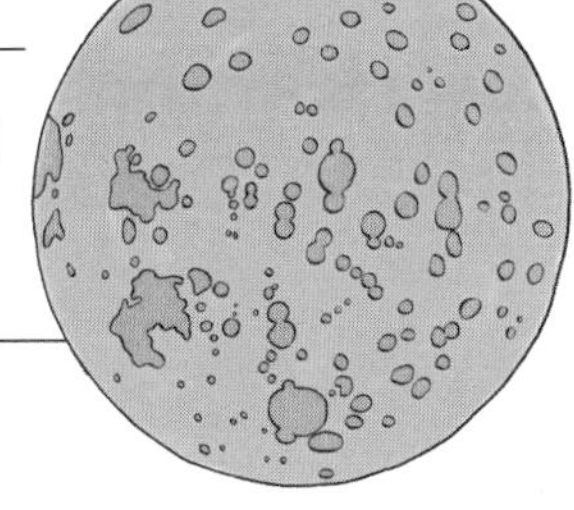

月球上当然也没有天气变化。想一想一个没有风也没有雨的地方会是什么样。月球上天气预报员的工作将会非常枯燥乏味。“早上好，月球上的居民们，”预报员可能会说，“大家可以期待又一个干燥、多尘埃的一天。更多的极端温度将会出现。在有太阳的时候，温度会达到 107 摄氏度。在极地，温度则会降到零下。而今晚，温度会骤然下降至零下 184 摄氏度。明天，您将收听到的天气预报还是一样的。”不过，这并不意味着月球上所有的事情始终一成不变。天气预报员很可能不得不中断天气预报，因为一个非常常见的情况出现了——陨星撞击。月球表面没有大气层的保护，所以它经常遭受陨星的袭击。

词语园地 WORDS TO KNOW

专利： 保护一项发明或发现免遭非法复制的制度。

月背： 月球因为自转原因，有一面会一直背向地球，那一面就是月背。

陨星： 落到行星或月球上的流星体的一部分。

月球表面

在地球上，我们只能看到月球的一面。这一面有黑暗的区域，也有明亮的区域。日本人把月球上的黑暗斑块想象成一只正在捣年糕的兔子，欧洲人则觉得看到了一张人脸。用望远镜进行观察的伽利略认为，那些地方都充满了水。于是，人们为这些黑斑起了一些非常浪漫的名字，如风暴洋、雨海等。在拉丁语（古罗马人的语言）里，它们被称为“maria”，意思是“海”。

事实上，月球上没有人、兔子，也没有海洋。相反，月球表面覆盖着一层厚厚的尘埃，“海洋”里根本没有水，它们只是一些低洼的地区，里面有少量的环形山。科学家们相信，这些区域是由月球火山中流出的熔岩造就的。其

词语园地 WORDS TO KNOW

海： 天文学上的海指月球、火星上的阴暗部分。

环形山： 天体表面的碗状坑穴，由小行星撞击形成。

月相： 在一个月的时间里，月亮一系列变化着的外形。

中的一个被称为“静海”，是人类第一次登陆月球的地方。

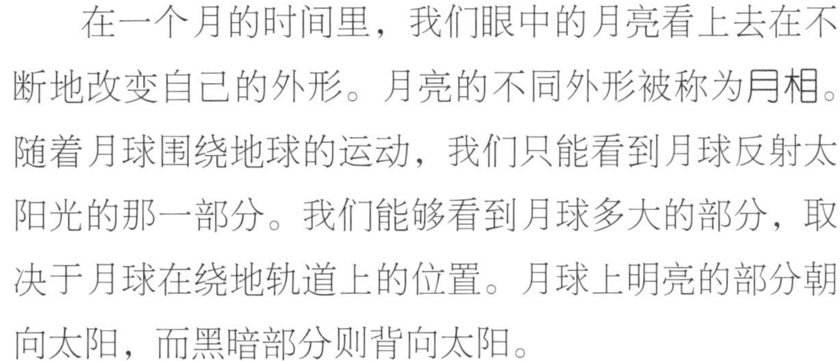

月球上的亮斑是被环形山覆盖的丘陵区域。一些环形山仅有几十厘米宽，而其他的则可以达到约1100千米宽。月球上的环形山形成于数十亿年间，由陨星撞击月球时带来的冲击产生。

月相

在一个月的时间里，我们眼中的月亮看上去在不断地改变自己的外形。月亮的不同外形被称为月相。随着月球围绕地球的运动，我们只能看到月球反射太阳光的那一部分。我们能够看到月球多大的部分，取决于月球在绕地轨道上的位置。月球上明亮的部分朝向太阳，而黑暗部分则背向太阳。

古人认为月亮的变化非常神奇。格陵兰岛上的因纽特人相信，月神每个月都在追随着他的太阳姐妹，他们在玩着永不停息的捉迷藏。

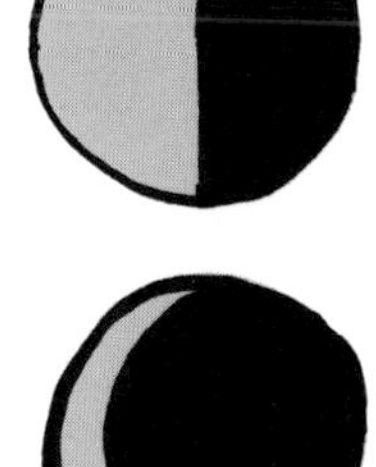

月神非常享受这种追逐游戏，以致忘记了吃东西。

于是他便日渐消瘦，直到再次想起进食。这个传说描述的就是一个月相周期。

月亮平均每29天半就会从蛾眉月变成满月，然后再变回蛾眉月。我们的历法就是以这个月相周期为基础的。“月”这个词实际上就来源于“月亮”。

满月通常与各种稀奇古怪的事情发生联系。有些月相也常常错误地与人、动物的奇怪行为发生联系。世界多地都流传着，满月之夜人变成狼人的故事。古希腊神话中，吕卡翁国王因为捉弄众神之王宙斯，被变成了狼。

太空中的第1 SPACE FIRSTS

1961年，宇航员艾伦·谢泼德成为美国第一位进入太空的人。当他还是个孩子的时候，他就在当地机场的机库里，帮忙把飞机推进拖出机库。长大后，他成为了一名飞行员。1971年，谢泼德指挥了“阿波罗”14号宇宙飞船飞向月球的任务。

词语园地 WORDS TO KNOW

月相周期：月亮经历的月相变化周期，从蛾眉月到满月，再恢复到蛾眉月，为一个月相周期。

蛾眉月：露出不到月亮面积一半时的月相。

满月：整个月亮都露出来时的月相。

月饼

在亚洲许多国家和地区，农历八月十五是中秋节。全家人都会沐浴在月光之下，准备好特殊的食物，讲起传统的故事，还会唱歌庆祝。在中秋节有一种颇受欢迎的点心，那就是月饼。月饼是由红豆或莲蓉等做馅，外面裹油酥皮制成的。有时月饼上面还放有鸭蛋黄，来代表月亮。

带我飞向月球

探索太空和登陆月球的梦想，激励了一代又一代的科学家。把人类送上月球并不容易。在早期，动物们充当了宇航员的角色。美国和苏联在把宇航员安全地送上月球方面，做了大量努力。这被称为太空竞赛。

太空竞赛

1957 年，苏联发射了“人造地球卫星”1 号——世界上第一颗人造卫星。由此开启了那场通往月球的竞赛。NASA（美国国家航空航天局）也发射了一系列探测器。1961 年，苏联宇航员尤里·加加林成为世界上第一个进入太空的人。1969 年，美国宇航员尼尔·阿姆斯特朗第一次在月球上留下了人类的脚印。

美国的“阿波罗”11 号是世界上第一个成功登月的载人飞船。尼尔·阿姆斯特朗和埃德温·“巴兹”·奥尔德林是第一批探索月球的地球人。1969 年 7 月 20 日，尼尔·阿姆斯特朗宣布：“这是个人的一小步，却是人类的一大步。”这两位宇航员在月面上总共待了 21 小时。他们在月面上拍照，还收集了岩石和月壤样品。从 1969 年到 1972 年间，共有十多位宇航员在“阿波罗”计划中完成了登月。

世界上第一架航天飞机是“哥伦比亚”号航天飞机，首次发射于 1981 年。从那时起，已经有将近 500 人进入了太空。但是自从“阿波罗”计划结束，就再也没有人踏上过月球。也许，下一个就是你！

词语园地 WORDS TO KNOW

NASA： 美国国家航空航天局的英文缩写。这是美国一个负责太空探索的机构。

太空竞赛： 国家之间在成功地将宇航员送上月球方面的竞争。

观察大发现

我们在夜晚可以看到，月亮上有明暗相间的斑块。实际上，那些颜色较暗的斑块是月球表面的月海——低洼处，而那些颜色较亮的部分则是覆盖着环形山的丘陵。

月球是地球唯一的自然卫星。人们已经研究月球很多年了，月球也是太空中人类唯一登上过的天体。

人类对地球以外星球的探索始于月球。1969 年 7 月 16 日，“阿波罗”11 号发射升空，踏上了人类首次对月球的探索之旅。

1969 年 7 月 20 日，美国宇航员阿姆斯特朗成为踏上月球的第一位地球人，留下了“这是个人的一小步，却是人类的一大步”的经典名言。

动手做 MAKE YOUR OWN

可以吃的月相

当月球围绕地球运动时，它的外形看上去在不断变化着。这些变化中的月亮的外形被称为月相。月相一共有 8 种。在这里，我们将要制作出其中的 4 种，分别是新月、蛾眉月、弦月和满月。

材料和准备工作

- 2 个黑麦百吉饼
- 塑料餐刀
- 原味奶油乳酪

1 把两个百吉饼分别剖切成两个半片。其中半片百吉饼上不要涂抹任何奶酪。然后把它放到一边。这是新月，它完全或几乎是暗的。

2 在另外半片百吉饼的右侧边缘涂上一薄层奶油乳酪，这就是蛾眉月。

3 取另外那个切开的百吉饼半片，在它的左侧边缘涂上奶油乳酪，这就是弦月。

4 在第四块半片百吉饼上，全部涂上奶油乳酪，这就是满月。满月就是被照亮的月球部分完全朝向地球时的月相。邀请你的家人和朋友一同分享你的月相点心吧。

变一变： 你也可以用巧克力饼干，比如奥利奥饼干，来完成这个动手项目。

动手做 MAKE YOUR OWN

航天飞机

世界上第一架航天飞机于1981年4月12日发射升空。在航天飞机问世之前，宇宙飞船都是无法再次利用的。它们都只能完成一次太空旅行。它们的一部分会被留在太空，而其他部分则在大气层中被燃烧掉。那么，宇航员们怎样安全地返回地球呢？他们会通过航天器上特殊的太空舱返回地球。这些太空舱都携带有降落伞，并且溅落在海上。

1 把装饮料的纸盒洗净，并晾干。用美术纸包裹住纸盒，并剪成和纸盒一般的大小。然后把美术纸粘到纸盒上。

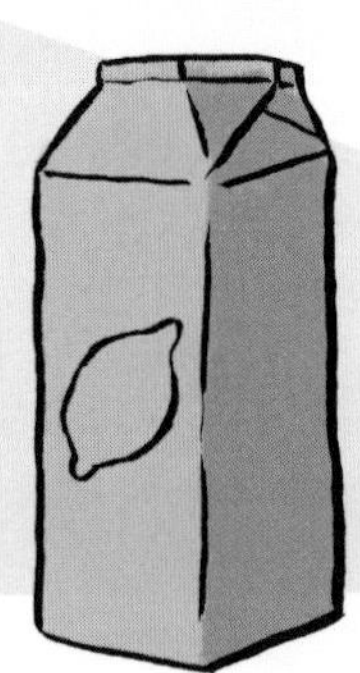

2 用美术纸剪出一个圆，圆的直径与纸盒的长度相同。

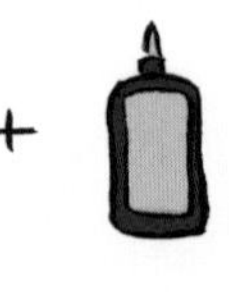

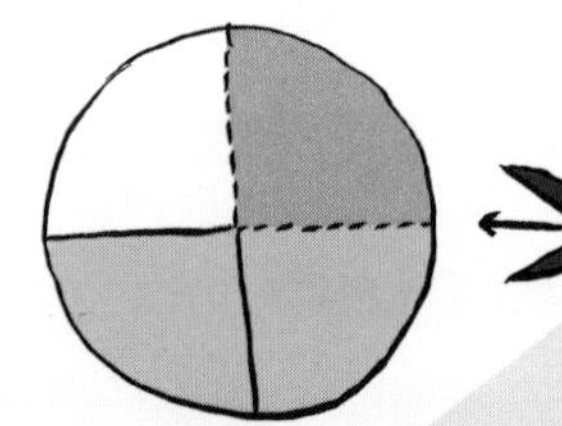

3 把剪出的圆十字对折，然后沿着其中一条折痕剪开。将剪开的部分重叠起来，并粘住边缘，做成一个圆锥。

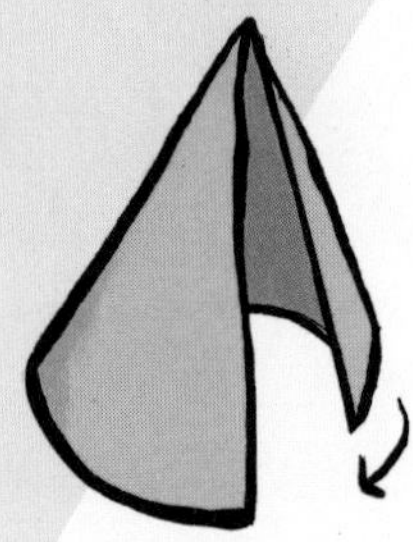

材料和准备工作

- 装饮料的纸盒
- 剪刀
- 美术纸
- 白胶
- 卡纸板

4 把这个圆锥粘到纸盒顶部，做成航天飞机的头锥部。然后从另外一张美术纸上剪出航天飞机的机翼，并粘到相应位置上。你可以在美术纸上粘一块卡纸板，以固定形状。

6 用绿色或蓝色的美术纸剪出一个小圆，代表地球。然后把“地球”粘到航天飞机的头锥部附近，这样你的宇航员就可以看到自己的家园了。

5 从另一张美术纸上剪出航天飞机喷射出的火焰，并把它粘到航天飞机的尾部。

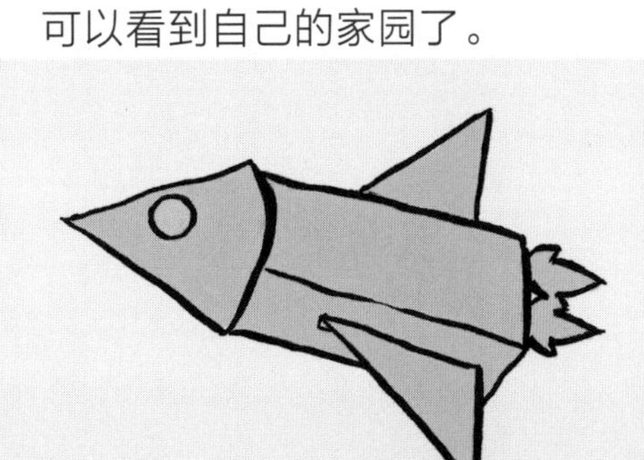

大犬座是俄里翁（猎户座）的两只猎狗之一。俄里翁是古希腊神话中的狩猎之神。大犬座中的天狼星，是夜空中最为明亮的恒星。天狼星每年 7 月末至 8 月出现在北半球的星空中。2000 多年前的人们认为，正是天狼星带来了暑热，导致了三伏天的炎炎夏日。

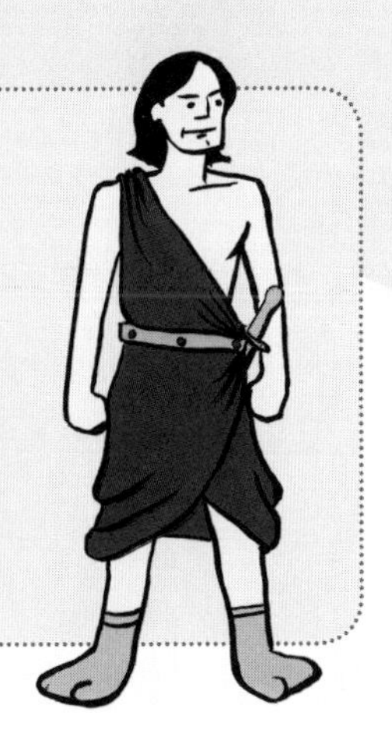

登陆月球的竞赛

随着空间探测器、火箭和人造卫星的发明，人类登陆月球的梦想成为了现实。尽管如此，这也不是特别容易。希望你在登陆月球的旅程中好运连连。

材料和准备工作

- 包装纸
- 剪刀
- 铅笔
- 海报板
- 胶水
- 马克笔
- 2～3 位参与者
- 标志物
- 骰子

1 剪出 20 张方形纸，在纸上分别写下下面的话。

★发射！

★你是一位成功的试飞员。向前移动 4 步。

★你接受了宇航员训练。向前移动 2 步。

★你穿着飞行服在水池里游了 25 米。再掷一次骰子。

★睡过头，并且上课迟到。回到起点。

★被登月任务选中。向前移动 1 步。

★黑猩猩被选中。向后退 1 步。

★火箭不工作了。暂停一回合。

★帮助重新设计火箭。向前移动 1 步。

★火箭成功摆脱地球引力。再掷一次骰子。

★帮忙驾驶宇宙飞船。向前移动 2 步。

★宇宙飞船错过了月球。回到起点。

★你在太空中接受了采访。暂停一回合。

★帮着在宇宙飞船上做实验。向前移动 3 步。

★你的三明治在舱内留下了碎屑。向后退 3 步。

★成功检查所有系统。向前移动 1 步。

★你的宇宙飞船围绕月球运行。获得额外移动一次的机会。

★进入小型登月舱。再掷一次骰子。

★你忘记带旗帜了。向后退 3 步。

★恭喜你成功登陆月球！

2 写好后，将它们放在海报板上排成某种图案，并粘好。然后用马克笔装饰一下海报板。你可以画上宇宙飞船、火箭、恒星、行星和月球。

开始游戏

1 每个参与者都把自己的标志物放在第一张纸片，即写有“发射”的纸片上。为了确定谁先开始游戏，每个参与者轮流掷一次骰子。得到点数最高的人先开始。

2 玩家 1 掷一下骰子，然后根据得到的点数移动自己的标志物至相应的步数。到达相应的位置后，再根据纸片上的说明向前或是向后移动，暂停一次或是再掷一次骰子。

3 然后，玩家 1 需要等待自己的下一回合。如果没有遇到任何移动说明，玩家就必须待在原地不动，一直等到下一次轮到自己掷骰子。

4 每个人轮流掷骰子、移动，并且遵照纸片上的说明进行游戏。最先掷出刚好可以到达最后一张纸片所需点数的人，就是最终获胜者。

动手做 MAKE YOUR OWN

陀螺仪

陀螺仪既令人惊奇又有趣。当你旋转陀螺仪时，它的轴总是会指向同一个方向。陀螺仪可以帮助宇宙飞船保持正确的航向，它被应用在飞机、空间站、航天飞机上，甚至哈勃空间望远镜上也有它的身影。

材料和准备工作

- 卡纸板盒子
- 剪刀
- 胶带
- 牙签
- 中空的塑料吸管
- 橡皮泥

1 从卡纸盒子上剪出两个圆环，分别标上 A 和 B。圆环 B 应该能够自由地在圆环 A 中活动。剪出一个能放入圆环 B 中央的小圆盘，标上 C。

2 用吸管剪出两截转动棒，它们的长度分别与圆环 A 和圆环 B 的宽度相同。

3 把转动棒粘到圆环 A 和圆环 B 上。然后将牙签插入这两截转动棒，将圆环 A 和圆环 B 连起来。要确保转动棒末端用胶带粘好，这样牙签就不会脱落。

4 重复步骤 2 和 3，但这次把转动棒粘到圆环 A 和圆环 B 的另一端。

5 沿着圆盘 C 的中心线，将一截转动棒粘上去。转动棒的两端要长出圆盘的边缘。

6 再剪下两截转动棒，长度与圆环 B 的宽度相同。然后把它们粘到圆环 B 上，它们要与粘到圆盘 C 上的转动棒处于一条直线上。如图所示。

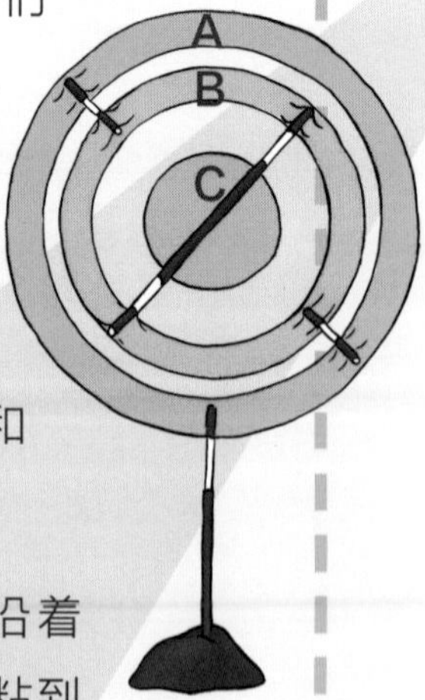

A
B
C

7 把牙签插入转动棒中，将圆环 B 和圆盘 C 连接起来。

8 将一截转动棒沿着圆环 A 纵轴的方向粘到圆环 A 上，再把一截转动棒插入橡皮泥中，然后插入牙签进行连接。现在你就可以旋转这个你自制的陀螺仪了。

知识加油站

与月球有关的航天器

月球是距离地球最近的天然天体，也是迄今为止人类唯一登上过的天然天体。自古以来，各文明就有关于月球的许多神话和传说，如古代中国神话中的嫦娥奔月、古希腊神话中代表弯月的阿耳忒弥斯。到了现代，一些国家更是研发了许多航天器用于探测月球，有的已经在月球上实现了登陆。

“阿波罗”11号

美国利用“阿波罗”11号宇宙飞船将宇航员送上了月球。最后完成降落月球任务的是飞船的登月舱，但在飞往月球的旅程中，宇航员们都待在飞船的指令舱和服务舱内。“阿波罗”计划终止后，美国国家航空航天局（NASA）将指令舱和服务舱应用到了其他的航天任务中。

“嫦娥”1号

“嫦娥”1号是中国首颗绕月人造卫星，以古代中国神话人物嫦娥的名字命名。它的主要探测目标是获取月球表面的三维立体影像，分析月球表面有用元素的含量和物质类型的分布特点，探测月壤厚度和地球至月球的空间环境。“嫦娥”1号卫星于2007年10月24日发射升空，2009年3月1日完成使命，撞向月球。

“嫦娥”1号

“月亮女神”号

“月亮女神”号

2007年9月14日，日本的“月亮女神”号月球探测器发射升空。它的主要目标是研究月球的起源和演变，获得月球表面的环境信息等。2009年6月11日，它完成探测使命，撞向月球。。

第五章

在太空中生活和工作

Living & Working in Space

在太空中生活和工作

你有过早上醒来，翻个身又进入梦乡的经历吗？然而，“早上好”在太空中却有着全新的意思。在太空中，宇航员每 24 小时会经历 16 次日落。这意味着几乎每隔 90 分钟就会迎来全新的一天！

宇航员们仍然遵守着一天 24 小时的作息周期，这是因为已经习惯如此了。太空飞行地面指挥中心细致地规划了宇航员们每一天的生活和工作，他们给宇航员留出了每天 8.5 小时的休息时间。看着窗外屏息凝视肯定非常有趣，但宇航员们也有许多工作要做。他们要安装设备，进行科学实验。宇航员们还要负责舱内的卫生，而且还得自己动手做饭。不过，这些只是他们舱内工作的一小部分，他们在舱外还有许多工作要做呢。

太空行走非常刺激。这时，宇航员必须离开舒适的航天器，来到黑暗的太空中。在太空中，宇航员想要四处移动是件非常困难的事情。那里没有陆地、空气和水来借力，宇航员需要借助强有力的“臂膀”来推动自己，因为太空行走会持续5~7小时。如同朝着地球自由下落一样，骑在机械臂上也是令人非常紧张的。而这正是宇航员每天工作的全部。

微重力： 重力非常小的状态。

失重： 没有任何引力将你向下拖拽的状态。

失重状态

在太空中生活和工作是一种挑战。太空中虽然有引力，但非常小。月球的引力也同样很小。引力很小的状态被称为微重力。在缺乏引力的条件下，宇航员就处于失重状态。这并不意味着他们失去了重量，而只是他们感觉不到自己的体重了。只有当有东西向你砸来时，你才会感觉到重力。宇航员在太空的微重力环境下飘浮着，因为飞船的轨道运动平衡了引力，他们才处于失重的状态。

那么，为什么飞船不会一头冲向地球？飞船在围绕地球运动的时候，速度非常快。事实上，正因为如此，引力才会把飞船拖入围绕地球运行的圆形轨道。

开心一刻
JUST FOR LAUGHS

问： 美国宇航员进入太空后说的第一句话是什么？

答： 美国话。

飘浮在太空中，在你看来可能非常酷，但一些宇航员却抱怨说，这让他们感觉非常不舒服。在地球上，我们的身体知道哪里是上和下，但在太空中却没有上和下。没有引力的牵拉，骨头和肌肉会变得非常孱弱。所以对于宇航员来说，适应这样的环境就显得尤为重要。为了能适应太空环境，宇航员们必须每天坚持锻炼。这让他们在返回地球时，也能够很容易地从太空旅行的后遗症中恢复过来。

国际空间站

宇航员们在太空中住在哪里呢？当然是在空间站里。世界上第一个空间站是“礼炮”1号，它是1971年由苏联发射升空的。从那时起，航天技术取得了长足的进步。到2000年，已经有超过16个国家的宇航员在国际空间站中生活和工作过。这个空间站就像一个巨大的飘浮着的科学实验室。每一天对于宇航员来说，都是一个挑战。他们需要学会在太空中进行团队配合和更好地使用设备。在国际空间站中收集到的信息，也许在未来的深空旅行中可以派上用场。说不定，这样的旅行将由你来实现呢！

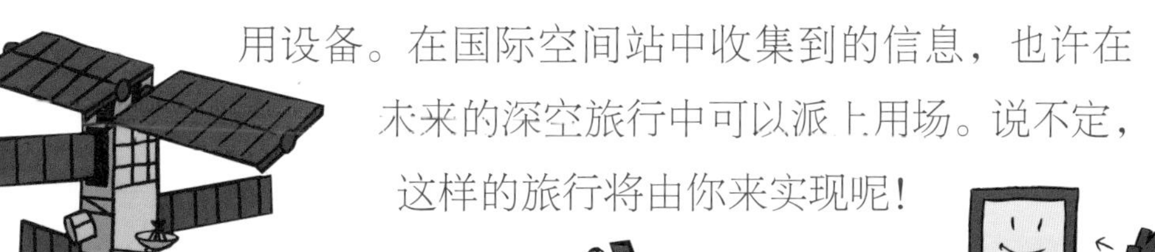

关于国际空间站的资料

★国际空间站有超过 100 个主要部件。

★国际空间站比一个足球场还大，是太空中最庞大的建筑。

★国际空间站运行在距离地面 397 千米的高度上，每小时运动 28163 千米。

★组装国际空间站需要执行 46 次独立的太空任务，进行 166 次太空行走。

★整个国际空间站利用太阳能电池板提供动力，太阳能电池板的总面积为 4000 平方米。

★国际空间站每天绕地球运转 16 圈。

★国际空间站是夜空中最明亮的天体之一。

★每隔 6 个月，就需要向国际空间站运送给养，包括氧气、食品和水。

在地球上的几乎任何地方都有可能看到国际空间站。如果天气晴朗，在太阳落山后，从天空的西北方到北方，用肉眼就可以看到一颗从左往右移动的明亮的“星星”，这就是国际空间站。用相机也许能拍到它划过夜空的景象。

古往今来 THEN AND NOW

过去：“阿波罗”任务中使用的宇航服，包括了生命支持背包，重约 81 千克。为了能在月球上开展工作，生命支持背包被设计得比较轻便。

现在：现在的宇航服重约 127 千克，也包括了生命支持系统。只有在微重力环境中，宇航员才需要穿上它。

尼尔·阿姆斯特朗

尼尔·阿姆斯特朗（1930—2012）在少年时代就学习过飞行。他取得飞机驾驶执照甚至早于取得汽车驾照！在他长大后，成为宇航员之前，他曾是一名海军飞行员和试飞员。他是“阿波罗”11号的指令长，还是世界上第一位在月球表面留下脚印的人。尼尔·阿姆斯特朗和他的搭档埃德温·“巴兹”·奥尔德林在月球表面的探索活动总共持续了21小时。

宇航服

在飞船内穿的宇航服看上去和在地球上穿的衣服非常像。宇航员们在飞船内身着长裤或是短裤，以及T恤衫，就像我们普通人一样。但是他们的衣服上有许多尼龙搭扣和口袋，好让东西不容易飘走。

宇航员在舱外所穿的衣服就非常特殊了。这种宇航服让人很惊讶。它们只有一种型号，而且每件宇航服在地面上的重量都有127千克。一件宇航服的造价大约是1200万美元！宇航服可以保护宇航员免受强烈阳光的伤害。它们还能为宇航员提供用于呼吸的空气。此外，宇航服上还装备着通信装置、带有吸管的饮水袋，甚至还有尿液收集设备。在太空行走的时候，宇航员可是不能上厕所的。

太空食品

太空旅行就像露营一样，不能忘了任何重要的东西。宇航员们不可能跑到当地的街角小店去买生活必需品，而餐馆也不会把食物送到太空。在飞船发射升空前的几个月，航天任务就已经被计划好了，其中也包括了太空食品的准备。宇航员们也会有一日三餐，此外还有一些小零食。

在早期的太空飞行中，食物常常为液态。宇航员们不得不从一根牙膏状的管子中挤出食物，或者努力地吞下覆盖有胶状物的管状食品。但是现在，宇航员有许多不同种类的食物可以选择了。太空飞行中的菜单也许和你家当地餐厅的有一比了。2007 年，中国首次把自己的航天员送入太空。当时，他们携带了 20 种不同的食品，还包括了鱼香肉丝和米饭。

STAR PLAYER
星星档案

猎户座在北方的天空中很容易看到。你要先找到 3 颗明亮的排成一排的星星，这是猎户座的“腰带”。根据古希腊神话，海神波塞冬的儿子俄里翁由于踩踏了一只蝎子而丧命。众神之王宙斯为此觉得愧对于他，所以就把他和他的猎狗都升到了天空中。而那只蝎子则被放置到天空中与他们相对的地方，这样俄里翁永远都不会再被蝎子所伤了。

由于没有冰箱，所以在整个任务期间，食品不能通过低温来保鲜。在太空中，食品都是即食性的，这样宇航员们一次咬一口就可以了。不过必须得小心，一定不能留下碎屑。碎屑在太空中会飘浮起来，可能会进入宇航员的眼睛或航天器的通气孔。还有一些食品必须加水才能食用。一旦宇航员的饭菜准备好了，他们就用带有绳子的食品托盘来固定住盘子，并用剪刀剪开食品包装袋。现在，他们准备要大口吃饭了。

水

在太空中，水的表现与在地球上并不一样。它不会沿着你的身体流下来，而是粘在你的身上！在飞船中，不能泡热水澡，也不能冲淋浴。飞船上的宇航员们会使用一种特殊的涂有肥皂的衣服来清洁自己。在国际空间站中，还装有活水软管，可供宇航员们洗浴使用。不过脏水不是被冲掉的，而是被一根独立的真空管吸走的。

在太空中睡觉

在太空中睡觉和在地球上睡觉一样重要。宇航员们需要充足的睡眠来完成第二天的工作。一般来说，在太空中入睡非常困难。因为四周充斥着机器的嗡嗡声，以及宇航员伙伴们处理事务时的移动声，还有他们的打鼾声。但在太空中睡眠最大的障碍却是失重。

在微重力环境下，宇航员可以在任何地方入睡。有的人在他们自己的座椅上入睡，还有的人把自己固定在

墙上、椅子上，或者铺位上，这样就不会飘来飘去了。

想不到 OUT OF THIS WORLD

你在太空中会长高吗？是的，这是真的。没有引力意味着宇航员在执行任务期间可以长高几厘米。没有引力把宇航员向下拽，因此他们的脊柱就会伸长。但他们不会一直保持这个身高。当回到地球上时，他们的身高就会恢复正常了。真是想不到！

在太空中没有上下之分，所以宇航员们在睡袋中可能竖着睡，也可能横着睡。为了让铺位更像是在地球上，他们会放一个枕头、一盏台灯，甚至毛毯来隔绝噪声。在进入甜美的梦乡之前，他们会抱着胳膊。如果不这么做的话，他们的胳膊就会飘到头顶上去。

每当早晨来临，NASA 都会播放一小段唱片来唤醒睡梦中的宇航员。这被称为“起床铃”。一段轻松活泼的歌曲可以带来一天的好心情。这同样也提醒宇航员们，地球上还有一整支团队在为他们鼓劲加油。登录 NASA 的网站可以了解更多关于宇航员们在太空中生活的信息。

太空中的第1 SPACE FIRSTS

1965 年 6 月 3 日，爱德华·希金斯·怀特书写了历史，他从“双子星”4 号的舱门走出，成为第一位进行太空行走的美国人。他所穿的宇航服和特制的手提式推进器单元，甚至直到飞船发射前 10 天，才被证实能在太空中使用。当手提式推进器单元燃料用尽时，怀特不得不通过一根约 7 米长的系索来控制自己的运动。

观察大发现

为了维修航天器，或是在外太空进行科学实验，宇航员有时要离开航天器，进行太空行走。在太空的微重力环境下，宇航员们需借助绳索或机械臂来行动。

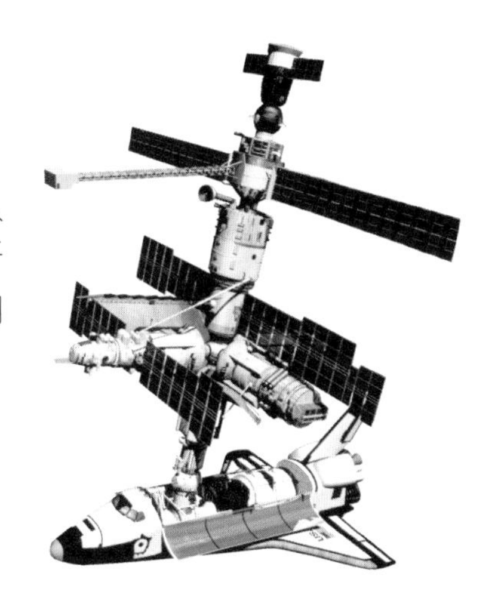

国际空间站是宇航员们在太空中永久的家。国际空间站由多国联合建造，已于 2011 年全部建成。宇航员们在国际空间站中工作、生活，并进行各种科学实验。

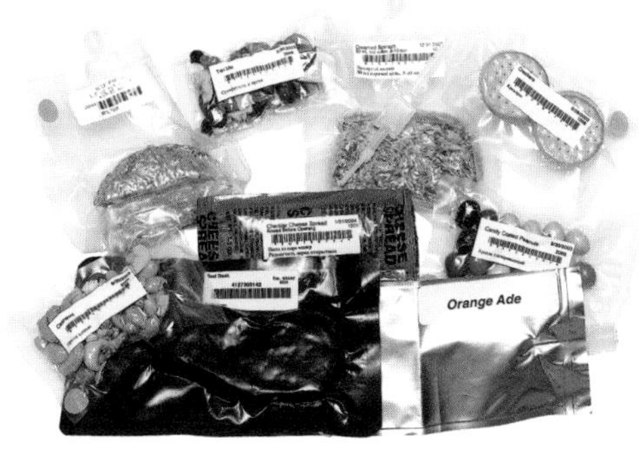

在失重条件下，吃饭是个问题。因此在太空中，太空食品大都是液体的，或是做成块状，可以让宇航员直接吞下。

在太空中工作和生活，宇航员面临的最大挑战就是失重。他们不得不飘浮在航天器中，就连睡觉也得把自己固定在铺位上的睡袋中。

机械臂

加拿大臂 2 号是一个机械臂，设计它的目的在于可以自由地移动，以到达空间站的任何一个部位。它在加拿大被设计出来，因此而得名。加拿大臂有 7 个机动连接点，传感器能够为它提供触感。在轨道上，这个机械臂可以调整航天飞机的位置。

材料和准备工作

- 卡纸板
- 直尺
- 剪刀
- 钉子（尾部弯曲的钉子）或大头针
- 白色颜料
- 画笔
- 马克笔

1 用卡纸板剪出 4 个长方形（30 厘米×5 厘米）。在每块长方形的中央戳出一个洞。

2 将一根钉子穿过两个长方形的中央，形成一个交叉的形状。然后把钉子的尾部掰弯，防止它滑出来。另外两个长方形也做同样的处理。

3 在交叉钉好的长方形纸片的一端，距离端部 2 厘米的地方各戳一个洞。然后在另一个交叉纸片上的 4 个端部都戳出一个洞。

4 以洞为中心，将交叉纸片连接一起。在洞里插入钉子，把所有钉子的尾部都掰弯。

5 再用卡纸板剪出另外两个长方形（15 厘米 ×5 厘米）。在每个长方形纸片的一端各戳出一个洞。以这些洞为中心，用钉子将这两个长方形纸片连接起来。

6 在这两个长方形纸片的另一端也分别戳出洞，再把它们连接到之前戳有洞的连接好的长方形纸片上。

7 用白色颜料给卡纸板上色，并用马克笔做出一些装饰，这样你的机械臂就做好了。你可以用手握住机械臂的开放端，用机械臂的闭合端递送物品并前后移动。

变一变： 你还可以尝试用不同尺寸和材质的材料制作机械臂，并把更多长方形连接在一起。

动手做 MAKE YOUR OWN

宇航员的小行星工具带

在太空行走期间，宇航员必须戴上一个名为“模块化迷你工作站”（简称 MMWS）的工具带。MMWS 缠在宇航员的身体周围，利用夹子固定住，这样工具就不会飘走了。

材料和准备工作

- 毛毡织物或织物边角料，长度需要能够在腰间缠绕两圈
- 针和线，或织物胶水
- 纽扣
- 纱线或细绳
- 安全别针

1 将织物对折做成工具带，用简单的锁边方法或用织物胶水固定住边缘。然后用胶水把纽扣粘上，代表工具带上的小行星。

2 等胶水干后，将长纱线或长绳系到一部分纽扣上。这代表宇航员的工具系索，用来避免工具在太空中飘走。

3 将 3 股纱线编织在一起做成腰带扣。纱线要足够长，能够缠绕在你的腰间。

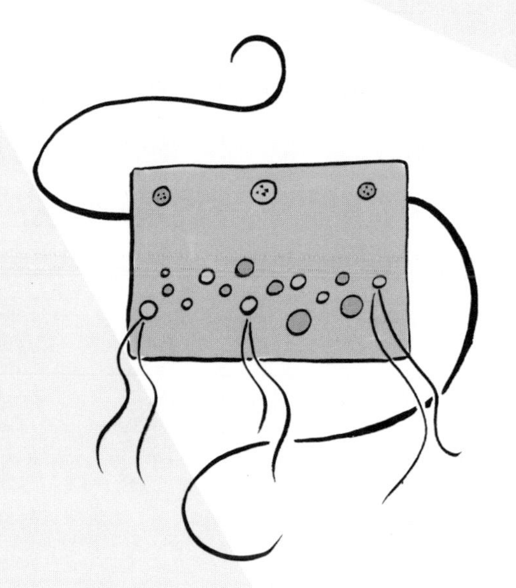

4 你可以用一些安全别针，把腰带扣固定在工具带上。这样纱线就可以顺畅地移动，就像套在裤子上的腰带穿过腰带扣一样。

5 把工具带系到腰间，这样你就已经准备好执行自己的下一次太空任务了。

问：哪种带子不能缠绕在你的腰上？

答：小行星带。

动手做 MAKE YOUR OWN

宇航服

为什么太空行走时要穿白色的宇航服？粉色或黑色的不行吗？事实上，这些颜色都不行。因为在黑暗的太空中，白色是最醒目的。宇航员们在穿上自己的宇航服前，需要先穿上一件特制的内衣。这件内衣上有装满水的管道。水会在泵的驱动下循环起来，用来保证宇航员身体的凉爽和干燥。手和脚则可以通过加热器保暖。宇航服的设计一直都在变化，你的宇航服将是什么样的呢？

材料和准备工作

- 报纸
- 从五金店买来的纸质粉刷服
- 颜料和马克笔
- 发光的亮片（可选）

1 在地板上铺开报纸，把粉刷服放在上面。

2 真正的宇航服上有太空的图案、铭牌和国旗。你可以上网看看身着宇航服的宇航员照片，由此得到自己的想法。

3 发挥你的想象力，做出你自己的惊艳设计。你如果愿意的话，也可以在你的宇航服上加上一些闪闪发光的亮片。设计图案的主题可以包括太空中的天体、星座等等。如果你们是一个团队的话，那么每个人都可以在其他人的宇航服上签名。当涂料和亮片晾干后，穿上你的宇航服。准备，出发！

变一变：为了环保，可以让你的朋友用一大张可回收的纸画出你的上半身轮廓。宇航服的前身和后背都可以这么制作。然后把这些部分用绳子连结起来。再装饰这些纸片，之后你就可以穿上宇航服了。

活动 ACTIVITY

宇航员的应急训练游戏

体能训练是宇航员训练中的一个重要环节。宇航员在身着宇航服的时候，必须能够跑动，并且执行一系列任务。他们越适应这样的条件，就越能做得更好。看看你是否有资格登上飞船，遨游太空吧。

材料和准备工作

- 一组游戏参与者
- 每个参与者的宇服、靴子、工具带和手套

1 把参与者平均分成两组。每组都要有已经分配好的宇航服、靴子和手套。

2 每组的第一位成员迅速穿好宇航服，跑到指定地点，然后再跑回自己的小组里。

3 每个参与者都一个挨着一个地坐下来，假装自己坐在航天器里。

4 哪一组的所有成员最先全都穿好宇航服，并且坐好，那么他们就假装在飞船里飞行；另外一组成员则扮演地面控制人员。

变一变：每一组只有一整套宇航服。每一个队员必须穿好宇航服，跑，然后脱下宇航服交给下一位队员。

知识加油站

体验太空生活

太空生活跟我们在地球上的生活有什么不一样？那就是失重。由于太空中的失重状态，所以在太空中根本分不清上和下，那么宇航员调节平衡的能力就很重要。下面有几个不用飞向太空就能体验太空生活的好玩小游戏。

游泳池挑战

物体有质量而不表现出重量或表现得重量较小的一种状态被称为失重，又被称为零重力。当物体加速向下运动时，它就处于失重状态。例如，你搭乘一部向下运行的电梯，这时你就处于失重状态。

在地球上，找到一个地方模拟太空的失重环境可不容易。游泳池是个好选择。首先,穿上你的泳衣，吸一口气，憋住，潜入游泳池的水中。尽力让自己沉底，看看有多难。然后，看看你能不能在水中自由活动，和在陆地上的活动比较一下。记住去游泳池的时候，一定要有大人在身边，你还可以和你的小伙伴比赛，看谁在池底跑得更快，潜得更深。

大象鼻子转三圈

在地球上，我们可以清楚地辨别方向。我们的头顶以上就是上，我们的脚下就是下。早晨太阳升起的方向就是东，傍晚太阳落山的方向就是西。当然，指南针也可以帮助我们辨别方向。但是，在太空中，由于分不清上和下，所以对平衡的调节很重要。

这个小游戏，就是一个很好的体验。首先，找一块开阔的、地面比较柔软的场地。然后，一只手捏住鼻子，另一只手穿过捏鼻子的手肘处的弯曲，垂下来，弯腰，转 3 圈。接下来站起身，跑到 10 米外的终点。你有什么感觉？和你平时跑步时有什么不同？你可以和你的小伙伴展开竞赛哦！

第六章

邂逅邻居：行星

Meet the Neighbors: the Planets

邂逅邻居：行星

你做过星图吗？古代的天文学家们可是做过的。他们为夜空绘制了星图。他们绘制的星图即使现在看来也像当初一样令人激动。天文学家们意识到星星以固定的模式运行，我们把这种模式称为星座。但也有一些星星特立独行，行踪不定。我们称这些星星为行星。“planet（行星）”在希腊语中的意思就是“游荡者”。

古希腊人用他们的神的名字，为 5 颗肉眼可见的、他们了解的行星命名。当新的行星被发现时，这些行星也被赋予了希腊名字。

我们知道，太阳系中除地球之外，还有其他7颗行星也是用拉丁语（由希腊语演化而来）命名的。它们分别是墨丘利（水星）、维纳斯（金星）、玛尔斯（火星）、朱庇特（木星）、萨图尔努斯（土星）、乌拉诺斯（天王星）和尼普顿（海王星）。与恒星不同，行星总是在变换位置。这是因为这些行星围绕着太阳运动。在这7颗行星中，有5颗很容易被看到。所有这7颗行星与地球之间的距离都比它们与太阳的距离近得多。

词语园地 WORDS TO KNOW

星座：夜晚的天空中，在一个特定区域内组成特定形状的一群可见的恒星。

空间探测器：探索太阳系乃至整个宇宙，并将探测数据发回地球的一种航天器。

有一些文明相信，游荡的星星就是天神。直到1610年，人们才意识到行星也是世界万物的一员。那么，是谁提出了这个震惊世界的发现呢？当然是伽利略了，发现工具就是他的望远镜！

空间探测器

科学家利用无人空间探测器来探索太阳系。设计它们的目的在于进行科学实验和空间探索。空间探测器可以拍照，可以绘制太阳的南极和北极的图片，可以为火星绘制地图，甚至还可以寻找太阳系以外的行星。第一个深空探测器发射于1960年。“新视野”号探测器发射于2006年，在2015年首次造访了矮行星冥王星，收集到很多关于冥王星的全新信息。

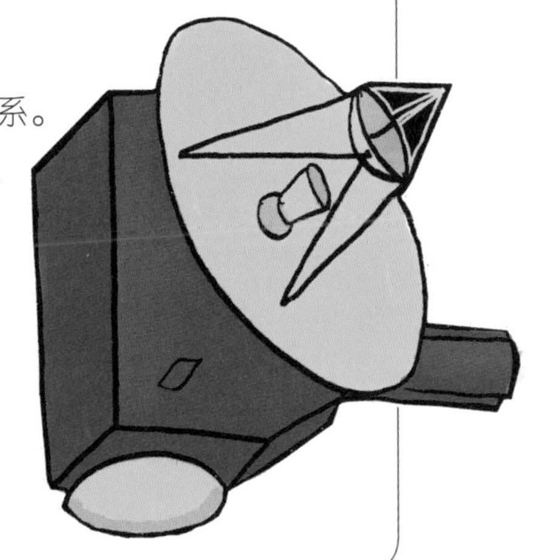

1781 年，英国天文学家威廉·赫歇尔认为他看到了一颗彗星。但不久，这颗“彗星”被证实是一颗行星，它就是天王星。而海王星是在 1846 年被发现的。

在现代天文望远镜的帮助下，天文学家们可以看向宇宙的更深处。我们唯一能想象到的，就是一定还有什么东西仍然等待着我们去发现。

类地行星

太阳系中的行星可以分为两大类。第一类行星非常靠近太阳，被称为类地行星。“类地”的意思就是与地球相似。类地行星包括水星、金星、地球和火星。它们都有着岩石质地的表面。来自太阳的光和热将这些行星上的冰和冻结的气体融化。这也是为什么类地行星有着坚硬的岩石表面和金属质地的内核的原因。金星、地球和火星都有大气层，而水星没有大气层。类地行星的大小也都很相似。

水星是距离太阳最近的行星

★水星的拉丁名是墨丘利。在古罗马神话中，墨丘利是神的信使。

★水星没有大气层，因为它的引力实在是太小了。

★第一个探索水星的空间探测器是 1974—1975 年造访水星的“水手”10 号。

★与其他行星相比，水星以更快的速度围绕太阳运动，但它的自转却很慢。所以，水星上的一天比一年还长！

★在地球上看到水星非常困难，因为它离太阳太近了。要找到水星，只能选择在日出和日落之前，太阳高度很低的时候。

金星是距离太阳第二近的行星

★金星表面与恐怖电影中的一些场景很相似。厚厚的云层阻挡了来自太阳的热量向外扩散，使得金星表面的温度高达 465 摄氏度。

★金星上的大气压会把你压碎，它足有地球大气压的 90 倍那么大。

★想要看到金星，就去找天空中最为明亮的天体。在蛾眉月期间的清晨和傍晚，金星就出现在月亮附近。

★第一个登陆金星的空间探测器是“金星”7 号。在烧毁于灼热高温中之前，在不到 30 分钟的时间里，“金星”7 号向地球传回了探测数据。

火星是距离太阳第四近的行星

★火星的拉丁名是玛尔斯。玛尔斯是古罗马神话中的战神。

★火星有时候也被称为“红色行星”，因为它的表面呈现为红色。

★火星每 24 小时 39 分钟自转一周，与地球自转一周的时间接近。

★火星有 2 颗卫星，分别是火卫一和火卫二。

★火星拥有太阳系中最高大的山——奥林匹斯山。

★ NASA 的火星探测器释放的“勇气”号和“机遇”号火星车，自 2004 年初开始就在火星表面漫游，探测火星。到 2009 年时，它们已经传回了 25 万张照片！你可以在 NASA 的官网上看到这些照片。

过去： 伽利略是第一个看到土星环的人，他当时认为这些环状结构是土星的卫星。

现在： 我们知道，土星环是由一些冰块和岩石组成的。它们可能来源于过于靠近土星的卫星。

类木行星

位于火星轨道之外的小行星带，将类地行星和类木行星分隔开。“类木”的意思是属于这一类型的行星都具有与木星相似的特征。它们是木星、土星、天王星和海王星。

与类地行星不同，类木行星形成于离太阳更远的地方，它们没有坚硬的表面。你不可能在任何一颗这样的行星表面漫步。因为这些行星都由大量的气体组成，其中最主要的气体就是氢气和氦气。但它们的内核可能由冰块和岩石构成。

问：火星和土星之间有什么？
答：“和”。

冥王星

冥王星位于海王星之外。它曾经被认为是一颗行星。但在2006年，科学家们决定把它归为太阳系外层的小型行星，称它为矮行星。冥王星的轨道每隔248年就会与海王星的轨道重合。它于1930年被人们发现，并冠以古罗马神话中冥王的名字——普鲁托。冥王星带着自己的3颗卫星，每200年绕太阳旋转一周。一个冥王星年就等于248个地球年！冥王星是太阳系中最冷的地方之一。

所有的类木行星都有光环。土星的光环最为人熟知，因为它最容易辨认。类木行星的另外一个特征是，它们都有大量卫星。土星有60颗卫星，木星有63颗卫星，天王星有27颗卫星，而海王星则有13颗卫星。通过新的望远镜和新的太空探测计划，天文学家们可能会找到更多的卫星。

与类地行星相比，类木行星都非常庞大。木星比地球大11倍，土星比地球大9倍，天王星和海王星比地球大4倍。不过，它们虽然个头大，但密度却不大，因为它们是由气体组成的。土星是由比水还轻的物质组成的。如果你能把土星放到一个巨大的游泳池里，它就会漂起来！

想不到 OUT OF THIS WORLD

金星是唯一一颗太阳西升东落的行星。这是因为金星与其他行星不同，它的自转方向与公转方向相反。真是想不到！

木星是距离太阳第五近的行星

★朱庇特是古罗马神话中的众神之王。

★木星是太阳系中最大的行星。

★木星内部可以装下超过1000个地球。

★木星上的大红斑是一个巨大的风暴，科学家认为它已经存在300年了。它的直径有3个地球那么大。

★木星需要11.9个地球年才能围绕太阳转一圈。

★伽利略是第一个看到木星卫星的人。

土星是距离太阳第六近的行星

★土星是我们用肉眼可见的最远的行星。

★“卡西尼—惠更斯”号探测器于2004年进入土星轨道。它搭载的“惠更斯”号探测器已经被释放出来，坠入了土卫一的大气层中。

★土星的拉丁名是萨图尔努斯。在古罗马神话中，萨图尔努斯是农业之神。

★土星需要将近30个地球年才能围绕太阳转一圈。

★土星的上千个光环都是由岩石和冰块组成的。

天王星是距离太阳第七近的行星

★天王星需要略多于 84 个地球年才能围绕太阳转一圈。

★天王星的拉丁名是乌拉诺斯。在古希腊神话中，乌拉诺斯是天空之神。

★天王星“躺”着自转。

★“旅行者”2 号探测器于 1986 年飞越了天王星，记录下了天王星大气中的闪电。

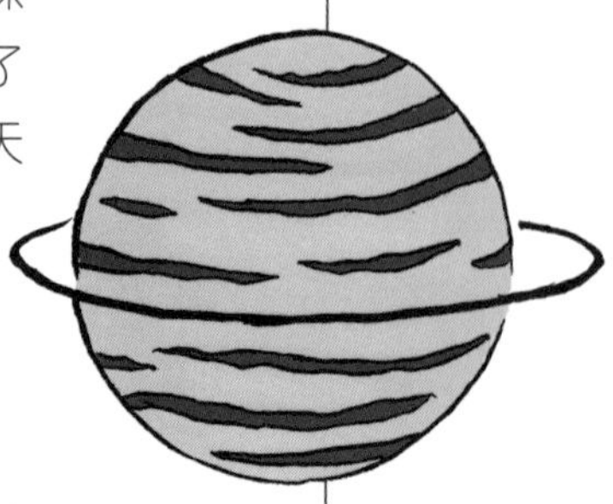

海王星是距离太阳第八近的行星

★海王星的拉丁名是尼普顿。在古罗马神话中，尼普顿是海神。

★海王星是气体巨星中最小的一个。

★海王星上刮的风是太阳系中最快的，速度达到了约每小时 2000 千米！

★唯一飞近过海王星的探测器是“旅行者”2 号，它在 1989 年飞近了海王星。

★海王星差不多需要 165 个地球年才能围绕太阳转一圈。这意味着自 1846 年海王星被发现以来，直到 2011 年，它才完整地围绕太阳转了一圈。

矮行星

2006 年，国际天文联合会推出了一种新的行星分类法。很多像冥王星这样的天体，很可能会被再度发现，所以一个新的行星分类表诞生了。在这个列表中，冥王星和与它类似的天体被称为矮行星。矮行星就是在太阳系外层空间中，围绕太阳运动的小型行星。矮行星包括了谷神星、冥王星、阋神星、鸟神星和妊神星。现在仍然有许多矮行星未被人类发现。

太空中的第1 SPACE FIRSTS

1963 年，苏联的瓦莲京娜·捷列什科娃成为第一位进入太空的女性。捷列什科娃的训练被严格保密，就连她的母亲都毫不知情！现在，有许多女性，包括美国的第一位女性宇航员萨莉·赖德博士，都追随着她的脚步。女性宇航员可以进行太空行走、操作航天飞机，以及组装空间站。

STAR PLAYER 星星档案

在北方的天空中，很容易辨认出仙后座。这个星座中的主要恒星组成了一个巨大的 W 或 M 形。在古希腊神话中，卡西俄珀亚，即埃塞俄比亚的王后，对海神波塞冬非常不满。她宣称自己比海神的女儿更美丽。这位自负的王后死后，注定要永远围绕着北极星旋转。据传说，波塞冬使这位王后的宝座变得倾斜，所以她不得不头下脚上地在天上悬挂半个夜晚。在一些阿拉伯文明中，在他们看来，这些星星像是一匹跪着的骆驼。

嘘，这是个秘密

二进制代码是一种数字编码，人们可以用它来与机器对话。二进制使用 0 和 1 来代表数字世界里的所有信息。字母 A 的二进制代码为 01000001，字母 B 的二进制代码为 01000010。像“旅行者”号这样的航天器也使用二进制代码向地球传回信息，甚至照片也可以转换为这种格式进行传输。

你想发送一条秘密信息吗？下面是一个你和你的朋友可以使用的简单代码。在这个代码中，字母表中的每个字母都用一个数字来代替。

A	B	C	D	E	F	G	H	I	J	K	L	M	N	O	P	Q	R	S	T	U	V	W	X	Y	Z
1	2	3	4	5	6	7	8	9	10	11	12	13	14	15	16	17	18	19	20	21	22	23	24	25	26

看看你是否能解密一个著名宇航员的秘密信息。

15-14-5 19-13-1-12-12 19-20-5-16 6-15-18
13-1-14 15-14-5 7-9-1-14-20 12-5-1-16
6-15-18 13-1-14-11-9-14-4

答案：ONE SMALL STEP FOR MAN, ONE GIANT LEAP FOR MANKIND.（个人的一小步，人类的一大步。）

约翰尼斯·开普勒

约翰尼斯·开普勒（1571—1630）出生于德国，是一位杰出的学者。开普勒发现了行星运动的规律，他还发现行星以椭圆轨道围绕太阳运动。此外，开普勒帮助天文学家计算出了行星与太阳之间的距离。

动手做 MAKE YOUR OWN

旋转的土星环

土星环沿着土星直径向外延伸。它们与你佩戴的戒指不同，它们是一群冰块和岩石，是土星的引力将它们聚集在一起。土星环的宽度大致等于地月之间的距离！现在，你可以用颜料和纸，制作这个著名的土星环。

材料和准备工作

- 粗橡皮筋
- 卡纸板
- 剪刀
- 白胶
- 颜料
- 打孔机
- 纱线或细绳

1 把橡皮筋剪成不同形状的小块，并粘到一小张方形卡纸板上。这些卡纸板将作为制作土星环的模具。

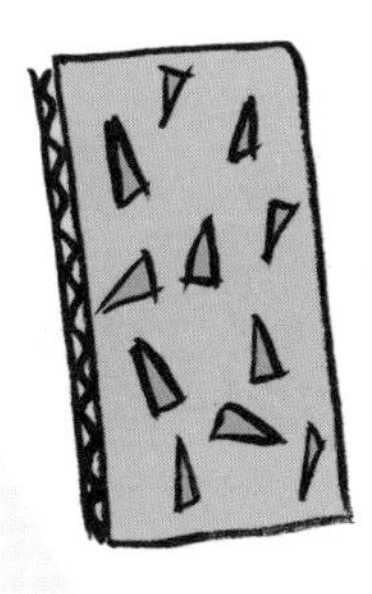

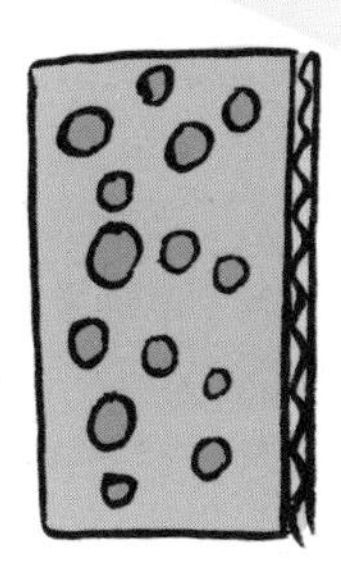

2 当胶晾干后，把模具放入颜料中。然后用沾满颜料的模具在一张大卡纸板上点缀出图案。重复上述操作，直到点缀出更多的图案。

3 把颜料晾干，然后从大卡纸板中剪出不同大小的圆盘。用打孔机在这些圆盘的圆心处打一个孔。

4 剪下一根60厘米长的纱线，穿过圆盘圆心处的孔。把纱线拉紧，旋转圆盘。当颜色看起来混合在一起时，仔细观察。

小贴士

可以使用不同大小的圆盘，并改变纱线的长度，做出更多的土星环。

动手做 MAKE YOUR OWN

空间探测器

空间探测器可以从几百万千米外的地方向地球发送信息。它们发回的信息，很可能将来的某天会用在火星移民上！现在，你可以做一个你自己的空间探测器，并发射到太阳系的任何一个地方。你的探测器会告诉科学家什么呢？

材料和准备工作

- 小盒子，如防晒霜的包装盒
- 铝箔
- 可回收利用的卡片纸
- 透明胶带
- 纸碗
- 纸质碟子
- 长的直钉子
- 烟斗通条
- 泡沫塑料球
- 胶水
- 纽扣和小串珠

1 用铝箔包住盒子，然后放在一边。用卡片纸做出两个太阳能电池板，与盒子的大小要成一定比例，再用铝箔包住。

2 用胶带把太阳能电池板粘到盒子的侧面。现在装配通信塔。将碟子的盘面朝下放在盒子顶部，再把碗口朝上放在碟子上。

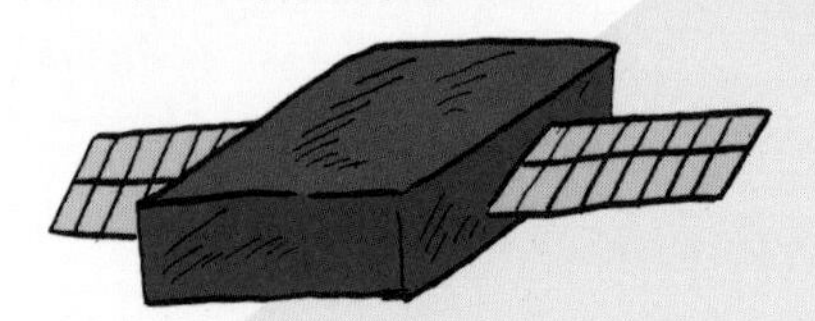

3 固定通信塔。将两根钉子穿过碟子和碗，扎入盒子中。你可能需要用胶带固定住通信塔。

4 把烟斗通条捋直，并粘到碗上。然后把 2 个泡沫塑料球用钉子连在一起，再用一根钉子把它们固定在碟子边缘。

5 用一些小物品装饰你的探测器，如小纽扣或小串珠。

提示

用钉子可以让你的通信塔能够扭动和转动。如果你觉得用胶水粘得更牢，也可以。

动手做 MAKE YOUR OWN

火星车

在火星表面活动的两个机器人——“勇气”号和“机遇”号火星车，正在寻找火星曾经存在水的证据。沙尘暴和火星上的冬天使它们面临被冻住的威胁，但它们仍然顽强地挺过来了。你不觉得这难以置信吗？登陆 NASA 的网站，你就可以知道“勇气”号和“机遇”号正在做什么。你会给你自己的火星车起什么样的名字呢？

材料和准备工作

- 3 个金属衣架
- 剪线钳
- 木槌
- 6 个小罐子
- 尖嘴钳
- 胶带
- 麦片盒子
- 纸巾或其他彩纸
- 胶水或亮光白胶

1 以衣架的挂钩为中心，向两边各剪掉 2.5 厘米。然后在衣架的底部中间位置剪掉一半的长度。用木槌和被剪掉的挂钩，在每个金属罐的底部戳出一个小洞。你可能需要大人的帮助。

2 把衣架底部的金属线插入金属罐中，调整位置，使金属罐位于衣架底部两端金属线一半的位置。把衣架上的金属线掰弯，以固定罐子“车轮”。

3 用胶带把衣架上部的金属线固定在麦片盒上。你也许需要将衣架上部的金属线掰弯一些，这样可以跟盒子固定得更牢靠。同时，要确保“车轮”能够转动。所有其他 5 个罐子做同样处理。

4 你可以装饰自己的火星车。用固体胶水或亮光白胶，以及一些报纸、彩色传单，或是纸巾、彩纸装饰。等胶干了以后，再让你的火星车开动起来。

小贴士

一定要让大人找出 6 个没有锐利边缘的罐子。碳酸饮料和果汁罐就很好。你也可以用烟斗通条为你的火星车做一个机械臂和一架相机。

知识加油站

为太阳系建模型

像八大行星绕太阳运行这样的天文现象，人们根本没有办法或者很难直接观察到。因此人们为了研究这些现象，就建立了模型，来模拟这些现象。科学家利用已有的关于这些现象的知识，用模型进行模拟、推演，直观地演示出人们不可能或很难直接观察到的现象，从而可以解决更多的科学问题。

在本章的动手环节中，我们做了几个模型，这些模型能直观地向我们展示一些天文学知识。下面的图就是人们模拟太阳系中各天体的位置和运行制作的太阳系模型。

制作太阳系模型

1. 用橡皮泥做出太阳和八大行星。查找相关的资料，按照它们的大小比例，捏出 9 个不同大小的球体分别代表太阳和八大行星。

2. 对照八大行星和太阳的图片，用彩笔给它们涂上颜色。

3. 把卡纸板剪成一个直径 30 厘米的大圆，用彩笔在大圆的一面画上太空的图案。

4. 剪出一根长细线，一端用胶水或胶带固定在大圆没有图案一面的中央。再剪出 9 段细线，最好长短不一。把其中最短一根的一端用胶水或胶带粘在代表太阳的小球上，另一端用胶水或胶带粘在大圆有图案一面的中央。

5. 用同样的方法把八大行星也悬挂在大圆上。八大行星要悬挂在太阳周围的 8 个方向，按照它们距离太阳的实际远近比例排列顺序。这样，一个太阳系模型就做好了，你可以把它吊挂在床上面的天花板上。

第七章

小行星、流星和彗星

Asteroids, Meteors & Comets

小行星、流星和彗星

快来看！太空的访客到达地球了！它们在太空中穿行了上百万千米才与我们相见。它们长什么样？嗯，实际上它们并不是绿色的。看，一些访客留下了巨大的陨石坑，而其他的则在天空中划出了亮光。它们到底什么样呢？

在太空中，不是所有天体都和行星一样巨大。这些太空的“访客”是一些围绕太阳运动的更小的天体。它们被称作流星、彗星和小行星。这些小天体由岩石或冰构成，并从太阳系深处开启它们的旅程。在一个晴朗的夜晚，向天上看，你很可能会看到这些来自于太空的“访客”。

小行星

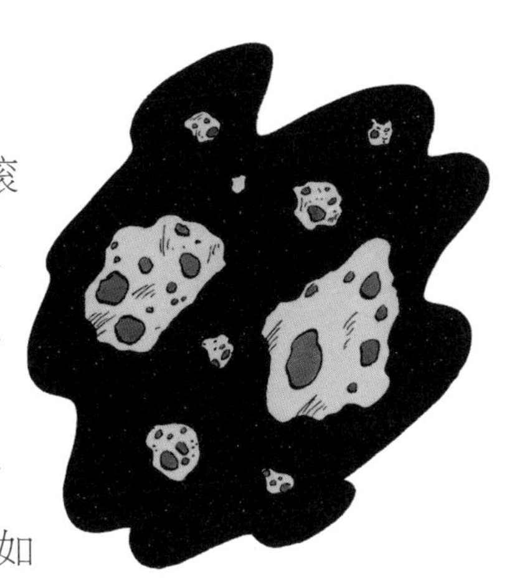

在太空中有成百上千块石头正在滚来滚去，它们就是小行星。英语里“小行星”这个词 asteroid，在希腊语中的意思就是“类似一颗星星”。小行星其实是岩石和金属的碎块，外形与土豆或花生类似。甚至有的小行星看上去像是一根狗骨头。为什么小行星的形状如此奇怪？那是因为它们的引力太小了，无法将它们自身拉拽成球形。

词语园地 WORDS TO KNOW

小行星带： 太空中位于火星和木星之间的一片区域，其中包含有大量的小行星。

大多数小行星在小行星带被发现。这是太空中一个约 3200 千米宽的区域，位于火星和木星之间。小行星带就像是太阳系中的一条分割线，将内行星与外行星分隔开来。其他小行星，有的紧临太阳作绕日运动，有的被行星的引力捕获。

小行星是如何形成的，科学家们并不确定。这些小天体可能是太阳系形成过程的残余物。小行星的尺寸，从微小的块状到上百千米大小的块状都有。它们的表面布满陨石坑，表明它们过去曾遭受过恣意的碰撞，就好像它们是太空中的碰碰车一样。谷神星曾被认为是太阳系中最大的一颗，也是第一颗被发现的小行星。它的直径为 940 千米。

想不到 OUT OF THIS WORLD

百武彗星的彗尾是有记录以来最长的。它背离太阳的彗尾一直延伸有 5.7 亿千米长。真是想不到！

STAR PLAYER 星星档案

天龙座在小熊座周围盘绕成一条蛇的样子。它在天空中非常靠北的地方，一般总是在北半球的地平线上方被看到，但是它很难被找到。天龙座是天空中第八大星座。在古罗马神话中，天龙负责守卫空中花园里的金苹果。

1801 年，意大利的一位神父兼天文学家朱塞普·皮亚齐发现了这颗小行星。现在，谷神星被归为矮行星。自它在 1801 年被发现以来，人类已经为超过 10 万颗小行星进行了分类。不过，即使把所有的小行星都放在一起，它们的总重量也不会超过月球的。

流星

流星是太阳系中的微型石质天体即流星体，闯入地球时形成的光迹现象。英语里“流星”这个词 meteor 来自于希腊语，意思是“高悬在空中”。流星会发光，但并不是恒星，而只是岩块。一些流星体是被撞出自己轨道的小行星。由于流星体在地球大气层中燃烧，所以流星看上去就像是夜空中的闪光。每天都会有上

流星雨

当地球经过一颗死亡的彗星时，就会上演流星雨。流星雨就像是一条条在夜空中闪烁的明亮闪光。

问：什么东西晚上才长出尾巴？
答：流星。

千颗流星出现。

大多数流星体会在大气层中受到强烈的高温炙烤而灰飞烟灭，只有极少数会坠落到地面。如果能够到达地面，那么它们就被人们称为陨石。陨石的名字一般取自它们落地的地点，或是被发现的地点。在地球上，已经发现了数百个陨石坑，而被发现的陨石也已经超过了 25000 块。这其中，有 18000 块是在南极洲发现的。在茫茫的雪地里，陨石很容易被看到。

观看流星

在一个晴朗的夜晚，穿好外套，将一把可折叠的椅子放在室外，然后坐下来看向天空。你可能还需要带上防虫剂。流星可能会出现在天空中的任何地方。你不需要望远镜，但你必须身处远离城市灯光的黑暗区域才能看到流星。观看流星的最佳时段是从午夜到黎明之间，不过在夜幕降临后，你也会随时看到它们。如果你看到一道明亮的光条横跨天际，那你一定看到了一颗流星。

彗星

彗星就像个脏雪球。它们是尘埃和冰的混合物。英语里“彗星”这个词 comet 来源于希腊语，意思是“头发”。彗星后面拖着的长尾很可能让古代希腊人想起了头发。

当彗星接近太阳时，它就开始蒸发，形成一条明亮的尾巴。彗尾的长度可以超过 16 千米。一些彗星甚至有 2 条彗尾，一条由气体构成，另一条则由尘埃构成。

在很久以前，彗星的出现总会带来恐慌。因为彗星被认为是未来会发生灾难的预兆。

英语里“灾难”这个词 disaster 来源于拉丁语，意思是“星星”。彗星由于被认为会带来战争失利、灾难和地震，而不被人们喜欢。这并不是科学，而是迷信。迷信就是不以事实为基础的一种想法。

词语园地 WORDS TO KNOW

柯伊伯带： 在太阳系中，远在行星所在区域之外的宇宙空间，包含许多小行星和矮行星。

奥尔特云： 大量彗星聚集的区域，它们围绕太阳系的外边界运动。

与行星一样，彗星也围绕太阳运动。但与行星不同的是，它们的轨道非常长，呈现为极扁的椭圆形。其中，哈雷彗星名扬天下，在历史上已经留下了详细的记载。它的轨道周期长达 76 个地球年，预计将于 2062 年重返地球。彗星轨道的长度依赖于它

太空中的第 1 SPACE FIRSTS

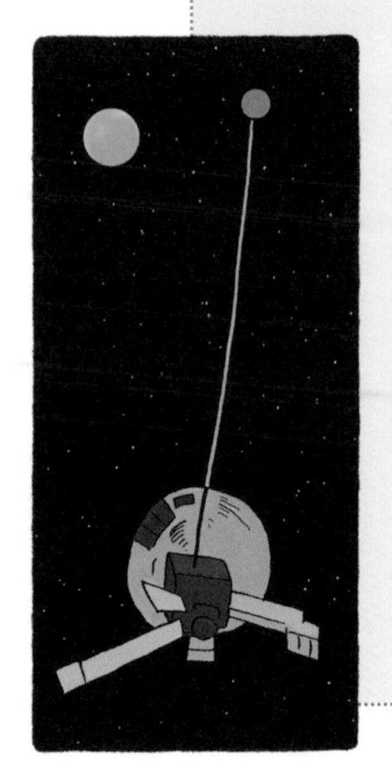

1972 年发射的“先驱者”10 号，成为了第一个穿越小行星带的航天器。仅仅过了 10 年多一点儿，它又成为了第一个离开八大行星范围的探测器。这个探测器还携带了一块金属板，上面标注了人类和地球在银河系中的位置。你认为外星文明有一天会读到它吗？

陨石坑布丁

想要做一个陨石坑布丁，你需要请大人帮忙打开一罐布丁。接下来，把布丁放在浅盘里。然后选择一些重量和大小不同的糖果，放在一起。因为陨石也有不同的大小和外形。把糖果扔到布丁里，你就可以比较一下不同陨石坑的大小了。最后吃掉它吧！

卡罗琳·赫歇尔

卡罗琳·赫歇尔（1750—1858）是第一位发现彗星的女性。她协助自己的兄长威廉·赫歇尔从事天文学研究工作。威廉发现了天王星，当他把望远镜交给卡罗琳后，卡罗琳便在1786年8月1日用它看到了自己发现的第一颗彗星。英国国王任命她为宫廷御用天文学家的助理。后来卡罗琳又发现了7颗彗星。

们在太阳系中的诞生位置。

彗星来源于柯伊伯带和奥尔特云。这两个区域都是以荷兰天文学家的名字命名的。来自于柯伊伯带的彗星被称为短周期彗星。这些彗星围绕太阳的运动周期小于200年。奥尔特云是彗星最主要的来源地。它距离太阳100000AU，也就是9万亿千米！这里是长周期彗星的家园，它们围绕太阳运动一圈要花费更长的时间。

目前，人类已经发现了超过850颗彗星。科学家认为，彗星自太阳系诞生之日起，从未发生过变化。现在，空间探测器被用于探测彗星，它们收集到的信息将会帮助科学家们更多地了解太阳系。

过去： 在1066年的黑斯廷斯之战中，英格兰军队的失败，也让哈雷彗星饱受人们的诟病。当时，它正好出现在天空之中，并且被人们绣在了挂毯上。这张著名的《巴约挂毯》现在收藏在法国巴约的博物馆里。

现在： 哈雷彗星以埃德蒙·哈雷的名字命名。他指出，这颗彗星会定期返回地球轨道。彗星是我们的历史上一个不可或缺的部分。

观察大发现

在火星和木星之间有一条小行星带，太阳系中的小行星大多数都分布在这里。这些小行星很可能是太阳系形成过程中的残留物质。

流星体就是太空中的小碎块或小岩石。它们冲进大气层时，由于和大气发生摩擦而燃烧，我们在地面上看上去就是一道空中的闪光——流星出现了！流星体落在地面上就是陨石。

彗星是由尘埃和冰构成的。当它靠近太阳的时候，在太阳高温的作用下，冰和尘埃蒸发形成长长的彗尾，背离太阳的方向。太阳系中的彗星也围绕太阳运动，但它们绕太阳一周的时间要比地球长得多，所以我们在地球上见一次彗星可不容易呢。

第一个成功预言彗星会周期性返回的人是英国天文学家埃德蒙·哈雷。

动手做 MAKE YOUR OWN

运转的彗星

转动纸板，跟上彗星围绕太阳运动的脚步。彗星在靠近太阳时会形成明亮的彗尾，这是由于气体和尘埃被太阳的高温蒸发带走所致。彗星的尾巴通常都会背离太阳。

材料和准备工作

- 剪刀
- 美术纸或卡纸板
- 椭圆模板
- 铅笔
- 打孔机
- 按钉

1 在美术纸或卡纸板上剪出一个正方形，面积要大于椭圆模板。

2 在正方形纸上，沿着椭圆模板的边缘画出一个椭圆。在椭圆的左侧边缘附近画出一个太阳。

3 在椭圆周围，每个间隔不到2.5厘米的地方用打孔机打一个孔。之后，把纸放到一边。

4 剪出一个比正方形纸稍大一点的圆。找到圆心，然后轻轻地画出一条半径线。

5 把半径线3等分，来代替彗尾。

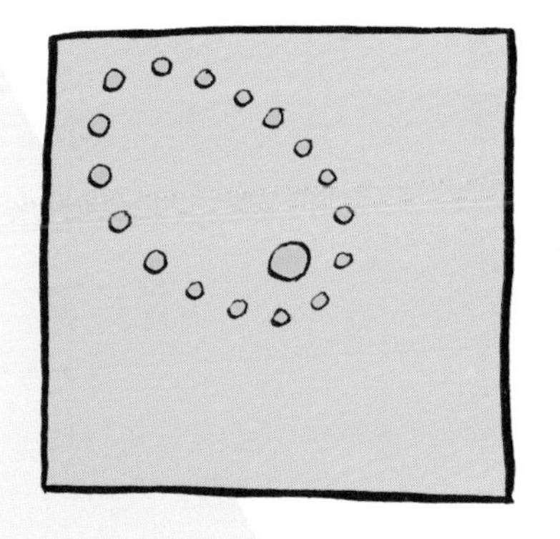

6 为彗尾上色。最靠近圆心的部分颜色最为明亮，越靠近圆的边缘，颜色逐渐变暗。

7 将正方形纸的中心和圆的圆心对齐，然后按下一枚按钉。正方形纸和圆应该能够各自自由地转动。

8 现在，准备转动你的彗星吧。

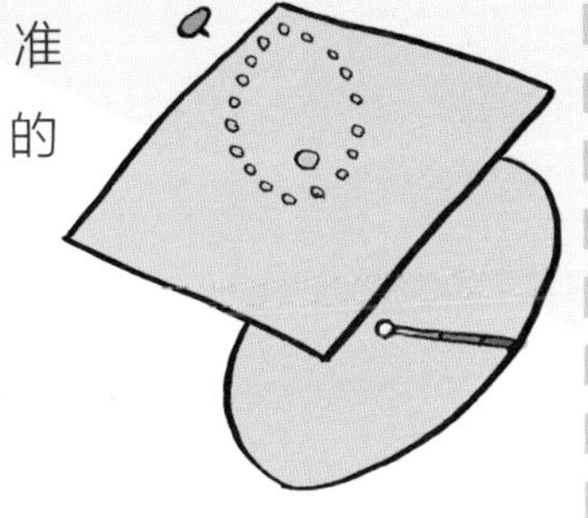

注意观察彗星在靠近太阳时是怎么变得越来越亮的，以及远离太阳时是如何变得越来越暗的。

动手做 MAKE YOUR OWN

流星雨水晶球

流星雨来源于彗星。产生流星雨的尘埃粒子是彗星的残余碎片。每当彗星飞近太阳的时候，太阳的高温都会使彗星的冰状外壳融化，使其身后拖出一条尘埃云。这个尘埃云，甚至于它的一小部分，冲击地球的大气层时，就会瓦解并产生明亮的闪光。我们称之为流星。

1 剪下一块醋酯纤维面料，尺寸要足够大，能够填进广口瓶内。然后用马克笔在面料上画出夜空图案，也可以画上你喜欢的星座和一颗彗星。

2 把醋酯纤维面料卷成 S 形，再塞入广口瓶内。向广口瓶内注入四分之三的水，再加入一大汤匙甘油，让水变稠。

3 加上一厚层闪光物质（可以用压碎了的蛋壳来制作）。

4 拧上广口瓶的盖子，并用橡皮泥密封，确保广口瓶不漏水。

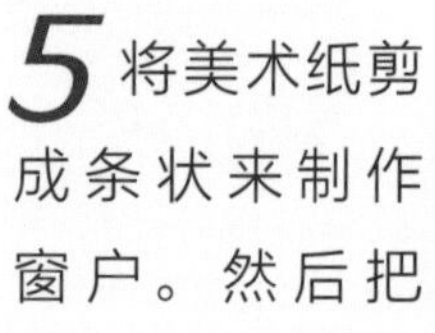

5 将美术纸剪成条状来制作窗户。然后把窗户粘到广口瓶上，晾干。

6 来回摇晃广口瓶，透过窗户观察，观看滑过的流星雨。

变一变： 可以增加一些小装饰，如小房子、动物，或者树木。你可以用强力胶将它们牢固地粘在盖子的内部。

材料和准备工作

- ☆带有螺旋盖的小广口瓶
- ☆醋酯纤维面料的织物
- ☆剪刀
- ☆彩色的永久性马克笔
- ☆水
- ☆甘油
- ☆闪闪发光的物品，或碎蛋壳
- ☆橡皮泥
- ☆美术纸
- ☆胶水

动手做 MAKE YOUR OWN

可以吃的彗星

虽然彗星来自于太阳系的外部区域，但你也可以在厨房里自己做一个。不妨邀请一些朋友，一起来分享这顿太阳系诞生时留下的冰冻遗迹大餐。

材料和准备工作

- 冰块
- 搅拌机
- 陶瓷碗
- 糖浆或果汁
- 炼乳
- 巧克力威化饼或巧克力薄片
- 棉花糖霜

1 请大人帮忙，用搅拌机将冰块打碎，然后取出一部分放到碗里。

2 将一些糖浆或果汁浇在碎冰上，然后把它们团成球形。再加入一汤匙炼乳，把冰球变成雪球。

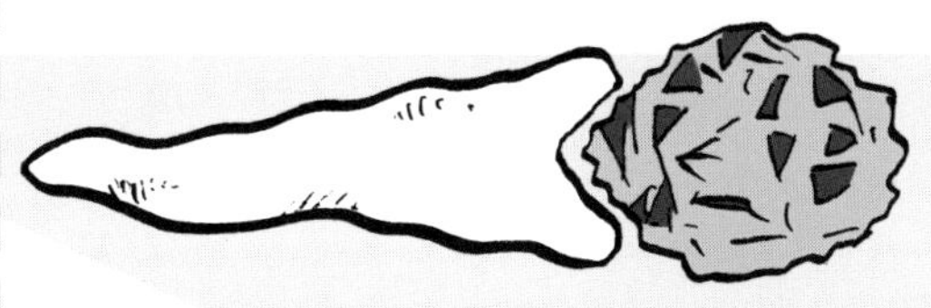

变一变： 你可以用不同颜色的糖浆或果汁做出更多颜色的彗星。

3 把巧克力威化饼碾成碎屑，然后撒在雪球上，代表彗星里的尘埃。用棉花糖霜做出彗尾。

4 现在，“彗星”做好了，快和朋友们一起分享吧！

小贴士

操作动作一定要快，否则“彗星”会在你咬下第一口之前就消失了。

巴林杰陨石坑

大约 50000 年前，一颗巨大的流星体猛烈撞击了美国亚利桑那州温斯洛附近的地区，在地面上汽化出一个直径 1249 米、深 173 米的陨石坑。被流星体冲击溅出的一些岩石，大小和一幢小房子差不多。这片区域后来被 NASA 选为“阿波罗”任务宇航员的训练地点。

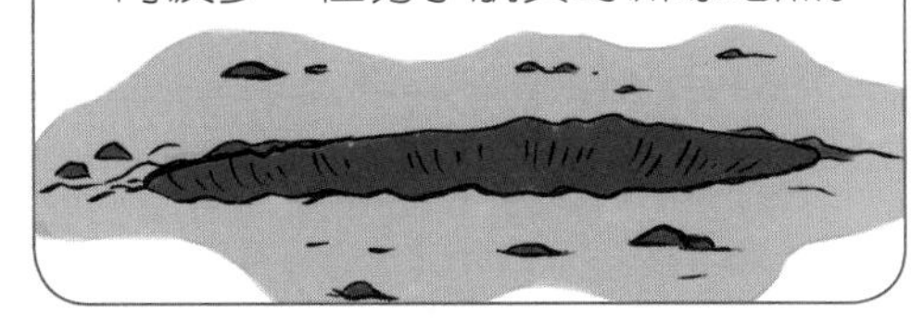

知识加油站

一起去看流星雨

流星雨是在夜空中有许多流星从天空中的一个辐射点发射出来的天文现象。前面已经说过，当地球经过一颗死亡的彗星时，就会上演流星雨。在一年中，我们比较容易观测到的、常见的流星雨有每年 11 月 14 日至 21 日左右出现的狮子座流星雨、每年 10 月 20 日左右的猎户座流星雨，还有每年 4 月 19 日至 23 日发生的天琴座流星雨等。

观测流星雨

观测流星雨的方法有很多，大多数业余天文爱好者常常采用的是目视观测和照相观测。下面是一些观测流星雨的经验。

1. 观测流星雨要选择晴朗的夜晚，选择受人造光线影响较弱的，能看到开阔天空的地方。

2. 在同一天中，流星出现的概率在黎明前最大，傍晚时最小，也就是说下半夜的流星比上半夜的多。

3. 在同一年中，下半年的流星比上半年的多，秋季的流星比春季的多。

4. 观测流星雨的时候最好不要使用望远镜，因为观测流星雨需要开阔的视野，用望远镜反而使视野变得狭小了。

5. 观测流星的时候，视野方向在一定的时间段内要固定，并记录下自己视野的中心位置。

6. 如果视野中被遮挡的区域超过了 20%，就应该中断观测，也可以改变观测方向。

第八章

恒星闪烁

Star Light, Star Bright

恒星闪烁

闪一闪，亮晶晶。夜晚凝视天空时，是有人在天空中撒下了银色的亮片吗？不，其实这根本不是亮片。这些发光的亮点绝大多数都是恒星。它们一直都在天空中，晚上在，白天也在。只是当夜晚来临时，它们更容易被看到。

这些恒星并不是太阳系的一部分。它们不围绕太阳运动，但却在我们的夜空中扮演着重要角色。在这里，我们将了解一些关于它们的知识。

当你凝望天空时，你看到的仅仅是宇宙中的一小部分恒星。人类的眼睛只能看到大约 2000 颗恒星。但宇宙中有数十亿颗恒星，比我们所有海滩上的全部沙砾都要多。你穷尽一生来数星星，也数不完！

我们的太阳是一颗中等大小的恒星，宇宙中还有比太阳更大、更炽热的恒星，当然也有更冷、更小的恒星。但所有的恒星都是气体球，它们诞生于星云之中。星云包含了大量的尘埃和气体。当恒星开始自己产生热量并发射光线时，它就开始发光了。太阳是我们能看到的最明亮的恒星，因为它距离地球最近。

星尘

你的眼睛里含有恒星吗？答案是肯定的。组成你身体的所有原子（除了氢原子）都来源于恒星。原子是非常微小的“建筑构件”。当原有的恒星死亡时，新的恒星就诞生了。这也是太阳的来历。正是太阳让地球上有了生命存在的可能性。所以这也解释了为什么你会由星尘构成。

当恒星的燃料耗尽时，它就会冷却并且发出红光。这样的恒星被称为红巨星。随着恒星持续变冷，它又会变成白色，变为白矮星。当恒星不再发光时，它就变成了黑矮星。恒星的寿命可以达到数百万年，有一些的寿命还可以长达1000亿年。

金牛座
英仙座
白羊座

星座

你曾经试着把那些光点连结在一起吗？事实上，古代的天文学家就是这么做的。世界各地的人们都曾抬头凝视过恒星，并且把它们划分为不同的图案。这个是狗，那个是天鹅……天空中的这些图案就叫作星座。最古老的星座绘画是在法国的一个洞穴里发现的。这幅洞穴壁画描绘了17000多年前的夜空。

问：放烟火时为什么不会射到星星？

答：因为星星会闪。

古代的人编织了许多关于恒星的故事。天空就像一幅巨大的图画书，星光画就出每一个角色。位于同一个星座中的恒星，事实上并不真的相邻，它们之间相距数百光年。恒星有许多名字，这是由于不同的文明都对它们进行过观测和分类。我们使用的大多数星座的名字都是由古希腊和古罗马的天文学家起的。现在你会发现，后来的天文学家观察了这些星座，得到了其他的图案，又给这些星座起了其他的名字。除了这些星座，其他的一些星座是由15世纪和16世纪的水手们命名的。当欧洲的航海者们驶向南半球时，他们发现了在欧洲从来没有看到过的星座。在那之前，还没有欧洲人在南半球看到过这些恒星！

全天共有88个通认的星座。如果你住在赤道地区，那么这些星座对你来说是全年可见的。

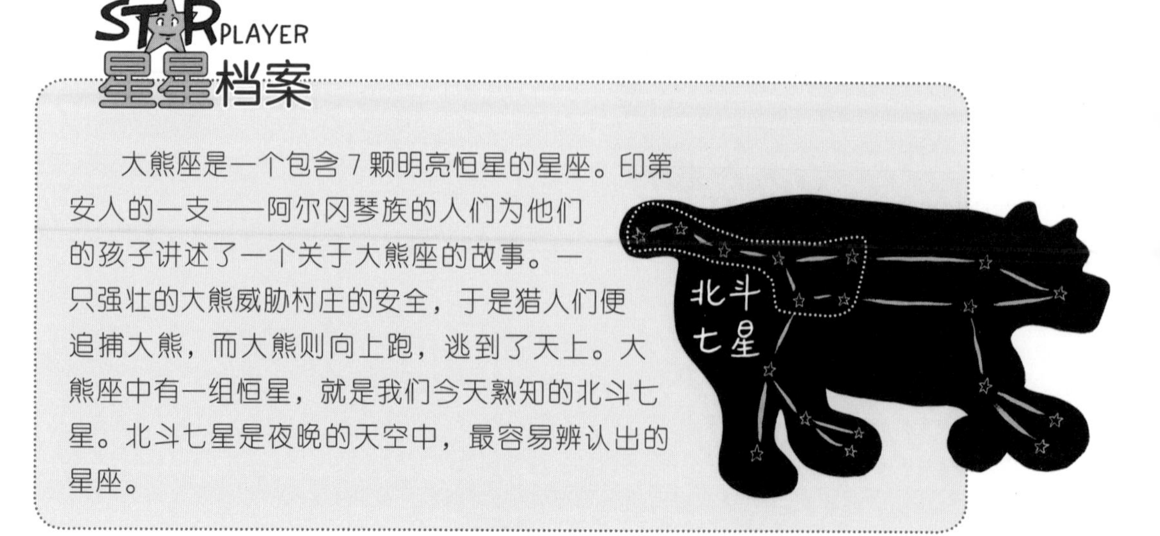

大熊座是一个包含7颗明亮恒星的星座。印第安人的一支——阿尔冈琴族的人们为他们的孩子讲述了一个关于大熊座的故事。一只强壮的大熊威胁村庄的安全，于是猎人们便追捕大熊，而大熊则向上跑，逃到了天上。大熊座中有一组恒星，就是我们今天熟知的北斗七星。北斗七星是夜晚的天空中，最容易辨认出的星座。

银河系

词语园地 WORDS TO KNOW

光年：一种表示距离的单位，用于表示非常长的距离。

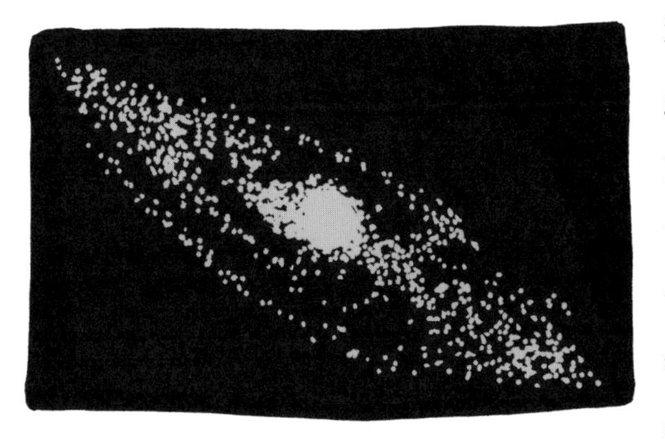

你所看到的恒星仅仅是我们所在的星系——银河系的一部分。银河系中包含了气体、尘埃和恒星。英语“银河系”这个词 galaxy 来源于希腊语，意思是“牛奶”。银河是横跨夜空的一道白色条带，其实它包含了数百万颗恒星。我们在天空中看到的都是银河系的一部分，包括彗星、小行星、月球和行星。如果你在太空中，站在我们所在的星系之外，回头看，就会发现银河系像一个巨大的铁饼，而地球则位于一条庞大的旋臂上。如果想要穿越银河系，即使是光，也要走上 10 万年。而太阳也要用 2.25 亿年的时间，才能围绕银河系的中心旋转一圈！

银河系只是宇宙里众多星系中的一个。科学家们相信，宇宙中还有上千亿个星系，其中有一些与银河系很相似，有一些则不一样。星系有多种类型，它们各自的名字就可以诠释它们的外形，如螺旋星系、棒旋星系、椭圆星系和不规则星系。每一个星系都是数千亿颗恒星的家园，而星系之间则是相对空旷的宇宙空间。

过去：古代的希腊人认为，恒星是镶嵌在地球周围的水晶球上静止不动的光点。

现在：我们知道，恒星是可以自己发光的气体球。

活动 ACTIVITY

星空竞猜

星星在白天的时候并不会消失，只是它们在夜晚更容易被看到。在下面这个游戏中，星星将会出现在你的手掌中。把纽扣当成是星星，在罐头上做出星座图案。看看你的朋友是否能正确地辨认出来。然后再换一下角色。如果你知道更多星座，也可以做出更多的纽扣“星星”。

材料和准备工作

- 底部较宽的罐头
- 砂纸
- 碎布料或纸巾
- 任意颜色的颜料
- 颜料刷
- 白胶
- 剪刀
- 废旧杂志
- 纽扣
- 磁条

1 用砂纸打磨罐头。这样有助于将颜料涂在上面。

2 为罐头上色，并晾干。剪下废旧杂志的页面，把剪下的杂志页面粘到罐头侧面，用于装饰罐头。

3 剪出小块磁条，大小要小于纽扣，然后把它们粘到纽扣上。一共做出 12 个，这些就是你的“星星”。

4 把纽扣摆成星座的样子，然后让你的朋友猜猜那是什么星座。

问：黄道十二星座中最公平的星座是哪一个？

答：天秤座。

变一变：你也可以用马克笔在罐头上画出星座的样子，让你的朋友猜。

动手做 MAKE YOUR OWN

迷你天文馆

天文馆中有夜空的图像。在你的迷你天文馆中，星星可以在任何一个黑暗的房间里变亮。

1 在纸杯上随意轻轻地画出一些不同的星座。然后用铅笔在纸杯上星星的位置处打洞。

2 把所有纸杯口朝上摆成一个圆圈。用手电筒照着纸杯，并且要关掉房间里的灯。

3 向房间四周看去，看看你的星座是如何在墙上跳舞的。

变一变： 一些星星看上去比其他星星更亮，这是因为它们距离地球更近。你也可以和你的朋友一起利用这一现象玩个游戏。当太阳落山后，你们每个人都要拿着一个手电筒。让你的朋友们站在与你距离不同的地方，然后让他们打开手电筒。你会看到什么现象？

材料和准备工作

- 纸杯
- 锐利的铅笔
- 手电筒

埃德温·哈勃

埃德温·哈勃（1889—1953）是美国的一位天文学家，他提出了一套用于分类星系的系统。你知道宇宙正在膨胀吗？事实上，哈勃发现，星系正在缓慢地彼此远离。哈勃空间望远镜就是以他的名字命名的。这架望远镜的大小与校车相当，是人类历史上发射进入太空的最大的望远镜。自 1990 年发射以来，哈勃空间望远镜已经创下了多个世界第一。哈勃空间望远镜运行在围绕地球的轨道上，已经发回了许多令人震惊的照片。幸亏有哈勃空间望远镜，天文学家才能够看到更多的星星。

动手做 MAKE YOUR OWN

星座皮影戏

星座总是与虚荣的王后、双头的怪物，以及其他传说中的故事情节有关。你可以制作星座皮影来表现这些古老的故事。

材料和准备工作

- 黑色的美术纸
- 铅笔
- 白色粉笔
- 剪刀
- 雪糕棍或细树枝
- 胶水
- 白布
- 细绳
- 台灯

1 从前面的章节中选取几个喜欢的星座。

2 用白色粉笔在黑色美术纸上画出星座的外形，然后轻轻地把星星连起来形成星座。你可以把主要的星星颜色涂得深一些。

3 小心地剪下你的星座。在背面粘上雪糕棍，要留出可以用手拿的空间。

4 把白布系在两把椅子的中间，让它悬吊在空中。然后调暗灯光。

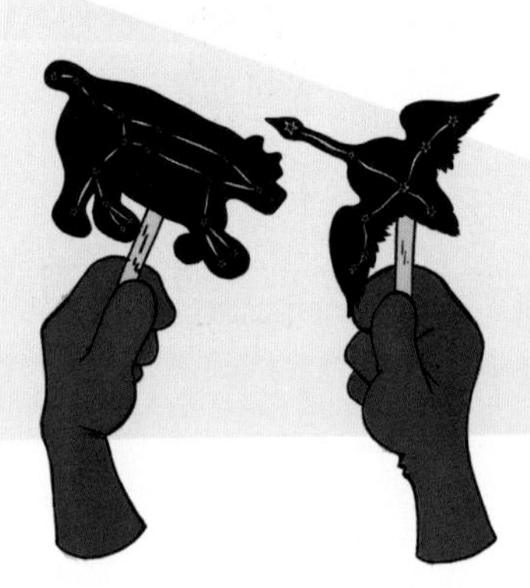

5 将台灯从背面照向白布。这时你的星座皮影戏台就准备好可以开演了。和小伙伴们一起表演与星座有关的神话故事吧！

想不到 OUT OF THIS WORLD

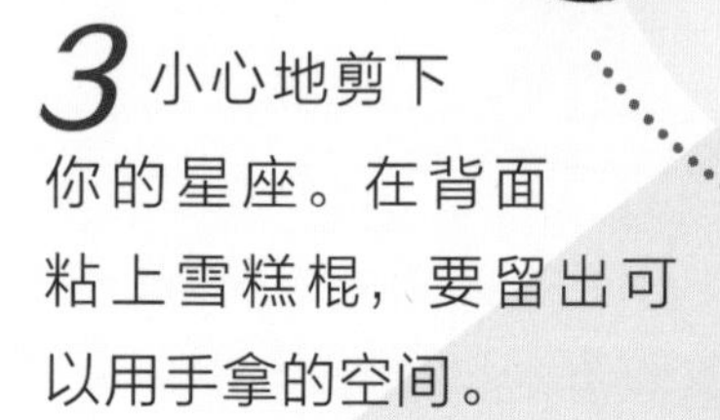

位于埃及北部吉萨地区的3座金字塔，在地面上的排列看上去似乎与猎户座腰带部位的3颗星星相对应。埃及人相信，星星能为死去的法老指引方向。埃及人把这些星星与死神奥西里斯联系到了一起。真是想不到！

知识加油站

观星

古人夜观星象，来预言吉凶祸福，推断未来天气。这些在小说和影视剧中都被表现得神乎其神。这里面可能有些合理的成分，但是现代的天文爱好者观星更多地是为了兴趣和求知。

观星工具

星图（纸质版或手机软件）、指南针、手电筒、望远镜（双筒、单筒、天文的均可）。

观星小窍门

★星图上星点的大小、形状代表明暗不同的恒星。

★星点之间的连线是为了认星方便加上去的，实际星空中并不存在这样的线。

★刚开始观测星空会觉得密密麻麻的，不知从哪里认起，其实只要找到一些亮星，如北斗七星、猎户三星、天蝎三星、飞马四星等等，慢慢就会认识更多星座了。

★找个晴朗的夜晚，受人造光源干扰较低、视野开阔的地方观测星空是最好的选择。

★去野外看星星时，要注意安全，一定要有大人陪伴。带上驱蚊虫的物品，比如驱蚊水、电蚊拍等。郊区的气温相对较低，要带上保暖的衣物。你也可以带上野餐垫或是野餐椅，这样观星时就更舒服了。

词汇表
Glossary

矮行星：位于太阳系外围的小型行星。

奥尔特云：大量彗星聚集的区域，它们围绕太阳系的外边界运动。

北半球：地球位于赤道以北的部分。

北极光：在北极附近的天空中出现的彩色光线。

比邻星：距离地球第二近的恒星。

臭氧层：地球大气层中的一层，其中包含臭氧，能够阻挡来自太阳的紫外线。

大气层：围绕在行星周围的气体混合物。

地核：富含铁元素的地球中心层。

地壳：地球内部由内向外的最外层。

地幔：位于地壳和地核之间的地球内部分层。

冬至：一年当中白昼最短的一天，在北半球为 12 月 21 日前后。

蛾眉月：露出不到月亮面积一半时的月相。

反射式望远镜：一种利用曲面镜聚光的望远镜。

泛大陆：3 亿—2 亿年前存在于地球上的一块超级大陆。

构造板块：构成地壳的分块板块，会发生运动。

光年：一种表示距离的单位，用于表示非常长的距离。

光球层：包括太阳在内的恒星中最为明亮、最容易看到的一层，是我们可以看到的恒星表面。所有的恒星都有光球层。

海：天文学上的海指月球、火星上的阴暗部分。

氦气：在太阳的核反应中产生的一种无色气体。

核反应：当原子融合或分裂时，会释放出大量能量，这一过程被称为核反应。

化石燃料：由古代动植物遗体形成的燃料。

环形山：天体表面的碗状坑穴，由小行星撞击形成。

彗星：由岩石、冰块、尘埃构成的，围绕太阳这样的恒星运行的天体。

极光：在地球的北极和南极附近，夜间可以用肉眼看到的彩色光线。

柯伊伯带：在太阳系中，远在行星所在区域之外的宇宙空间，包含许多小行星和矮行星。

空间探测器：探索太阳系乃至整个宇宙，并将探测数据发回地球的一种航天器。

类地行星：岩石质的行星，如水星、金星、地球和火星。

类木行星：主要由气体构成的一类行星，如木星、土星、天王星和海王星。

粒子：构成物体的极小微粒。

流星体：围绕太阳这样的恒星运动的微小岩石质天体，大小要小于小行星。

满月：整个月亮都露出来时的月相。

南半球：地球位于赤道以南的部分。

南极光：在南极附近的天空中出现的彩色光线。

NASA：美国国家航空航天局的英文缩写。这是美国一个负责太空探索的机构。

氢气：一种无色的气体，在宇宙中数量最多。

全球变暖：地球平均气温不断升高的现象。

日珥：突出于太阳表面的物质，是由气体构成的喷流或环状物。

日核：太阳的中心区，太阳的能量来源于此。

词汇表
Glossary

日冕层：太阳大气最外面的一层。

日食：当月球运行到太阳和地球之间时，挡住了照向地球的太阳光而发生的天文现象。

失重：没有任何引力将你向下拖拽的状态。

太空竞赛：国家之间在成功地将宇航员送上月球方面的竞争。

太阳风：从太阳表面进入宇宙空间的大量微小粒子流。

太阳黑子：太阳表面颜色较暗的区域，它的温度低于周围的区域。

太阳系：地球所在的恒星系统，包含了围绕太阳运动的八大行星以及它们的卫星。此外，还包含一些更小的天体，如小行星、流星体、彗星和矮行星。

太阳耀斑：太阳表面突然发生的能量爆发。

探测器：这里指用于探索外层空间的航天器，如宇宙飞船或人造卫星。

天文单位：在宇宙中使用的测量单位。1AU 等于日地平均距离，约为1.5 亿千米。

天文台：天文学家用来观测行星、恒星和星系的场所。

望远镜：一种用于观察遥远物体的工具。

微重力：重力非常小的状态。

卫星：围绕着地球，或其他行星运动的天体或航天器（这种的一般叫作人造卫星）。

温室气体：使地球大气升温的气体。

物种：有亲缘关系，可以产生有繁殖能力后代的一群生物。

夏至：一年当中白昼最长的一天，在北半球为 6 月 21 日前后。

小望远镜：一种小型望远镜，可以拿在手里。

小行星：围绕太阳这样的恒星运动的小型岩石质天体。

小行星带：太空中位于火星和木星之间的一片区域，其中包含有大量的小行星。

星系：恒星系统的集合。

星云：位于恒星之间的巨大的气体和尘埃云团。

星座：夜晚的天空中，在一个特定区域内组成特定形状的一群可见的恒星。

行星：太空中围绕太阳这样的恒星运动，并且不会自己发光的天体。

银河系：太阳系所在的星系。

引力：一种将天体拉拽到一起的力。正是这种力使我们停留在地球表面。

宇航员：在太空中航行或工作的人。

宇宙：遍布各处的一切东西组成了宇宙。

原子：宇宙中构成万物的微小粒子。原子就像非常小的积木块，或沙堆中的沙砾一样。

月背：月球因为自转的原因，有一面会一直背向地球，那一面就是月背。

月食：当地球在太阳和月球之间经过时，将月球笼罩在自己的阴影中而发生的天文现象。

月相：在一个月的时间里，月亮一系列变化着的外形。

月相周期：月亮经历的月相变化周期，从蛾眉月到满月，再恢复到蛾眉月，为一个月亮周期。

陨星：落到行星或月球上的流星体的一部分。

哲学家：思考和回答世间万物规律的人。

专利：保护一项发明或发现免遭非法复制的制度。

索引

Index

图书在版编目(CIP)数据

太阳系 /(美)安妮塔・安田,(美)辛西娅・莱特・布朗,
(美)尼克・布朗编著;(美)布赖恩・斯通,(美)珍妮弗・凯勒绘图;
王鹏等译. —昆明:晨光出版社,2018.4(2019.5 重印)
(我为科学狂. 万物奥秘探索)
ISBN 978-7-5414-9297-6

Ⅰ. ①太… Ⅱ. ①安… ②辛… ③尼… ④布… ⑤珍… ⑥王…
Ⅲ. ①太阳系-少儿读物 Ⅳ. ① P18-49

中国版本图书馆 CIP 数据核字(2017)第 296549 号

我为科学狂 万物奥秘探索

太阳系 EXPLORE THE SOLAR SYSTEM

出版人 吉彤

编著 〔美〕安妮塔・安田
绘图 〔美〕布赖恩・斯通
翻译 郭晓博
项目策划 禹田文化
执行策划 叶静
项目编辑 赵佳明
责任编辑 王林艺
装帧设计 惠伟
内文设计 王锦 唐婷婷

出版 云南出版集团 晨光出版社
地址 昆明市环城西路 609 号新闻出版大楼
邮编 650034
发行电话 (010)88356856 88356858
印刷 小森印刷霸州有限公司
经销 各地新华书店
版次 2018 年 4 月第 1 版
印次 2019 年 5 月第 2 次印刷
ISBN 978-7-5414-9297-6
开本 185mm×260mm 16 开
印张 30
字数 180 千字
定价 128 元(4 册)

图片支持 • www.fotoe.com • 微图 • argus 北京千目图片有限公司 www.argusphoto.com

退换声明:若有印刷质量问题,请及时和销售部门(010-88356856)联系退换。